KB241263

산으로
가자

60대에 즐기는
룰루랄라 국내 트레킹

임성득 지음

산으로 가자

이담북스

산을 만나다.

거의 10년 주기로 취미가 변했다. 30대에는 바쁜 직장 생활 속에서도 외국어 공부(영어, 일본어)가 취미였다. 새로운 표현과 낱말을 알게 될 때 뭔가 뿌듯함을 느꼈다. 영어를 조금 하다가 곧 일어로 바꿨다. '이렇게 가난한데 언제 뉴욕에 가보겠나. 나이 들면 제일 가까운 일본에는 갈 수 있겠지.' 이런 단순한 생각으로 바뀌게 되었다. 학원에 가봤지만 별로였다. 원어민이 가르치는데 방법이 시원찮았다. 교육 방송(EBS)으로 하는 게 제일 좋았다. 월 4천 원만 내면 되고 컴퓨터로 하고 싶을 때 할 수 있어서 좋았다. 최고의 강사가 알차게 가르쳐주는 효과가 있었다. 거기다 1년 6개월간의 일본 유학(오사카교육대학)으로 실력이 많이 늘게 되었다. '1급 능력 시험'에 합격한 이후로는 공부를 완전히 놓았다. 세월이 흘러 초등학교 3학년부터 영어를 배우는 시대가 되었다. 일어로 바꾸지 않고 영어를 꾸준하게 했으면 영어 전문 교사로 이름을 날릴 수도 있었는데, 후회가 되기도 했다. 게을러져서 다시 영어 공부를 하고 싶은 마음이 생기지 않았다.

그 후에는 테니스에 빠져들게 되었다. 상대방의 공격을 차단했을 때 손목으로 전달되는 짜릿함이 좋았다. 이사를 해서도 테니스는 계속되었으나, 클럽(동호회)이 해체되고 난 후에는 칠 기회를 잡을 수 없었다. 운동도 좋고 운동 후에

갖는 회식도 좋았다. 못 먹는 맥주도 한잔 마실 수 있게 되었는데. 라켓 두 개는 지금도 자동차 트렁크 속에 잠자고 있다.

50대 중반에 우연히 등산을 좋아하는 분을 알게 되었다. '산꾼'이라 불릴 만큼 산을 오르고 약초를 채취하러 산에 오르는 분이었다. 그 당시에는 전국적으로 동네 산악회가 많아서 주말이면 동네 산악회 버스가 휴게소를 대부분 차지할 때였다. 처음 산에 올랐을 때 큰 충격을 받았다. '이런 멋진 경치를 볼 수 있는데 이걸 몰랐구나.' 그때부터 기회만 되면 산으로 가게 되었다. 하지만 체력이 약해서 다른 분들과 보조를 맞추기가 힘들었다. 늘 꼴찌로, 허리를 90도로 굽혀, 헉헉댔다. 어떤 분이 너무 우스웠는지 등산 동호회 카페에 '아니, 왜 이러십니까?' 하고 사진을 올려서 웃음거리가 되기도 했고 '국민 약골'이란 별명도 얻었다. 오를 때에는 숨이 멎을 듯하고 깔딱고개를 넘을 때에는 여러 번 쉬어야 했지만, 정상에서 보는 조망이 고생을 모두 잊게 해주었다.

차츰차츰 경험이 쌓여감에 따라 차를 몰고 혼자서도 등산을 즐기게 되었다. 등산 블로그나 카페, 유튜브에서 사전 공부를 하고 오르는 것이다. 가끔 등산길을 잃어 헤매기도 했지만 혼자서 등산하는 것도 아주 좋았다. 소위 '100대 명산'이라 불리는 산에 연연하지 않고 경치가 좋은 곳 위주로 산을 선택했다. 외국 여행을 가더라도 산이 먼저 눈에 들어왔다.

우리나라는 국토의 70%를 산이 차지하고 있어 유달리 산이 많다. 거기다 대부분 쉽게 오를 수 있다. 일본은 삼나무가 너무 빽빽하게 자라고 있어 동네에 있는 산은 거의 오를 수 없다. 유명한 산에만 등산로가 있다. 우리나라는 설악산이나 지리산 정도를 제외하고는 1박 하지 않고 당일에 하산할 수 있다. 또한 외국인에게 자랑하고 싶은 것은 재미있는 바위나 이야기가 담긴 장소가 많다는 것이다. 바위 이름도 재미있고 바위에 얽힌 이야기도 다양하다. 산속에 절이 많은 것도 멋지다.

아무쪼록 이 책이 등산을 즐겨보지 못한 분들에게는 새로운 취미를 갖게 하고 등산을 즐기시는 분들에게는 추억의 한 장을 넘겨보는 기회가 됐으면 한다. 유명하고 큰 산은 등산 코스가 많아서 한 번만 오르고 끝내기에는 아까운 생각이 든다. 북한산, 월출산, 설악산 등에는 많은 봉우리와 코스가 있으니, 계획을 세워서 다양하게 올라 보기를 권한다. 끝으로 꼼꼼한 살림살이로 등산을 도와준 아내와 두 딸(은희, 은지)에게 고마움을 전한다. 부족한 글솜씨에도 불구하고 책으로 나올 수 있도록 도와준 이담북스 여러분에게도 감사한다.

충청도

3부

경상도

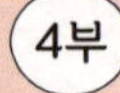

전라도

제주도

경기도, 강원도

1. 사패산

지하철 1호선 망월사역 3번 출구로 나와서 신한대학교를 바라보며 원도봉 쪽으로 직진한다. 처음 가는 곳이라 등산객이 없나 좌우로 살피며 걷는다. 100m 앞쪽에 한 분이 걷고 계신다. 덕천사를 지나니 '낙타(NAKTA) 커피 베이커리'라는 멋진 카페가 보인다, '이렇게 높은 곳에 손님이 오시나' 하는 의문이 든다. 아스팔트 길로 계속 진행하니 절이 연이어 나타난다. 얼마간의 거리를 두지 않고 이렇게 사찰이 많다니? 우리 지역 팔공산에도 많은 절이 있지만 적당한 거리와 산을 두고 있지, 이곳처럼 한꺼번에 많은 사찰이 있지는 않다.

왼쪽으로 절을 보면서 계속 진행했더니 이정표 팻말이 나왔는데, 왼쪽으로는 포대 능선(2.4km)과 망월사(1.9km)가, 오른쪽으로는 포대 능선(2.3km)과 원효사(0.6km)로 되어있었다. 왼쪽은 사찰 안의 좁은 길로 들어가는 것 같아서 그냥 오른쪽으로 진행했는데, 나중에야 원도봉 탐방지원센터로 가려면 왼쪽 길로 갔어야 했다는 것을 알게 되었다.

처음에 앞서가던 아저씨에게 '사패산'으로 가는 길이 맞느냐고 물어봤는데 자신도 모른다고 한다. 음지에는 눈이 녹지 않고 남아있어 겨울의 운치를 맛보게 해준다. 계곡 길을 오르다가 돌길을 오르는데 옆으로 계곡물이 얼어 있는 곳도 있고, 안국(安國), 나무아미타불(南無阿彌陀佛)이라고 새겨진 바위도 나온다.

오른쪽으로 높은 곳에 입을 벌린 모양의 바위가 보였다. 등산 후기에서 '두꺼비 바위'라고 읽은 적이 있어서 금방 알 수 있었다. 불룩하게 굽은 한 덩어리 산봉우리 바위 위에 모자처럼 걸려있는데 그 모양이 두꺼비가 입을 벌린 모양으로 느껴진다.

두꺼비 바위를 지나고 산길을 가니까 암자의 담벼락인지, 집 담벼락인지 확실하게 알 수 없는 담벼락이 나타났다. 안에 들어가 보려 하다가 그냥 지나친다. 혹시 엄홍길 산악인이 살았다는 집이 아니었는지? 궁금증이 머릿속을 떠나지 않았다. 담벼락을 지나고 평평한 길을 돌아서 걸어가자, 오른쪽 계곡 사이에 문처럼 걸쳐져 있는 멋진 바위가 나왔다. 이름을 지어 줄 수도 없었는데, 어쨌든 멋있어서 계곡 길을 벗어나 바위 근처로 가까이 갔다. 계곡물이 얼어 있고 낙엽도 많아서 조심스럽게 다가갔다. 세로로도 찍고(4:3 비율로) 가로로도 찍고(16:9 비율), 셀카(셀카봉을 길게 늘여서)로 얼굴만 넣어서도 찍고, 신나게 사진 작품 활동을 했다.

망월사가 보인다. 망월사역인데 절은 이렇게 멀리, 높은 산 위에 있단 말인가? 그래도 이 지역을 대표하는 사찰인가 보다. 산 아래에 있는 수많은 절 이름을 접어두고 이 사찰의 이름을 넣어 역 이름을 만든 것을 보면 역사와 전통을 자랑하는 사찰임에는 분명한 것 같다. 하지만 이곳은 차로 접근할 수 없고 오로

지 걸어서만 올 수 있다. 규모도 상당히 컸고 건물 지붕과 처마도 멋진 곡선을 이루고 있어 옆에서 보면 날아갈 듯한 모습이었다.

구석구석 사찰 구경을 끝내고 포대 능선으로 다시 발걸음을 옮긴다. 이곳부터 능선에 올라서기까지는 좀 지겨운 등산길이었다. 갈증 해소 음료와 오징어 땅콩 과자, 작은 약밥을 꺼냈다. 약밥을 깨물며, 앙상한 겨울나무 가지 사이로 의정부 시내를 바라다본다. 군대 생활을 할 때, 경기도 남면에서 의정부로 업무를 보러 자주 다녔던 기억이 났다. 그 시절 담당 장교님들, 동료들은 모두 잘살고 있을까? 세월이 정말 빠르게 흘러갔구나!

사패산 정상으로 가기 전에 포대 능선 중 제법 높은 곳에 산불감시초소가 있는데 이곳에서의 조망이 좋다. 의정부 시내와 도로, 수락산과 불암산이 왼쪽에서 오른쪽으로 좍 펼쳐진다. 북한산, 도봉산이 워낙 유명하다 보니까 사패산의 인지도가 낮은 것뿐이지, 오르는 코스가 매우 많고 체력에 따라 고를 수 있는 선택지가 많으며 다른 산들을 조망하기 좋은 곳이라는 생각이 들었다.

▶ 계곡 아래로 흐르던 폭포가 얼어서 멋진 겨울 경치를 보여준다

▶ 산속에 싸여있는 망월사, 높은 누각이 웅장함을 자랑한다

▶ 의정부시와 도로, 수락산과 불암산이 멋지게 보이고 봉우리 바로 아래에도 기암이 많다

▶ 왼쪽 저 멀리 도봉산의 자운봉과 신선대가 보인다. 맑은 날씨로 설경이 제법 깨끗하다

▶ 사계절 푸르른 소나무의 초록 너머로 멋진 바위가 조망된다

▶ 수락산과 불암산이 더 확실하게 조망되고 사패산으로 연결되는 두 개의 능선이 멋지다

▶ 정상석이 있는 곳은 아주 넓은 마당바위여서 숨을 고르며 쉬어갈 수 있다

▶ 원각사로 내려오는 길을 택하면 폭이 20m가 넘는 얼어있는 폭포를 만날 수 있다

사패산(552m) 정상은 너른 암반 지대로 시야가 탁 트이며, 도봉산과 북한산의 봉우리가 겹쳐서 나타나는, 멋진 전망을 선사하는 곳이다. 정상 아래로도 암반이 비스듬하게 넓어서, 100m 정도 내려와서 또 다른 방향으로 조망을 감상할 수 있다. 정상 앞에는 볼록볼록한 바위가 쌓인 '갓바위'가 보이는데 산행 후에 살펴보니까 밧줄을 타고 올라갈 수도 있었다. 갓바위로 접근하는 등산길이 어디에 있는지 아직도 모르겠다.

정상 아래로 내려와서 가장 가까운 곳에 '원각사'로 가는 이정표가 있었다. 경기도 송추 지역의 원각사에서 시작하면 최단코스로 사패산을 왕복 산행할 수 있다. 그러니 쉬엄쉬엄 내려가도 걱정이 없다. 살짝 굽은, 낙엽이 깔려있어 바스락거리는 등산길을 휘파람을 불며 내려간다. 적당하게 추운 날씨, 오늘도 날씨 복을 받았다.

제법 많이 내려왔다고 느끼는데 아래 계곡에서 산길로 올라오는 분이 보였다. 저 아래에 뭔가 멋진 것이 있나 보다. 기대하며 내려오니 얼음으로 변한 엄청난 폭포가 있다. 다 내려와서도 뭔가를 보여준다. 겨울엔 수량이 적어서 폭이 좁을 것인데, 물이 위에서 모였다가 내려오면서 얼어서인지 얼음 폭포 폭이 20m가 넘었다. 원각사에 와서 이 폭포가 유명한 원각폭포인 것을 알게 되었다. 정보를 좀 읽고 가더라도 이렇게 못 살펴본 멋진 장소를 만나게 되면 자연히 흥분하게 된다. 복권에 당첨된 것처럼. 원각사의 불상을 뒤쪽에 있는 산을 배경으로 하여 세로로 찍고 다시 길을 걷는다.

얼어 있던 길이 햇살에 녹아 물이 흐르는 곳도 있고 음지에는 눈이 남아있는 곳도 있다. 이 길은 북한산 둘레길 14코스(산 너머길)와 만나게 된다. 갈림길에 다가갈 무렵 몇 대의 차들이 주차되어 있다. 원각사까지는 차를 몰고 올 수 없고 여기에 주차하고 등산하는 모양이다. 굴다리를 통과하여 큰 도로 쪽으로 나왔다. 서울로 가는 버스를 타야 한다. 버스 정류장에 사람이 없어서 겁이 났다. '설마 버스가 벌써 끊긴 것이 아니겠지.' 오랫동안 차가 지나가는 것을 쳐다봤다. 거의 30분이 지나서야 34번 버스가 왔다. 원점회귀가 아닌 코스로 산행을 마치게 되어 기뻤다.

2. 수락산

지하철 7호선 수락산역 1번 출구로 나와서 300m를 걸어가니 '벽운계곡'이라 적힌 물방울 조형물이 반겨준다. 오른쪽으로 꺾어서 걸으니까 '벽운 마을', '수락산' 글자가 적힌 표지석 두 개가 나란히 사이좋게 서 있었다. 등산길을 찾기가 너무 쉬워서 의아하다. 데크길 옆으로는 노점상들이 많은데 이른 아침이어서인지 모두 문을 열지 않았다. 노점상 뒤에는 벽운계곡이다. '수락산 자락길' 안내를 따라 조금 걸으면 염불사 갈림길이 나오는데 마지막 화장실이 있고 왼편으로 등산로가 시작된다. 큼지막한 '수락산과 불암산 등산 안내도'를 지나 수락교, 장락교, 벽운교, 신선교를 건넌다. 다리라고 하지만 모두 징검다리 역할 정도만 하는 아주 짧은 것들이다.

'새 광장'이라고 불리는 깔딱고개 갈림길에 왔다. 왜 새 광장으로 불리는지는 모르겠다. 새 광장을 지나서부터는 '깔딱고개'가 시작된다. 등산객들이 보통 경사가 가파른 고개를 올라갈 때 이렇게 부르는데 이곳은 이정표 나무에 정식으로 이름이 적혀있다. 두 번 정도 쉬면서 올랐는데 구미 금오산의 '할딱고개'에 비교해 보면 그래도 조금은 경사가 완만한 것 같다. 굽혔던 허리를 펴고 검은 이정표를 바라보니 정상까지 0.7km라고 적혀있다. 한참을 더 가야 할 것 같은데?

▶ 독수리 바위는 의자 바위로 보인다. 능선에 홀로 있어 놓치지 않는다

▶ 정상으로 오르면서 내려다본 경치, 가운데 매월정이 있고, 멀리 북한산과 도봉산이 보인다

깔딱고개 삼거리부터는 밧줄 구간이 시작되고 암벽을 올라야 한다. 폭이 좁은 구간에는 내려오는 분을 위해 밧줄을 잡고 기다렸다가 다시 올라야 하는 등 꽤 힘을 쏟은 것 같다. 그러나 조망이 트이기 시작한다. 뒤돌아보니 매월정이 있는 반대편 봉우리에서 이곳으로 이어지는 진달래 능선이 확실하게 보인다. 왼쪽으로는 북한산, 오른쪽으로는 도봉산도 잘 나타난다. 지금 걷는 이 길이 깔딱고개를 오르는 것보다 두세 배는 힘들고 어렵다.

'독수리 바위'에 왔다. '엄지 바위' '따봉 바위'라고도 불리는데, 대표적인 이름은 독수리 바위라고 한단다. 내가 보니 '의자 바위'라고 해야 할 것 같은데. 방향을 틀어서 보니 독수리의 날기 전 모습이 조금 보인다. 이곳은 주위가 제법 넓어서 여러 사람이 사진을 찍거나 쉴 수도 있고 조망이 아주 잘 되는 곳이다.

이제부터는 막힘이 없는 조망이다. 따라서 걷는 것에 대한 걱정 따위는 모두 날아가 버린다. 왼쪽으로는 흘러내리는 수락산 능선과 그 아래로 도정봉이 보인다. 바위 중에 위아래로 홈이 난 바위가 많다. 그래서 수락산에 '치마 바위'라고 불리는 곳이 있는가 보다.

엄청난 크기의 배낭이 등장한다. 세상에 저렇게 큰 배낭이 있구나. 어떻게 찍으면 배낭으로 보일까 궁리하면서 사진을 찍는다. 왼쪽의 약간 둥근 바위가 사람이고 오른쪽 직사각형 바위가 배낭이겠다. 그래야 짊어진 모습이 되니까. 배낭 바위 아래로 난 나무 계단을 따라 정상으로 오른다.

▶ 배낭 바위가 저렇게 클 줄은 생각하지 못했다. 세상에서 제일 큰 배낭이 아닐까?

▶ 배낭 바위 아래로 난 길과 왼쪽의 올라온 능선, 계속 보이는 도봉산

▶ 태극기가 꽂혀 있는 정상부, 거대한 바위 앞에 있는 정상석이 앙증맞다

▶ 철모 바위는 역시 거대하다. 전투할 때 머리를 보호하기 위해 철로 만든 모자가 철모다

이번에는 '철모 바위'란다. 군인들이 훈련할 때 쓰는, 머리를 보호하기 위해 철로 된 무거운 모자 모양을 닮아서 이름을 지었다. 조금 더 가파른 데크 계단을 올라간다. 이 계단만 오르면 정상이란다.

야호! 드디어 태극기가 꽂혀 있는 수락산의 정상 주봉(637m)에 도착했다. 둥근 바위 사이에 놓인 정상석이 귀엽다. 어떤 나쁜 사람이 버린 것을 다시 주워서 갖다 놓았다는 이야기도 있다. 이곳에서는 제법 멋진 인증 사진을 찍을 수 있다. 사람 키보다 훨씬 높은 바위를 배경으로 그 위에 태극기까지 있으니, 모델도 그냥 큰 바위에 기대어 서 있을 수 있고 경사면 아래에서 찍는 사람은 키 작은 모델도 쭉쭉 미남 미녀로 만들 수 있다.

▶ 단풍이 든 수락산은 동글동글한 바위들이 몰려있어 너무 예쁘다

▶ 큰 바위 가운데에 앉아 있는 회색 바위가 코끼리 바위다. 놓치기 쉽다

▶ 파란 하늘과 흰 구름, 녹색의 소나무와 단풍이 든 활엽수, 그리고 예쁜 바위들!

수락산은 서울 노원구, 경기도 의정부시, 남양주시의 경계에 있는 산으로 수목은 울창하지 않고 대부분 암봉으로 이루어져 경관이 뛰어나다. 거대한 화강암 암벽이 있는 산에서 물이 떨어지는 모습 때문에 수락(水落)이라는 이름이 붙은 산이다.

도솔봉을 거쳐 노원골(역시 수락산역 방향이나 등산 출발점인 벽운계곡은 아님)로 하산하려고 한다. 내려오다가 멈춰선 후 수락산 정상 봉우리와 배낭 바위 쪽을 올려다본다. 하얗게 빛나는 봉우리로부터 흘러내리는 능선이 너무 멋지다. 몇 번이나 멈춰 섰다가 돌아보기를 반복하며 내려오니 마당바위가 나왔다. 마당바위를 등 뒤에 두고 조망 안내판과 눈으로 보는 산들을 연결해 보았다. 정상에 오를 때는 볼 수 없었던 명품 소나무도 내려올 때는 몇 그루 있다.

'코끼리 바위'에 왔는데 아무리 봐도 '코끼리 바위'로 그려내지 못했다. 가운데 '종 바위'가 있는 걸 보면 분명히 맞는데. 이 위에 '아기 코끼리 바위'도 있는데, 사진을 찍은 분은 도대체 어디로 올라서 찍은 것인가? 블로그에서 보니 아기 코끼리가 얼굴을 아래로 묻고 있는 모습이었는데. 코끼리 바위를 더 잘 보기 위해 옆으로 난 바위로 갔다. 다른 분들도 내가 있는 곳으로 온다. 오! 코끼리 바위 옆으로 또 하나의 멋진 바위가 있는데 '하강 바위'란다. 아마 암벽타기 연습을 하는 곳이라서 이렇게 이름을 지은 것 같다. 엄청난 공깃돌이 올려져 있는 모양이다. 코끼리 바위와 하강 바위를 한꺼번에 넣어 사진을 찍었다. 거의 원점 회귀 코스인데 이렇게 다른 길로 하산할 수 있어서 기분이 좋다.

'치마 바위'에 왔다. 너무 넓고 아래로 내려가는 암반 길이라 처음에는 치마 모양을 못 찾아 투덜댔는데 다 내려와서 반대로 올려다보니 주름치마처럼 넓은 바위에 홈이 파여 있었다. 수락산은 신기한 바위의 전시장이다. 등산 정보에 보니, 어디로 올랐는지는 모르지만 '외계인 바위' '물개 바위' 등 기묘한 바위들이 많았다.

노원골로 내려오는 길은 오르는 길보다는 훨씬 편했지만, 흙이 많아서 미끄러지지 않도록 주의해야만 했다. 평일인데도 등산객들이 제법 많았고, 늦가을이었지만 벽운계곡과 깔딱고개에 단풍도 남아있어서 심심할 틈이 없었던 등산이었다.

3. 북한산 숨은벽, 백운대

산행 여정: 밤골 매표소 →숨은벽 능선→깔딱고개→백운대→대동사→북한산
성 탐방지원센터

밤골 통제소 앞 '백운대(숨은벽) 4.3km' 이정표 방향으로 이동한다. 암릉 지
대로 유명한 이 코스에 이렇게 편안한 숲길이라니. 백운대와 사기막골 입구의
갈림길에서 백운대 방향으로 발걸음을 옮긴다. 탐방로는 국립공원답게 정비가
잘 되어 있다. 완만하게 올라가는 비단 길이다. 하지만 숨은벽 안전 쉼터를 지
나서는 점점 어려워진다. 한쪽에만 철책이 있는 암벽 구간은 경사가 있어 미끄
러지지 않도록 조심해야 한다.

▶ 북한산은 면적이 상당히 넓은 산이라 코스가 상당히 많다

▶ 능선으로 올라오며 만난 멋진 바위, 고래 바위? 물개 바위? 바나나 바위?

　고도가 높아지면서 조망이 터지기 시작한다. 왼쪽 멀리 도봉산이 보인다. 숨은벽 능선 직전에 있는 마당바위에 왔다. 바로 앞에는 '구멍 바위', '해골 바위'라 불리는 바위와 다른 바위들이 어우러져 있다. 완만한 암반이고 양쪽으로 조망이 다 트이는 곳이라 기분이 좋다. 돌아보면 넓은 마당바위 끝부분에 '구멍 바위'가 있고 올라온 길이 그려진다.

　숨은벽 능선 중간 부분을 걷다가 '바나나 바위'를 만난다. 이 바위를 능선으로 더 걸어간 뒤 뒤돌아보고 찍으면 엄마와 아기가 붙어 있는 고래처럼 보인다. 이제부터는 천국으로 오르는 길처럼 보이는 숨은벽 능선의 절정 구간이다. 어느 오페라 무대의 언덕 장면이 생각난다.

▶ 숨은벽에 접근하기 전에 만나는 바위는 끝부분을 자른 무로 보인다

▶ 숨은벽은 거대한 죽순으로 보인다. 표면이 매끈해서 오르고 싶은 충동이 일어난다

숨은벽은 왼쪽으로는 인수봉, 오른쪽으로는 백운대 사이에 있는데 산 너머 서울 쪽에서는 보이지 않기에 이런 이름이 붙여진 것 같다. 휘어져 올라가는 삼 각뿔 형태인데, 입체를 생각하지 않고 그냥 사진이나 그림으로 나타낸다면 죽 순처럼 보인다. 숨은벽의 접근 가능 지점까지 올랐다가 다시 아래로 내려왔다.

백운대로 가기 위해서는 가파른 바위 사잇길을, 철봉을 잡고 내려가야 한다. 내려가야 하는 만큼 올라야 하는데 걱정이 된다. 내리막에서 올라가는 길은 숲 길인데 경사가 대단한 너덜길이다. 허리도 아프고 허벅지도 당긴다. 짧은 등산 경력 중에서 손꼽을 만큼, 절대 잊을 수 없는 고통이다. 헉헉거리며 쉬는 와중 에도 '도봉산의 Y 계곡'도 대단하다는데 후일 비교해 봐야겠다.'라는 생각이 들 었다. 앞서가던 젊은 커플도 나와 매한가지다. 네 번을 쉬고 오르니 커다란 바 위 사이의 틈이 보이면서 백운대로 넘어가는 통로가 나온다. 이 바위의 안쪽과 바깥쪽은 완전히 다른 세상을 보여준다. 음지와 양지뿐 아니라 날씨마저 다른 느낌이 들었다.

인수봉을 지나 백운봉 암문에서 백운대로 오른다. 등산객들의 기차놀이가 시작되었다. 올라가다가 앞쪽에 있는 만경대를 바라본다. '오리 바위'와 노적봉 도 보인다. 오리 바위와 주위 배경을 함께 넣은 사진을 찍으려고 하는데 등산객 한 분이 '오리 바위' 옆에서 계속 서 있다. 할 수 없이 그분이 자리를 뜰 때까지 철봉을 잡고 기다렸다가 겨우 기회를 잡아 사진을 찍었다. 내려갈 때 '오리 바 위'를 모델로 여러 작품을 만들 것이다.

새하얀 몸매의 인수봉에서 눈을 떼지 못한 채 철봉을 잡고 백운대에 올라왔 다. 인증샷을 찍기 위해서 고생 좀 한다는 곳인데(글자가 적힌 바위 주변이 너

▶ 백운대를 오르면서 바라본 인수봉, 암벽타기 연습장으로도 이용되는 매끈한 봉우리

▶ 힘들게 올라왔기에 정상에 오른 사진을 남기고 싶었다. 평소에는 인증샷을 안 찍는데

무 좁고 찍으려는 사람은 몰려서) 의외로 내 앞에 두 사람밖에 없어서 쉽게 인증샷을 찍을 수 있었다. 명산을 등산할 때는 언제나 평일로 한다는 나만의 원칙이 효과를 본다.

'오리 바위'에 사람이 없다. 앗싸! 오리 넌 이제 내 모델이야. 폼 잘 잡아야 해. 오리만 강조하기도 하고 만경대와 어울리게도 찍고, 노적봉까지 넣어서도 찍었다. '오리 바위' 앞에도 넓은 바위가 있어 쉬기도 좋고 조망도 좋다. 늦게 여기서 점심을 먹는다. 깔딱고개와 백운대 오르는 바위 능선에서 힘을 너무 많이 뺐는지 갑자기 피로가 몰려온다.

위문을 지나 '북한산 대피소'와 '북한산성 탐방지원센터' 이정표가 있는 갈림길에서 탐방지원센터 쪽으로 향한다. 대동사를 지나면서 가파르고 거칠었던 등산로가 완만해진다. 마지막에는 산성 문 쪽으로 걷지 않고 계곡을 따라 걷는다. 힘차게 흘러 내려가는 계곡물을 보니 '깔딱고개'에서의 고통이 싹 씻겨 내려갔다.

▶ 정상으로 올라와 내려다본 인수봉, 왼쪽으로 여러 바위가 연결되어 있다

▶ 오리 바위를 찍기 위해 오래 기다렸다. 뾰족하게 입을 내밀고 있는 모양이 귀엽다

4. 북한산 원효봉

산행 여정: 북한산성지원센터→내시묘역길→시구문→원효암→원효대→원효봉→상운사→백운대 계곡 길→수문→북한산성지원센터

'원효봉(시구문), 북한산 둘레길(교현리)' 이정표가 있는 나무다리를 건너 이동한다. 경사가 없는 나무 데크길을 따라간다. 등산의 시작이 너무 편안하다. 둘레길이자 '밤골공원 지킴터' 방향으로 난 산길로 꺾어 오른다. 곧바로 시멘트 벽면에 초록색으로 쓴 원효봉 글자와 화살표가 나타났다. 등산길을 헤매지 말라고 페인트로 적어 놓아서 아주 고맙다. 시구문 입구 삼거리에서는 우회전이다. 이정표에 '내시묘역길 구간'이라고 적혀있다. 아마 근처에 조선 시대 내시들의 무덤들이 많이 있는가 보다. 원효봉 코스가 북한산 등산 코스 중 제일 쉬운 구간이 아닌가 생각한다. 시구문 입구부터는 깨끗하게 깔린 돌계단이다.

서암문(西暗門)은 시구문(屍軀門)이라고도 부른다. 산성에서 사람이 죽으면 이 문으로 내보낸다고 해서 이렇게 부른다. 그전에 암문(暗門)이 어떤 것이지 살펴보았다. 북한산성에는 8개의 암문이 있다고 하는데 '비상시에 병기나 식량을 반입하는 통로'라고 하니 '비밀 문' 정도로 알면 쉽겠다. 북한산을 오르게 되면 산성과 관계된 여러 가지 역사적 사실과 사찰과 암자 등을 조금씩 공부해야만 한다. 그런데 그 내용이 너무나 많고 깊어서 머리는 조금 아프다. 내가 받아들일 정도로만 알아보려고 한다.

서암문을 지나 '원효암 방향' 이정표를 보고 걷는다. 이곳부터 경사는 가팔

라진다. 조망이 조금 트이는 곳에 서보니 왼쪽으로 고양시가 내려다보인다. 주택가의 담처럼 쌓아 올린 곳이 보인다. 여장(女嬙)이라고 부르는 곳인데 지금껏 이런 이름을 들어본 적이 없어서 설명을 자세히 살펴보았다. 성벽 몸체 부분 위에 설치된 낮은 담장 부분을 말한다. 그냥 산성 일부인데 왜 일부러 이름까지 붙였을까? '성가퀴', '살받이 터'라고도 불리는 이곳은 성을 지키는 병사를 보호하고 적을 관측하거나 방어하기 위한 목적으로 만들었다고 한다. 여러 기능을 가지고 있어서 특별한 이름을 붙여 부른 것 같다. 그다음에는 '성랑지(城廊地)' 설명이 있다. 성을 지키던 초소가 있던 자리다.

등산길로 직진하지 않고 옆으로 빠져나와 원효암으로 간다. 원효 대사는 열정이 대단한 분이셨던 모양이다. 전국에 도대체 그가 세웠다는 사찰과 암자가 얼마나 많은가? 원효봉 대 슬랩 꼭대기에 제비집처럼 붙어 있는 원효암은 원효 대사가 머물렀던 곳이라 이렇게 부른다. 산신각 옆에는 약수터가 있고 가정집과 같은 장독대도 있다. 제일 마음에 와닿았던 것은 갓을 쓴 부처의 머리만 있는 불상이다. 대구 경북에 있는 팔공산 갓바위처럼 갓을 쓰고 있는데 축 늘어진 귀가 다른 부분에 비해 상당히 크다. 눈은 아래를 보는 것처럼 가늘게 되어 있다. 방향을 바꾸어 여러 장의 사진으로 만들어 본다. 원효암을 지나 대 슬랩을 보기 위해 바짝 긴장하며 경사진 암벽 지대로 간다. 생강나무의 노란 꽃이 너무 예쁘다. 대 슬랩 구간에 서면 건너편에 있는 의상봉과 원효교, 무량사가 잘 보인다.

원효암 구경을 마치고 다시 원효봉으로 간다. 서암문에서 원효암까지는 계속 험하고 가파른 돌계단이었는데 원효암부터는 암릉 구간으로 걷기가 훨씬 편하고 싶다. 한쪽에 철책이 있는 암반 지대를 걸어왔는데 앞에 엄청난 바위들이 보인다. 저기가 정상이구나 하며 올랐는데 정상이 아니고 '원효대'라고 한다. 암반에 홈을 파서 암반 자체가 계단 역할을 하므로 오르기가 편했다. 올라오면 공간이 상당히 넓고 조망도 최고다. 몇몇 분들이 쉬고 계셔서 같이 털썩 주저앉는다. 아래로 펼쳐진 계곡 위에 소나무가 많이 있는 봉우리가 보이는데 저곳 정상이 '원효봉'이란다. 하긴 아무리 원효봉 코스가 짧다고 해도, 이곳 원효대에서 끝나면 너무 짧은 코스가 되겠지. 헛다리를 짚은 것을 합리화한다.

▶ 원효대에서 원효봉으로 오르는 구간에는 싱싱한 소나무가 마음을 정화해 준다

▶ 너무 멋진 바위가 있어서 정상 원효봉으로 착각한 원효대의 모습

▶ 원효봉에는 멋진 안내판이 있어 봉우리를 확인하기가 아주 쉽다

▶ 원효봉에서 바라본 경치, 왼쪽부터 염초봉, 백운대, 만경대, 오른쪽은 노적봉

　원효대를 내려와서 다시 뒤돌아보면 처음 오르기 전에 봤던 원효대보다 훨씬 웅장한 모습을 찍을 수 있다. 마지막 계단과 성곽 길을 걸어 원효봉에 왔다. 원효대보다 훨씬 넓다. 그러나 정상석은 없고 작은 표식 기둥(해발 505m)이 있다. 영취봉, 백운대, 만경대, 노적봉이 손에 닿을 듯, 가까이 웅장하게 서 있다. 시선을 시계 방향으로 옮기면 맨 앞에는 북장대지가 있고 그 뒤의 산줄기로 동장대, 남장대, 문수봉, 나한봉이 있다. 조망 안내판에 상세한 설명이 있어 대조해 보면서 찾는 재미가 쏠쏠하다. 시선을 오른쪽으로 더 틀어서 올라오면서 조망했던 용출봉과 의상봉을 찾아본다. 미세 먼지가 없는 날이어서 조망이 쉽게 된다.

▶ 백운대와 만경대가 가까이 보인다. 파란 하늘과 구름은 겨울이 아닌 가을 느낌이다

▶ 상운사에서 바라보는 경치도 절경이다. 오른쪽 노적봉이 더욱 웅장하게 보인다

내려가는 길 왼쪽 성벽에 붙어 있는 물개 모양의 바위는 '잘 가세요.'라고 인사를 하는 듯도 하고 정상 원효봉을 지키는 수문장 같기도 하다. 북문을 향해 산 비탈길을 걷는다. 원효봉은 산을 잘 타는 사람들에게는 인기가 떨어질지 몰라도 나처럼 편하면서 경치가 좋은 곳을 찾는 분들이나 가족 동반의 등산으로는 적절한 코스인 것 같다.

북문에서 계속 계곡을 향해 내려가고 있는데, 왼쪽 바위에 상운사(祥雲寺)라는 글자가 있고 그 위로 등산 표식(시그널)도 걸려있다. 오호! 생각지도 못한 보너스가 있었네. 다시 등산로를 벗어나 사찰로 향한다. 역시 그 유명한 원효 스님이 처음으로 암자를 연 곳이다. 상운사에서는 위로는 염초봉이 있고 건너편 노적봉이 코앞에 있다. 매끈한 노적봉에 비해 만경대는 삐죽삐죽 화려하다. 중턱에 있어서 백운대, 만경대, 노적봉을 올려다볼 수 있다. 대웅전 건물과 봉우리를 한꺼번에 넣어서 사진을 찍을 수 있고 삼층석탑을 모델로 백운대와 노적봉을 넣어 찍을 수도 있다.

▶ 북한산성 탐방지원센터로 내려오는 길에서 올려다본 원효봉이 거대하다

▶ 왼쪽으로 원효봉, 백운대가 살짝 보이고 만경대와 노적봉이 보인다

굉장한 보너스에 감격하면서 계곡을 끼고 있는 길을 걷는다. 커다란 두 개의 바위 사이로 박력 있게 흐르는 물줄기를 한참 바라보다가 원효대와 원효봉을 올려다보기도 한다. 거대한 슬랩 위에 있는 원효대와 원효봉이 장난감처럼 작게 보인다. '수문'과 새로 지은 '서암사' 계단을 내려와 보는 경치가 좋다. 등산의 감동을 정리하면서 내려오는 이 계곡 길도 북한산 탐방로의 또 하나의 보물이다. 등산하지 않고 가볍게 걸을 분들은 이 길로 올라 자신이 원하는 사찰 구경을 하거나 산책만 해도 좋을 듯하다.

5. 인왕산

　동대문역 3번 출구로 나와 인왕산 현대아이파크 2차 아파트 주차장을 지나 인왕사로 올라간다. 인왕사 일주문을 지나 국사당과 선바위를 지나서 성곽길로 갈 예정이다. 일주문을 지나면 주차장이 나오고 국사당까지는 계단 길인데 경사면 옆으로는 모두 인왕사(仁王寺)에 속한 건물이다. 벽에 그려진 인왕산 호랑이 그림 등이 눈길을 끈다.

　인왕사는 5개 종단의 무려 11개의 절이 가람을 이룬 특이한 절이다. 인왕사라는 큰 범위 안에 서로 다른 절이 각자의 영역을 가진다는 것인데 '한 지붕 여러 가족'이란 개념이다. 따로 운영하지만 4년에 1번씩 인왕사를 총괄하는 주지 스님을 뽑아 이곳의 전반적인 살림을 담당한다고 한다. 이렇게까지 알게 된 까닭은 여러 건물이 주택 같기도 하고 서로 다른 이름을 가지고 있어서 신기했기 때문이다. 거기다가 무속 신앙도 어우러져 있으니 '종교의 작은 전시장'이라고 할 수 있겠다.

　절 위쪽으로 오랜 명물인 '선바위'가 보인다. 예부터 '산악신앙(山岳信仰)', '기자 신앙(祈子 信仰)'이 어우러진 '토속 신앙(土俗 信仰)'의 성지로 유명했으며 밑에 자리한 국사당(國師堂)은 굿을 하는 무속 중심지이다. 2개의 돌이 마치 승려가 장삼을 입은 것처럼 생겼다고 선암(禪岩)이라 이름 지어졌는데 '서 있는 바위'로 오해하기 쉽다. 이름의 뜻을 모르고 그냥 쳐다본다면 비옷을 입고 고개를 숙인 사람의 모습, 망토를 입은 마법사, 괴물이나 유령으로 보이기도 할 것이다. 바위 밑에는 제단이 있고 움푹 파인 부분에는 비둘기들이 많이 머물고 있다. 제단에 차려지는 음식에 익숙해져서 이곳을 주거지로 정한 듯하다.

선바위 주위에도 신기한 바위들이 많다. 바위 능선에 있는 다른 바위들을 보러 올라간다. 아랫부분에 그려진 낙서가 거슬리는 시커먼 바위가 있다. 전쟁할 때 쓰는 투구나 해골처럼 생겼다. 해골 바위 위로 올라왔다. 앞에는 인왕산 주능선에 걸쳐진 하얀 피부의 한양도성이 좍 이어지고 멀리 아차산과 용마산 산줄기까지 희미하지만 보인다. 시선을 오른쪽으로 틀어 옮기면 서대문 형무소와 마을 아파트가 조망된다.

해골 바위에서 내려와 산 중턱으로 오른다. 왼쪽으로는 안산이, 가운데에는 인왕산 능선이, 오른쪽에는 모자 바위가 보인다. 무속을 금지하는 팻말이 있는 계곡을 지나면 깨끗한 데크길이다. 이 길을 따라 한양도성 안쪽으로 들어간다.

성벽을 따라 걷는 순성(順城) 길이다. 흥인지문이나 다른 곳에서 오른 많은 분과 합류해서 걷는다. 등산을 싫어하는 외국인이라도 이 코스만큼은 꼭 추천하고 싶은 곳이다. 한 나라의 수도에 이렇게 가깝게 접근할 수 있는 산이 있다는 것에 깜짝 놀랄 것 같다. 거기다 남산과 경복궁, 청와대까지도 조망되는 이곳은 아침의 일출 등산, 저녁 무렵의 일몰 구경으로도 최적의 장소다. 위험한 곳도 길을 잃을 걱정도 전혀 없는 곳이니까.

▶ 해골 바위에서 산성 길로 접어드는 곳에서 바라본 경치, 길게 이어진 성벽이 예술이다

▶ 남산타워가 정면으로 보이고 올라온 산성 길이 굽이치며 내려가고 있다

▶ 왼쪽으로 감아 오르는 산성 길과 서울 시내가 함께 있는 절경을 볼 수 있는 인왕산 등산

▶ 산성 길이라고 만만하게 보면 안 된다. 그리고 반드시 등산화를 신어야 안전하다

인기 스팟, '범 바위'에 왔다. 세 사람이 벌써 자리를 잡고 느긋하게 조망을 즐기고 있다. 어깨를 펴고 사방의 조망을 둘러본다. 청와대가 있는 북악산이 잘 보인다. 자연석을 살짝 파내어 계단이 되게 한 행복한 오르막을 걸어 정상에 도착한다.

인왕산(338m) 정상이다. 정상석 대신에 나무 팻말과 한양도성 순성길 안내판이 나란히 서 있다. 백악산 아래 청와대, 경복궁, 세종로까지 보이고 남산 아래 건물들도 잘 보인다. 길고 긴 곡장(曲墻, 묘나 성체에 쌓은 나지막한 담)이 끝나는 곳이다. 하지만 기차바위에서 시작하는 성벽은 바로 아래 계곡을 가로지르고 내리막으로 이어져 창의문까지 간다.

▶ 외국인에게 침이 마르도록 자랑하고 싶은 한양도성 순성길과 인왕산 등산

▶ 고래 등처럼 보이는 인왕산 기차바위 건너편에 있는 북한산의 모습이 웅장하다

정상에서 살짝 돌아서 내려와 기차바위로 간다. 직진하면 바로 창의문으로 갈 수 있다. 북한산과 탕춘대로 넘어가는 기차바위 능선 길은 '왕의 길'이라고 부르고 싶다. 고래 등처럼 넓고 긴 바위 위를 걸으면 양쪽에서 허리를 굽힌 신하들이(소나무) 좍 줄 서서 인사하는 느낌이다. 길이도 거의 200m는 될 것 같다. 바위 구간이 끝나는 곳까지 가본다. 소나무가 꽉 우거진 숲길로 내려가는 길이 있는데 어떤 곳이 나오는지, 어느 역으로 연결되는지 모르니까 다음 기회로 약속한다. 되돌아오면서도 계속 북한산을 바라보았다. 인왕산 정상에서 보는 모습도 물론 좋지만 고래 등을 넣어서 더 가까이 보는 북한산은 정말 멋있다. 정상을 찍고 돌아가는 분들은 이 달콤한 맛을 느껴보지도 못하고 그냥 내려갔다.

'기차바위' 갈림길로 다시 올라와 이제는 성벽을 따라 내려간다. 성 밖 명승지, 부자들이 많이 산다는 부암동이 보인다. 흥선대원군이 좋아했던, 지금은 미술관과 정원으로 이름을 날리는 석파정과 멋진 별장들이 옹기종기 모여 있다. 차도를 따라 걸어 내려오니 '윤동주 문학관'이 나오고 길 건너 '창의문'이 있다. 문학관 위에 있는 카페에 가서 '얼죽아(얼어 죽어도 아이스 아메리카노)'를 즐긴다. 날씨도 좋았고 등산로 입구 찾기도 걱정과는 달리 제대로 찾았고, 생각지도 못했던 '기차바위' 능선도 즐겨서 만족감이 최고다. 서울에서 등산하기! 너무 신난다. 또 다른 코스를 찾아야겠다.

▶ 눈 쌓인 인왕산을 볼 수 있어서 감격했다. 수도에서 이렇게 가까운 곳에 멋진 산이 있다

▶ 기차바위에는 안전 철책이 설치되어 있어 안심하고 죽 따라 내려가면 된다

6. 도봉산

산행 여정: 도봉산역→도봉 탐방안내소→도봉 분소→천축사→마당바위→자운봉→신선대

7호선 도봉산역 1번 출구로 나온다. 도로를 건너 올라서는데 등산객들로 꽉 찬 길이다. 우와! 설악산 소공원에 모인 등산객들보다 더 많다. 등산하러 서울에 올라오니 이런 진풍경도 볼 수 있구나. 그럼 그냥 아무 생각 없이 이분들을 따라가도 되는 거네. 처음 오는 곳에 대한 걱정이 모두 사라진다.

길 양옆에는 카페, 등산용품을 파는 가게, 먹거리를 파는 음식점 등이 쫙 늘어서 있다. 서울 최고의 인기 코스인 모양이다. 도봉 탐방안내소를 지나 '국립공원 표지판'이 있는 곳까지 왔다. 봉우리 이름(오봉, 여성봉, 원효봉 등)으로 부르지 않고 별도의 산으로 부르는데 북한산 국립공원에 포함하는 모양이다. 그만큼 멋지고 인기가 많다는 뜻인가? 왼쪽 다리로 가는 길은 우이암을 거쳐 오르는 길이고 오른쪽으로는 자운봉으로 가는 길이다. 아무래도 오른쪽 길이 가파르지만 그만큼 빠르게 오를 것 같아서 자운봉으로 가는 길을 택한다. 조금 오르니 바위에 '북한산 국립공원 도봉산 지구'라고 한자로 적힌 바위가 나타났다. 더 앞으로 나아가니 북한산 생태탐방원이 있고 맞은편에 '도봉산 광륜사(光輪寺)라는 사찰 문이 보인다. 일주문이 천왕문을 겸한다. 보통 큰 사찰에는 일주문 다음에 양옆으로 4개의 사천왕상이 있는 천왕문이 있는데 이 사찰은 일주문에 2개의 대문이 달려있고 이 양쪽 문에 사천왕을 그림으로 그려놓았다. 나

름 멋있어 사진에 담는다.

등산로 초입부터 단풍에 물든 나무들이 있어 발걸음이 느려진다. 부처님 벽화가 길게 그려진 도봉사 담장 길옆으로도 걷는다. 옆에는 물이 흐르는 계곡이다. 알록달록한 등산복을 입어 귀엽게 보이는 인생 선배들, 역시 가을이 제일 좋다.

도봉 산장이 '한국등산학교'라고 이름을 바꾸었다. 같이 걷던 분들끼리의 이야기를 엿듣고 알게 되었다. 생각해 보면 처음부터 지금까지 힘들다고 느낀 구간이 한 곳도 없다. 물론 신선대 오르는 것이 쉽지 않다고 읽었지만, 산을 오르려면 그 정도는 각오해야 하는 것이고 어쨌든 가볍게 오를 것 같다. 잘 정비된 편안한 길을 만들어 준 국립공원 직원들에게 감사하다. 계단 길을 따라서 천축사가 나오기를 바라며 걷는다. 단풍이 절정에 이른 모양이다. 어디를 갖다 대도 멋진 사진이 나온다. 단풍 명소로 유명한 내장산, 백양사, 설악산에 결코 떨어질 이유가 없다.

야호! '道峰山 天築寺' 일주문이 보인다. 오늘 사진 작업을 제일 많이 해야 할 곳이 천축사 주변이다. 자운봉, 신선대가 웅장하나 단풍 사진을 찍을 장소는 이곳이어서 집중해야 한다. 정신을 가다듬고 천축사로 오르는 계단을 밟는다. 입구에는 큰 바위가 있고 수많은 불상이 나란히 줄을 맞추어 서 있다. 다섯 줄로, 옆으로 20개씩 총 100개의 불상이다. 그 앞으로는 불타는 단풍이 있다. 너무 황홀한 나머지 정신이 어질한 느낌이다. 이럴 때일수록 흥분하면 안 돼, 정신 차리고 집중해야지. 먼저 불상을 주요 모델로 여러 장의 사진을 찍는다. 찍은 사진을 다시 보니 눈으로 보는 것보다 훨씬 더 예쁘다(자신이 원하는 것만 넣고 나머지는 빼는 게 사진이니까). 자신감이 불끈 솟아난다. 이제는 단풍이 모델이다. 물들었지만 말라가는 상태가 아닌 싱싱한 단풍이어서 더 예쁘다. 거기다 햇살을 받는 역광 방향이니 얼마나 예쁠까? 한 개의 장소를 화면 넓게 잡아도 보고 좁게도 잡아서 사진을 찍는다. 이제는 앞에 있는 대웅전 건물을 중심으로 사진을 찍는다. 나무 사이에 좁게 트인 곳을 찾으려 이쪽저쪽으로 왔다갔다를 반복한다. 다행히도 큰 나무 사이에 원하는 곳을 발견해서 대웅전과 뒤쪽 선인봉을 함께 넣어 찍는다. 소위 자신이 들어간 멋진 사진을 '인생 사진'이라고 하는데 비록 사진 안에 내 모습을 넣지는 못했으나 풍경으로는 '인생샷'이 될 것이다. 담장과 석등과 사찰 건물과 밝게 빛나는 삼각뿔 모양의 선인봉까지 넣어 찍었는데 어찌 멋지지 않을쏜가. 처음 아내나 등산 동료들은 사진을 너무 많이 찍는다고 핀잔을 주던 때가 있었다. 많이 찍어도 마음을 담아 찍기 때문에 그냥 버릴 게 하나도 없다고 찍은 것들을 모두 일일이 보여주던 때도 있었다. 별로 진지하게 하는 일은 없지만 사진 구도를 잡는 데에는 엄청 신경을 쓴다. 자주 하다 보니 대상만 보면 구도가 떠오르고 옆으로 지나가는 사람이 없는 짧은 시간에 재빠르게 찍는다. 유럽에 갔다 와서 찍은 것들을 보여주니 지인들이 스마트폰으로 찍은 게 맞느냐고 묻는 분들도 많았다.

천축사 순례가 끝나고 정상으로 오른다. 드디어 도봉산이 조금 매운맛을 보여준다. 이 정도의 깔딱 구간이 없으면 등산이 아니지. '마당바위'라 불리는 곳에 왔다. 경사면이 있는 넓은 바위 구간인데 많은 사람이 간식을 먹고 쉬고 있다. 앞으로 조망이 확 트여있어 너무 좋다. 천축사에서의 흥분이 많이 가라앉아서 삶은 고구마와 참치김밥을 꺼내 먹는다. 날씨 선택이 제일 잘 된 것 같다.

▶ 도봉산의 중심 장소로 자운봉, 신선대가 모여 있는 곳이다

▶ 붙어 있는 바위 사이에 제법 큰 소나무가 자라고 있다

▶ 북한산의 능선들이 겹겹이 펼쳐진 모습이 잘 보인다

앗! 고양이가 슬슬 걸어온다. 전체적으로 새카만데 흰색이 섞인 고양이다. 눈빛이 너무 매섭다. 개는 별로 무서워하지 않는 데 비해서, 고양이는 눈빛이 무서워 엄청 겁을 낸다. 모르는 척 일어나서 다른 곳으로 이동한다. 다른 분들이 혹시나 겁쟁이로 볼까 얼른 이동했다.

"행복이 무엇인지 알 수는 없잖아요. 도봉산 단풍 없는 행복이란 있을 수 없잖아요." 노래를 좋아해서 좋은 상황이 오면 자동으로 아는 노래가 나온다. 그것도 마음대로 노랫말을 바꾸어 부른다. 특이한 성격이다. "이별만은 말아줘요 내 곁에 있어 줘요. 도봉산 없는 행복이란 있을 수 없잖아요." 마음속으로 끝까지 불렀다.

▶ 바위가 올망졸망 모여 있는 자운봉, 소나무에 살짝 가려진 신선대의 모습이 아름답다

▶ 자운봉과 신선대를 나란히 볼 수 있는 멋진 조망터. 점심을 먹으면서도 계속 응시한 경치

모두 마당바위에서 쉬다가 신선대로 곧장 오르지만 난 '마당바위' 위에 있는 멋진 소나무 근처로 다가간다. 굵은 소나무 줄기 사이로 보이는 하얀 신선대의 모습이 멋지다. 이제 곧 저곳으로 간다.

신선대로 오르는 길은 소문대로 가파른 돌길을 걷고 경사가 심한 데크길을 지그재그로 올라간다. 앞에 가는 분들의 숨소리가 거칠게 들려온다. 그래도 정상이 눈앞에 보이니까 힘들어도 좋다. 사잇길 정상에 올랐다. 신선대로는 오를 수가 있으나 자운봉에는 오를 수가 없단다. 멋지기는 자운봉이 더 멋지게 보이는데. 숨을 한참 고른 후에 많은 분과 기차놀이로 신선대로 오른다.

모든 방향의 조망이 멋진 신선대이지만 공간이 좁고, 정상석이 아닌 좁고 긴 막대 모양의 정상목이어서, 인증샷을 찍을 마음이 없다. 그것도 줄을 서서 기다려야 하니까. 오히려 등산객들을 피해 살짝 내려와 소나무 옆에 앉는다. 옆으로는 자운봉이, 앞으로는 짧은 길이의 능선도 있는 파노라마가 펼쳐진다. 위험을 무릅쓰고 작은 능선을 걷고 싶은 마음을 억지로 눌렀다. 철봉을 넘어 그쪽으로 가는 것은 불법은 아니지만 괜히 다른 등산객의 눈살을 찌푸리게 할 것 같았다.

▶ 굽은 소나무 사이로 바라본 도봉산의 웅장한 모습

▶ 천축사와 함께한 자운봉의 모습, 단풍 시기에는 감탄을 멈출 수 없는 절경이 된다

▶ 설경을 멋지게 볼 수 있는 날은 눈이 온 후 맑은 날이다. 나름 굉장히 좋은 날씨를 만났다

▶ 넓은 바위에 눈이 녹지 않고 그대로 깔려있다. 발자국 하나 없는 멋진 모습이다

신선대에서 내려와 곧바로 마당바위로 내려가지 않고 발걸음을 조금 더 연장해 본다. 사패산으로 이어지는 길이란다. 200m 올라온 것 같은데, 건너편의 자운봉과 신선대를 멋지게 볼 수 있고 사패산 능선도 볼 수 있다. 아무도 없는 바위 옆으로 가서 남은 간식을 먹는다. 신선대 위에서 몇몇 사람들이 움직이고 있다.

내려갈 때는 다른 길로 가고 싶어서 중간에 왼쪽 길로 빠졌다. 탁월한 선택이었다. 천축사의 단풍이 최고였지만 이 하산길은 처음부터 거의 끝까지 단풍을 보여준다. 얼마나 쉬었는지 모른다. 올라갈 때보다 시간이 더 걸린 것 같다. 바위가 없어도 멋진 계곡 단풍이었다. 다 내려올 즈음에 암자를 봤는데 은석암과 녹야원으로 내려오는 길이었다.

유명한 유튜버의 옛날 영상을 보고, 날씨 예보도 보고, 여러 궁리 끝에 서울 도봉산으로 왔는데 계획이 착착 맞아 들어가는 산행이었다. 역시 등산 전 꼼꼼한 공부는 행복으로 가기 위한 지름길인 것 같다. "안 돼, 안 돼, 그러면 안 돼, 안 돼, (중략) 열심히 공부하세!" 폭탄 머리 윤시내의 포즈(손바닥을 펴서 45도 각도로 치켜올림, 특히 '열애'를 부를 때)를 취하며 아무도 없는 계곡에서 시원하게 노래를 불렀다.

7. 북한산 비봉 능선

　연신내역 3번 출구로 나와 연서 시장 버스 정류장에서 7211번 버스를 타고 신도중학교 정류장에 내린다. 직진하다가 오른쪽 기자촌 교회로 향한다. 기자촌 옛터 근린공원을 지나 향로봉으로 걸을 예정이다. 1년 전에 불광역에서 내려 대호 아파트를 지나 족두리봉으로 오른 적이 있어서 이번에는 다른 경로(족두리봉을 거치지 않고 곧장 비봉으로 가는 코스)를 선택한 것이다. 북한산 둘레길 8구간이란 화살표 방향으로 간다.

　가을이라 단풍이 울긋불긋하다. 북한산, 도봉산을 오르고 나서 한 가지 깨달은 것이 있다. 설악산 단풍에는 미치지 못하나 아주 편하게 단풍을 맛볼 수 있는 곳이 서울 근처에 있다는 것이다. 본격적인 단풍철이 아닌 보름 전에 가도 설악산 단풍을 보기 힘들다. 소공원이나 주전골에 들어서는데 교통 지체로 한 시간 이상이 소요된다. 소나무와 어울린 잎이 물든 활엽수 뒤로 족두리봉이 우뚝 서 있다. 돌계단 이외에 데크길이 전혀 없는 자연 친화적인 길이라 무척 친근한 느낌이 든다. 제법 나무들이 커서 그늘을 만들어 주는 것도 좋다. 호젓한 오솔길의 전형이다. 오른쪽으로는 비봉 남능선이 웅장함을 뽐내고 있다. 비봉(碑峰)에는 비석이 있어 봉우리를 멀리서도 쉽게 확인할 수 있다. 오솔길 끝부분에 이르자 삼각형으로 삐죽 솟아있는 향로봉이 나타난다. 고지가 바로 보이니까 경사도가 커져도 힘이 별로 들지 않는다. 향로봉으로 가려는 길은 통제로 막혀 있다. 그다지 위험한 곳도 아닌데 왜 금지하는지가 궁금했으나 별도리가

▶ 향로봉으로 오르는 길에 만난 족두리봉의 모습이 반갑다

없어 비봉 방향으로 걷는다.

　멋진 소나무가 몇 그루 있고 넓은 바위로 이뤄진 곳으로 왔다. 여러 등산객이 쉬고 있다. 표지목이나 표지석이 없는데 '관봉(冠峰)'이라고 한다. 엄청난 마당바위라고 보면 된다. 앞쪽으로 가야 할 비봉과 의상 능선이 잘 보인다. 봉우리가 갓 모양으로 생겨서 '갓봉'이라는 이름이 생겼다. 이곳에 오면 북한산의 여러 봉우리(나한봉, 상월봉, 문수봉, 보현봉 등)를 잘 볼 수 있다. 이제는 계속 올라가면서 구경하는 길이 된다.

▶ 오르는 길에 보이는 향로봉, 향로 모양이 아니라 세모로 보인다. 오른쪽 아래에 비봉

▶ 오른쪽으로 비봉이 있고 저 멀리 문수봉, 보현봉이 조망된다

한 번 온 경험이 무섭다. 비봉(碑峰, 560m)에 온 경험이 있어서 가파른 비봉을 오르는데도 겁이 나지 않는다. 비봉의 작은 스타 '코뿔소바위'는 여전히 인기가 대단하다. 머리 살짝 아래, 목 부분에 걸터앉아 포즈를 취하고 사진을 찍는 분들이 많아서 그냥 구경한다. 숨을 고른 다음 비석이 있는 비봉으로 오른다. 최대한 바위에 몸을 밀착시키고 사족 보행으로 올라간다. 엄청난 복숭아를 지나면 '진흥왕 순수비'가 있는 곳이다. 순수비는 '내 사냥터'를 뜻한다. 진품은 국립중앙박물관에 있고 산에는 복제품이 서 있다. 관봉은 한 방향만 보였으나 비봉은 막힌 곳이 없는 멋진 조망이다. 향로봉 능선과 서울 시내 방향, 의상 능선, 북한산 총사령부(백운대, 인수봉, 만경대), 문수봉, 보현봉이 모두 보인다. 바로 앞에는 유명한 '사모바위'도 있다. 총사령부 지역이 삼각형으로 보인다. 옛날 사람들이 북한산을 삼각산으로 부른 이유를 알 수 있다. 새롭게 알게 된 것은 삼각형 바로 아래에(여기에서는 앞부분) 거대한 원뿔 모양의 봉우리가 노적봉이었다는 것이다. 지난번에는 노적봉을 뒤에 있는 인수봉으로 착각했다.

▶ 진흥왕 순수비가 서 있는 북한산 비봉

▶ 비봉에서 바라본 서울 시내 방향의 모습

비석 근처에서 20분을 보내고 '코뿔소바위'로 내려온다. 이제 내가 사진을 찍을 차례가 되었다. 비석 근처에서 이곳을 내려다보고도 많이 찍었지만 내려와서 여러 방향으로 코뿔소를 보고 찍는다. 특히 코뿔소 뒤에서 찍으면 코뿔소가 큰 대포로 보여서 재미있다. 코뿔소 머리에는 올라가지 않는다. 찍어주는 분들의 사진 솜씨가 별로다. 구도를 거의 잡아서 휴대폰을 넘겼다. 그냥 전체 코뿔소 앞에서 포즈를 취한 사진이다.

이제는 비봉 능선의 최고 스타 '사모바위(紗帽바위, 540m)'가 나온다. 옛날 관리들이 쓰던 모자와 비슷하다고 이름이 붙은 바위다. 1968년 1.21 사태 당시 김신조 일행이 이 바위 근처 아래에 숨었던 일이 있어서 '김신조 바위'라고도

▶ 비봉에서 바라본 코뿔소바위, 사모바위, 승가봉, 승가사, 문수봉, 보현봉

불린다. 바위 속에 일행들의 밀랍 인형이 있어서 깜짝 놀랐다.

　사모바위를 지나 내리막으로 살짝 내려갔다가 계속 오르면 승가봉에 이른다. 향로봉에서 문수봉까지의 능선 길을 비봉 능선이라 부른다. 비봉 능선을 오르면 계속해서 뒤를 돌아다보게 된다. 사모바위, 비봉, 향로봉 쪽으로 내려보는 경치가 절경이기 때문이다. 승가봉(僧伽峰, 567m)은 봉우리 아래에 있는 756년(신라 경덕왕 시대)에 창건된 승가사(僧伽寺)에서 이름을 따왔다. 갈수록 조망이 좋아진다. 의상 능선과 북한산 총사령부가 훨씬 더 가까이 다가와서 웅장함도 더 커진다. 관봉, 비봉에서의 조망도 절경이나 비봉 능선에서 올려다보는 조망터로는 승가봉이 최고다. 거기다 하늘 문(通天門)까지 있으니, 등산객들이

▶ 단풍과 어우러진 사모바위, 실제로 다가가 보면 상당히 높은 바위다

어찌 칭찬하지 않겠는가? 통천문을 자세히 보니 거대한 도토리 하나가 양쪽 바위에 걸쳐있는 모양이다. 지난번에는 왜 도토리로 보지 못했을까. 다시 찾아온 보람이 느껴졌다. 의상 능선의 봉우리들을 살펴보면 전위 용출봉, 용출봉, 용혈봉, 증취봉이 연결되어 있고 나월봉, 나한봉으로 이어진다. 염초봉은 능선 뒤에 있고 북한산 사령부와 연결된다. 나한봉과 문수봉 사이에는 715봉, 상원봉으로도 불리는 가사봉이 있다. 아마도 근처의 유명 봉우리들에 밀려서 정확한 이름을 얻지 못한 까닭이다. 마지막으로 통제 구역으로 묶인 보현봉이 보인다. 산을 좋아하는 일본인 친구에게 승가봉을 꼭 소개해야겠다.

▶ 승가봉에서 바라본 의상 능선, 의상봉, 용출봉, 용혈봉, 증취봉

　승가봉을 내려와 문수봉으로 가는 길을 골라야 한다. 작년 겨울에 문수봉으로 바로 오르는 길로 가다가 공포에 질린 적이 있어서 쉬운 길로 간다. 사실 쉬운 길이라고 하지만 비교일 뿐 호젓한 오솔길이 아니다. 특히 마지막 구간은 엄살을 부려 말한다면 북한산 숨은벽에서 바람골로 오르는 기분이 든다. 하지만 괜찮다. 노랗게, 주황색으로 물든 나뭇잎이 예쁘고 비봉 능선의 최고 봉우리 문수봉(마지막 오르막)으로 간다는 생각에 피곤함은 몰려오지 않는다. 사람이란 참 간사한 존재다. 조금만 불편해도 불평하고 짜증을 내는데 오늘은 절경으로 힘든 줄을 모르겠다.

　멀리서 보면 거인의 발로 보이는 문수봉을 오르려고 등산길을 벗어난다. 정상 표식이 있는 곳은 새롭게 문수봉으로 지정된 곳이고 거인의 발이 있는 봉우리가 실제의 문수봉이다. 나무를 헤치고 오르는데 정확한 길이 보이지 않아서 조금 걷다가 포기하고 다시 아래로 내려와 걷는다. 정상 표지가 있는 곳으로 오니 등산객들이 쉬고 있는데 멋진 개가 표지 옆에 서 있다. 누가 데리고 온 것 같지도 않다. 들개라면 털이 더럽고, 보기가 흉할 텐데, 이 개는 제법 멋지다. 비봉에서 먹다 남은 김밥과 바나나 우유를 꺼내 먹고 마신다. 우걱우걱 씹고 있지만 눈은 아래로 향한다. 족두리봉을 거치지 않고 향로봉에도 오르지 못하고 왔으니, 이번에는 연화봉(연꽃 모양의 바위)으로 내려갔다가 다시 올라올 계획이다. 연꽃이 피지 않은 봉긋한 형태의 바위는 이곳에서 봐도 잘 보이고 예쁘다. 곁에 가면 너무 거대해서 오히려 꽃으로 느끼지 못할 것 같다.

▶ 승가봉 주위에서 바라본 의상 능선

▶ 통천문 위에 놓인 바위를 방향을 달리해서 보니 큰 도토리 모양이다

▶ 당겨본 북한산 사령부, 볼록한 노적봉 뒤로 백운대, 만경대, 가운데에 작은 하얀 인수봉

▶ 칠성봉이라고도 불리는 원래의 문수봉, 정상석은 조금 더 아래 떨어진 곳에 있다

　문수봉 표지판에서 연꽃 바위로 내려가는 슬랩 구간도 멋지다. 저 아래의 사모바위, 비봉이 모두 조망되고 반대로 돌아서 보면 문수봉에 있는 거인 발가락이 잘 보인다. 비봉 능선 구간에서 문수봉은 올려다보는 조망은 없고 내려다보는 조망뿐이지만 최고 높이인 만큼 광활하고 아기자기한 북한산의 모습을 제대로 보여준다. 예상대로 가까이에서 보는 연꽃 바위는 예쁨이 아니라 거대함으로 힘찬 모습을 드러낸다. 문수사(文殊寺)도 좀 더 가까이에서 조망된다. 승가봉처럼 봉우리 아래에 절이 있어 같은 이름의 봉우리(文殊峰)가 되었다.

　슬랩 구간을 다시 올라와 문수봉 표지판을 지나 대남문으로 간다. 문 사이 공간으로 액자처럼 보이는, 단풍으로 물든 경치가 멋진 그림이다. 새빨간 단풍

▶ 문수봉 정상석이 있는 곳에서 내려다본 경치, 문수사, 연화봉, 왼쪽에 보현봉이 보인다

잎에 빛이 닿아서 더 밝고 화려한 모습을 보여준다. 노랗고 빨간 단풍으로 반겨주는 길을 걸어 문수사에도 들렀다. 화려한 단층, 은행나무와 단풍나무, 먼 곳에 있는 보현봉과 사자 능선의 어울림은 예상치 못했던 광경이다. 대웅전보다 나한전, 산신각, 요사채 등에 더 눈길이 간다. 작은 절인데 경사가 심한 문수봉 아래에 있고 전망이 좋아 유명한 대형 사찰보다 더 정겹다.

구기탐방지원센터로 내려가는 길은 계속 가을 단풍의 잔치가 열리고 앙증맞은 작은 다리가 많다. 나무 사이로 올려다보는 비봉 능선의 산줄기도 멋지다. 북한산성 쪽의 등산도 대단하나 경치 하나만으로 살펴본다면 기자 능선과 비봉 능선이 연결된 이 트레일이 최고가 아닐까? 거의 7시간을 걸었는데도 그렇게 힘든 줄 모를 정도로 좋았다.

8. 북한산 의상 능선

사람이든 장소든 자주 만나거나 찾게 되면 친해지고 사랑하게 된다. 대구 촌놈이 서울에 있는 산을 오르려고 자주 오니까, 특히 북한산에 자주 오게 되니까, 서울 메트로 3호선에 있는 역들과 친해졌다. 불광역, 연신내역, 구파발역이 나오면 빙그레 웃게 된다. 오늘은 마지막 구파발역에서 내려 버스를 타고 북한산성 탐방지원센터에 왔다. 평일이지만 여전히 사람이 많다. 편의점에 들러서 김밥, 소보로 빵, 포카리스웨트, 커피, 물을 사서 배낭에 넣었다.

오늘도 아스팔트 길로 가지 않고 좋아하는 자연 탐방로를 선택한다. 북한천을 따라 걷는 길인데 원효봉과 계곡 모습이 여전히 아름답다. 북한산을 처음 올랐던 코스가 의상 능선이었는데, 그때는 위치나 명소도 모르고 그냥 사람들이 가는 방향으로 따라갔다. 이제 꾀를 좀 부린다. 탐방센터에서 의상봉으로 바로 오르지 않고 국녕사에서 의상봉으로 갔다가 다시 와서 용출봉부터 오르려고 한다.

북한동 역사관을 통과하여 대동문 방향으로 간다. 법용사에서 국녕사를 찾아야 하는데 길이 안 보인다. 두리번거리다가 올라오는 등산객에게 물었다. 길 바로 옆이었는데 너무 좁고 짧은 계단이라 못 봤던 모양이다. 혼자 걷는 숲길에서 등산이 끝날 때까지 안전하게 주의하면서 걷겠다고 다짐했다.

황금빛 얼굴, 빨간 입술이 눈에 확 띄는 국녕대불이 있는 국녕사에 도착했다. 높이 24m, 국내에서 가장 큰 좌불상이다. 사명대사가 나라에 환난이 있을 것을

▶ 북한산 자연 탐방로에서 만나는 웅장한 폭포가 마음의 찌든 때를 씻어준다

예지하고 북한산에 10개의 사찰을 창건했을 때 지어진 절이다. 절에서 승병을 양성하여 곳곳에 배치하고 성문을 사수하게 한 도량이었다. 능선에 올라서지도 못했는데 북한산 사령부의 삼각산(백운대, 인수봉, 만경대)이 조망되고 앞에 있는 노적봉이 보인다.

의상봉(502m)으로 가기 위해 오른쪽으로 꺾어서 걷는다. 확실히 편하게 올라왔다. 의상봉에서 두 분의 등산객을 만났다. 탐방센터에서 토끼 바위를 보고 능선을 올라오신 분이다. 의상봉은 의상 능선에서 가장 낮지만 제일 힘들게 오르는 첫 번째 봉우리다. 신라의 의상대사가 머물렀던 곳이라는 데서 이름이 유래했다. 이온 음료수를 마시고 좀 쉬다가 다시 왔던 길로 간다. 이제부터 본격적으로 힘든 산행이 시작된다.

용출봉(571m), 용혈봉(581m), 증취봉(593m) 봉우리를 차례로 올라야 한다. 처음 용출봉에 오르는 것이 제일 힘들었다. 길쭉한 직육면체의 정상 표지판이 깔끔하다. 용혈봉 표지판 바로 뒤에는 굵은 소나무가 멋있었고 증취봉 표지판 옆에는 거대한 바위가 대단했다. 증취봉은 등산로상에 표지목이 없기에 주의해야 한다. '추락 주의', '구간 번호'가 적힌 표지목이 있는데 이곳에서 증취봉 표지목을 찾아야 한다. 큰 바위를 돌아가면 표지목이 있다. 처음 왔을 때는 용출봉까지 오르고 힘이 달려서 다시 왔던 길로 내려갔다. 용혈봉으로 오는 길에 만난 할미 바위는 토끼 바위보다 훨씬 컸다. 하지만 할미로 연상하기가 어려웠다. EQ(감성 지수)와 상상력이 부족한가 보다.

▶ 왼쪽 원효봉, 염초봉, 백운대, 만경대, 오른쪽 둥근 봉우리가 노적봉

▶ 세모 모양으로 삐죽한 용출봉, 이름으로 연상하면 용의 머리로 보인다

▶ 토끼 바위와 함께 의상 능선의 명물인 할미 바위, 너무 커서 거인 할머니라 불러야겠다

▶ 의상봉, 용출봉, 용혈봉으로 이어지는 의상 능선이 예쁘다

용에 관한 전설에서 이름을 따왔는지 산세를 용과 관련지어서인지 모르겠다. 용이 나오는 봉우리가 용출봉이고, 용의 동굴(구멍)이 있는 산이 용혈봉이다. 증취봉은 원래 시루봉으로 불렸는데 일제 강점기에 한자식으로 고치면서 증취봉이 되었다. 증취봉 정상 표지목 뒤에 있는 바위를 등산길에서 보면 커다란 떡시루나 철모 바위처럼 보인다. 용혈봉에서 산불감시초소를 끼고 내려와서 다시 오르막을 오른다. 거대한 바위 협곡이 대단했다.

부암동 암문에서 한참을 쉬었다. 증취봉과 나월봉 사이의 고갯마루에 있는 암문인데, 북한산에는 8개의 암문이 있다. 성 밖 삼천사 쪽에서 성 안쪽 중흥사에 이르는 길목을 통제하기 위해 설치한 것이다. 암문은 비상시 무기와 식량을 반입하는 통로이고 다친 병사들의 출입구로 이용된 비상 출입구다.

오르내림이 많아서 3봉우리를 오르는 게 쉽지 않았다. 아직 갈 길은 많이 남았다. 나월봉에서는 횃불 바위를 보려고 가는 분을 만나 멋진 바위를 보는 행운이 있었다. 내려올 때는 아찔한 낭떠러지와 바위틈을 지나는 길로 내려왔다. 공사가 아직 다 마무리되지 못한 '성랑지(성을 지키는 초소)'를 만났다. 이 높은 곳에 넓은 초소가 있었다니. 이곳까지 올라와서 경계의 임무를 하던 사람은 무척 고생했을 것이다.

▶ 나월봉에서 만난 횃불 바위, 바위 위에 큰 새가 날아와서 얼른 사진을 찍었다

▶ 나월봉에서 만난 돼지 바위, 횃불 바위가 앞에 있다면 돼지 바위는 뒤쪽에 있다

▶ 오른쪽 봉우리가 나한봉이다. 먼 곳에서 볼 때는 몰랐는데 굉장히 가파른 봉우리다

성곽 일부분을 네모나게 돌출시켜 쌓은 구조물(치성, 雉城)이 있는 나한봉에 왔다. 치성은 적의 접근을 알아차리고 측면에서 공격하는 데 유리한 위치다. 나한봉까지 올랐으니 목표 지점까지 무사히 온 셈이다. 나한봉이란 이름은 문수사 천연동굴에 있는 오백나한에서 유래했다.

나한봉에 오르면 더 이상 오르막이 없을 것으로 예상했는데 청수동암문으로 넘어가는 길은 짧으나 경사가 급하고 험했다. 청수동암문은 나월봉과 문수봉 사이의 고갯마루에 있는데, 탕춘대성과 비봉에서 성 안쪽으로 들어오는 길목을 통제하려고 설치했다.

▶ 문수봉에서 바라본 경치, 앞쪽에 연꽃 바위가 있고 비봉 능선의 봉우리들이 조망된다

▶ 칠성봉이라고도 불리는 원래의 문수봉, 거인의 발가락으로 보인다

▶ 연꽃 바위는 가까이 다가가 보면 거대한 복숭아로 보인다. 왼쪽은 보현봉이다

이제는 몇 번 온 적이 있는 대남문으로 간다. 어떤 산이든 처음 올라가는 길은 조마조마하다. 길을 잃어서 헤맬 가능성이 항상 있을 수 있기 때문이다. 그래서 마주한 대남문이 무척 반가웠다. 나한봉에서 먹다 남은 음식을 대남문 근처의 벤치에 앉아 먹었다. 등산 거리를 단축하려고 국녕사에서 올랐지만, 의상 능선을 완주하는 것은 힘들었다. 구기탐방지원센터로 내려오는 길은 아무 생각 없이 사진도 찍지 않고 터덜터덜 패잔병처럼 걸었다.

9. 북한산 영봉

7번째 북한산을 오른다. 오늘은 편하면서도 최고의 경치를 볼 수 있는 영봉으로 간다. 북한산 우이역 2번 출구로 나오자 멀리 북한산 사령부가 눈에 들어온다. 언제 봐도 반갑다. 평일이지만 등산객은 적지 않다. 등산 경력이 10년을 넘어서자 슬슬 꾀만 늘어서 적게 걷고 좋은 경치를 보려고 한다. 백운대 탐방지원센터가 있는 도선사 주차장까지 택시를 탔다. 주차장 광장에 빈자리가 몇 개밖에 남지 않았다. 화장실에 들르고 나서 '백운대 가는 길' 표지판이 있는 문을 통과한다. 백운대 최단코스로 갈 때 걸은 적이 있어서 길이 친하게 느껴진다. 경사도 5~6 정도 되는 길이다. 관리공단에서 깨끗하게 관리해서 길이 분명하다.

하루재에 도착한다. 삼거리이고 등산 시작점이자 쉼터가 되는 멋진 곳이다. 원뿔 모양의 인수봉이 웅장한 모습을 자랑한다. 직진하면 백운대로 가는 길이고 오른쪽으로 꺾어 올라가야 영봉이 나온다. 앉아서 물도 마시면서 숨을 고른다.

사실은 영봉을 무시하고 있었다. 등산 블로그나 유튜브에 영봉 코스가 별로 없었고 칭찬하는 것을 그다지 본 적이 없어서 자연스럽게 미뤄지고 있었다. 그러다가 한 장의 사진을 보고 꼭 가야겠다고 다짐하고 찾아오게 되었다. 사진은 영봉 정상 부근의 바위에 서서 인수봉을 큰 배경으로 찍은 사진이었다.

월악산에도 주왕산에도 영봉이 있는 걸 보면 이름이 멋진 모양이다. 북한산 등반 도중에 숨진 산악인들을 추모하는 비석이 인수봉을 향하고 있는 영봉에 많이 세워졌다. '산악인 영혼의 안식처'란 뜻으로 1980년대에 이름이 지어졌다. 2008년 비석들이 철거되고 도선사 부근 무당골에 합동 추모비가 세워졌다고 한다. 영봉(靈峯, 604m)이라는 이름은 그대로 남았다.

하루재에서 영봉으로 오르는 곳은 경사가 6~7 정도다. 발걸음이 점점 무거워지고 숨이 찬다. 영봉까지 200m밖에 되지 않았지만 2번이나 쉬었다. 흔히 말하는 깔딱고개 구간이다. 암봉 사이로 난 데크길이라 안전바를 잡고 끙끙대며 오른다. 바위가 많은 넓은 곳이 나왔다. 정상인 모양이다. 멋진 소나무 옆에 사진에서 봤던 바위가 있었다. 바위를 맨 앞에, 하루재 부근을 가운데에, 북한산 사령부를 원경으로 넣어 사진을 찍었다. 경치 사진은 전경, 중경, 후경을 넣으면 무조건 예쁘고 멋지게 된다. 아무리 좋은 경치라도 맨 앞에 바위나 꽃이나 땅이라도 넣지 않으면 경치 사진은 단순하게 되어 보기에 별로다. 인물 사진을 찍기는 어렵지만 경치 사진 찍기는 아주 단순한데도 엉망으로 찍는 분을 보면 답답하고 가르쳐주고 싶은 마음이 자꾸 생긴다. 오지랖이 너무 넓어서 탈이다.

▶ 영봉 정상에 오르기 전 인수봉을 바라보는 곳이 최고의 경치를 찍을 수 있는 곳이다

▶ 인수봉을 정면으로 바라보고 찍은 경치, 이곳에서 조금만 오르면 영봉 정상이다

만경대는 분명하게 보이고 백운대는 정상부만 살짝 보이고 많은 부분이 가려있다. 그래도 배율을 크게 하면 정상부에서 오가는 등산객을 볼 수 있다. 인수봉이 제일 장관이다. 하긴, 영봉이 인수봉을 바라보는 최고의 장소이니 당연하겠지만. 강북 지역을 바라보면 '롯데 타워'를 확인할 수 있고 시야를 왼쪽으로 더 옮기면 수락산과 불암산이 나타난다. 그런데 정상석이 없다. 좁은 공간도 아닌데. 옆에서 쉬고 있는 분에게 물으니 자기도 모른다고 한다.

점심을 먹고 한참 쉬다가 똑같은 길로 가기 싫어서 계속 올라간다. 헬기장이 나왔는데 왼쪽에 큰 바위가 있고 납작한 작은 돌에 '영봉'이라는 글자가 적혀 있다. 세워져 있는 게 아니라 누가 글자를 써서 큰 바위 위에 올려놓았다. 그래도 너무 예쁘고 고마웠다.

'육모정 고개' 방향으로 걷는다. 멋진 능선 길에 깜짝 놀랐다. 하루재로 오르는 길에서는 그냥 빨리 갈 수 있다고 좋아했는데 이곳은 생각지도 못한 경치에 감동이다. 원점 회귀했던 분들은 다시 영봉으로 와서 이곳으로 내려와야 한다고 생각했다. 밧줄 구간, 암릉 능선, 경사가 급한 바윗길을 걸어야 하지만 다양함에 힘든 것을 잊게 된다. 무엇보다 오봉, 자운봉과 신선대가 있는 도봉산이 멋지게 나타난다. '인수봉'만 멋지게 보는 구간이 아니었다.

▶ 육모정 고개 방향으로 내려가는 길에는 오봉이 있는 도봉산이 멋지게 조망된다

▶ 인수봉은 멀어져도 계속 꼭대기를 보여준다. 영봉은 내려올 때가 더 멋지다

▶ 왼쪽에 인수봉은 작게 보이고, 그 너머 오봉이 있다. 도봉산의 능선이 잘 조망된다

육모정 고개 쉼터에서 용덕사로 걷는 길은 좁아서 아늑한 느낌을 준다. 마애석불이 유명하다고 하는데 피곤해서 그냥 지나친다. 육모정 공원 지킴터에서 우이역으로 가는 길은 공원 임도 구간이었다. '우이령길'이라는 예약해야 걸을 수 있는 구간 표지판도 보였고 큰 나무가 가려진 길이라 운치가 있었다. 우이령 숲속 문화 마을 옆으로 내려오는 길에는 계곡물이 흐르고 꽃도 많아서 콧노래가 저절로 나왔다. 결론을 내리자면 영봉 코스는 정상에서 내려오는 길이 최고다.

10. 오대산 노인봉

오대산은 진고개를 지나는 국도를 사이에 두고 비로봉, 효령봉, 상왕봉, 두로봉, 동대산까지 5개의 봉우리가 위치한 오대산 지구와 노인봉(1,338m)을 중심으로 하는 소금강 지구로 나누어진다. 오대산국립공원에 포함되어 있으나 실제로는 진고개와 연결된 산이어서 별개의 산으로 취급하는 등산가들도 있다. 진고개 원점 회귀 코스는 왕복 8.7km, 소요 시간은 3시간 정도 걸린다.

시작하는 진고개 탐방지원센터 고도가 870m이니 출발 지점부터 이미 거의 1,000m 높이로 시작된다고 보면 된다. 출발하고 나서 30분 후에 만나게 되는 나무 계단 길이 이 코스 중에서 조금 어려운 구간이고 다른 나머지 구간은 편하고 걷기 좋은 구간이어서 걷는 것이 즐겁기만 하다. 거기에다 대부분 울창한 참나무 숲길을 많이 걸어서 시원하게 걸을 수 있다.

▶ 진고개 탐방지원센터에서 계단을 살짝 오르면 이런 경치가 펼쳐진다

▶ 개망초가 흐드러지게 핀 여름 등산길, 왼쪽 산등성이를 넘어야 노인봉이 나온다

▶ 초롱꽃 모양의 연보라색 잔대꽃, 어릴 때 뿌리를 캐서 먹었는데 꽃은 알지 못했다

▶ 노인봉으로 오르는 숲길에서 존재감을 자랑하는 주홍색 동자꽃

　　등산 초입의 숲 터널을 지나면 넓게 펼쳐지는 고원 구간이 나오는데 이곳이 노인봉 등산의 가장 멋진 곳이다. 시작부터 최고의 경관을 보여주니 흥이 나지 않을 수 없다. 첫인상이 너무도 강렬해서 등산 최고의 장면을 말하라고 하면 주저 없이 이곳을 추천하고 싶다. 시원하게 뚫려 있고 굽이쳐 돌아서 올라가는 길도 멋지고, 가야 할 노인봉의 산줄기가 진행 방향에서 보면 오른쪽으로 잔잔하게 흘러내린다. 나지막한 풀들과 각종 들꽃으로 꽉 채워진 이런 고원은 요즘 우리나라의 다른 산에서는 조금 보기 힘든 장면이다. 굳이 비슷한 곳이라면 ‘곰배령’을 들 수 있겠다. 산마다 나무가 많이 우거져서 오히려 이렇게 큰 나무가 없는 탁 트인 초원 지대를 보기가 어렵다. 그래서 첫눈에 마음을 이렇게 뒤흔든 모양이다.

▶ 정상석 바로 아랫부분의 모습, 바위틈에 핀 '산오이풀'이 보인다

▶ 멋진 바위들이 모여 있는 노인봉 정상, 정상석 뒤에 구상나무 그늘에서 쉬면 된다

　사방이 뚫린 둘레길이 끝나면 본격적인 오르막이 시작된다. 데크길이 끝나고 흙길 숲속을 걷는데 공기가 상쾌하고 길가에 주홍색 동자꽃이 많이 피어서 등산길이 너무 예쁘다. 숲속이지만 처음 나왔던 초원 지대의 둘레길처럼 오른쪽으로 굽어 도는 길이 있는데 이곳에는 자작나무처럼 줄기가 흰색인 나무들이 보여서 사진을 많이 찍었다. 오랜 수령의 나무여서 자작나무보다 훨씬 줄기가 컸다. '소금강산(계곡)'으로 향하는 이정표를 지나 정상으로 오른다.

　노인봉(老人峯) 정상석이 암반 지대에 우뚝 서 있고 이곳에서 돌아가는 길 이외의 길은 없다. 노인봉 코스는 처음과 마지막이 강렬하다. 주위에 구상나무가 있어서 조금 가려진 부분을 제외하고는 거의 사방이 조망된다. 구상나무 그늘 아래로 들어가 점심을 먹었다. 앞쪽에는 녹색의 산봉우리가 뒤에는 파란색에 가까운 산봉우리들이 겹쳐서 대형 파노라마의 장관을 연출하고 있다. 정상석 주위의 바위들을 오가며 경치를 찍다가 분홍색의 산오이풀을 보았다. 사실, 들꽃이나 나무 등에 대해서 특별하게 잘 알고 있지는 않지만, 마음에 드는 꽃이나 나무들 몇 가지는 외워둔 것이 있다. 그 가운데 이 산오이풀이 있다. 가을에 덕유산 향적봉과 중봉에 갔을 때, 이 꽃들이 무리 지어 있는 것을 보고 이름을 알게 되었다. 산오이풀은 신기하게도 높은 산 바위틈 사이 얼마 안 되는 흙에 무리 지어 자란다. 분홍색 꽃을 피우는데 벼 이삭처럼 고개를 숙이는 것이 대부분이다. 칫솔처럼 보이는 부분을 만져보면 촉감이 너무 좋다. 바위 사이에 피어서 눈에도 잘 띄고 바위와 함께 찍으면 아주 예쁜 사진이 나온다. 산꼬리풀과 헷갈리기 쉬운데 산꼬리풀은 보라색에 가깝고 꽃이 똑바로 서서 피며, 꽃 부분이 소시지처럼 길쭉하다. 당연히 산오이풀보다 키도 크고 꽃도 훨씬 크다.

▶ 정상석 바로 뒤에 멋진 구상나무가 있고 그늘을 만들어줘서 식사하며 쉴 수 있다

원점 회귀 코스이나 최고의 경치를 보여주고, 등산길을 찾아 헤맬 걱정도 없으며, 편하고 짧은 이 코스를 지인들에게 많이 권할 것이다.

11. 안반데기

강릉에 있는 안반데기는 해발 1,100m의 고산지대로, 떡 칠 때 쓰는 두껍고 넓은 나무판, 안반처럼 우묵하게 들어간 넓은 지형이다. 비스듬한 경사면에 고랭지 채소인 배추를 많이 재배한다고 한다. 혹시 도로에 눈이 얼어 있어서 차를 몰고 갈 수 있을지 걱정했는데 다행히 주차장에 차를 세울 수 있었다. 바로 곁에 있는 '와우! 안반데기' 커피숍은 문이 닫혀 있다. 올려다보면 옥상이 전망대 역할도 하는 것 같은데, 아쉬운 마음이 든다.

▶ 겨울이라 가게 문이 닫혀 있었던 '와우! 안반데기 카페', 단순하지만 정겨운 이름이다

▶ 그늘진 안반데기에는 눈이 쌓여있고 반대쪽 고루 포기 구간에는 눈이 많이 녹아있다

멍에 전망대로 오르는 갈림길 앞에 있는 이곳은 안반데기와 고루 포기 구간(멍에 전망대 방향)의 중간 지점에 해당한다. 세 명의 일행은 커피숍을 왼쪽에 두고 안반데기로 걷는다. 반대편으로는 멍에 전망대와 배추가 없으나 가장자리에 눈이 남아있는 밭들이 보인다. 햇살이 잘 들고 바람이 잘 통하는, 고루 포기 구간은 눈이 많이 녹아 있고 안반데기 구간의 길옆과 산비탈에는 눈이 많이 남아있다. 두 구간의 높은 지대에는 곳곳에 풍력발전기가 설치되어 있는데 그만큼 바람이 많이 불고 세게 분다는 증거이리라. 귀가 얼얼할 정도는 아니지만 차가운 바람이라, 군밤 장수 모자의 귀마개를 내리고 찍찍이를 붙여 모자를 조여맨다. 태백 '바람의 언덕'에 가본 적이 있는데 그곳과 비슷한 느낌이다. 하지만 이곳이 훨씬 더 넓다. 3배는 되는 것 같다.

안반데기로 가는 마지막 아스팔트 언덕에 오르면 올라올 때는 전혀 보이지 않았던 또 하나의 안반이 뒤로 펼쳐진다. "우와! 여기 안반이 또 하나 있네요. 그것도 굉장히 넓어요." 계속 감탄의 말이 끊이지 않는다. 정보를 읽고 와도 실제로 봤을 때, 몰랐던 것을 발견하게 되면 뭔가 뽑기에 당첨된 듯한 기쁨을 느끼게 된다.

이제는 다시 내려와 고루 포기 구간으로 간다. 이번에는 걸어가지 않고 커피숍에서 차를 몰고 간다. 휴일을 맞아 강릉에서 건설업을 하는 형이 운전을 해줘서 고맙다. '자연휴양림'을 보여준다고 했는데, 내가 이곳으로 가고 싶다고 해서 안반데기로 온 것이다. 여기서는 조금 전 올랐던 안반데기 구간이 멋지게 보인다.

▶ 안반데기 구간의 아스팔트 언덕을 오르면 가려져 있던 또 하나의 안반이 나타난다

▶ 고루 포기 구간 왼쪽에는 거대한 풍력발전기가 서 있다

▶ 고루 포기 구간에서 안반데기 방향을 바라본 경치

▶ 고루 포기 구간에는 안반데기 구간보다 풍력발전기가 훨씬 더 많이 설치되어 있다

도로를 건너 고루 포기 구간 산비탈을 걷는다. 길이 아니라 그냥 밭 가장자리를 따라 걷는 것이다. 흙먼지가 되도록 일어나지 않도록 발끝을 들고 색시걸음으로 오르는 모습에 웃음이 나온다. 100m 정도를 오르니 돌담이 이어진 부분이 있었는데 끝부분에 정자가 있다. 하지만 넓은 테이프 줄로 못 들어가게 막아 놓았다. 뒤를 돌아다보니 주차장 옆으로 난 길이 산언덕을 넘어 계속 이어지고 있다. 커피숍 앞 주차장에 다다랐을 때는 그곳이 마지막 도로라고 느꼈는데? 그리고 서 있는 뒤편으로도 또 하나의 안반 지대가 있다. '바람의 언덕'보다 4배의 크기라고 고쳐야 할 것 같다. 도로 위 높은 지대에는 어김없이 풍력발전기가 돌아가고 있다. 저쪽 구간도 이름이 있는데 내가 모르는 것은 아닌지 궁금하다.

정자 앞으로 걸어간 뒤 밭을 가로질러 걷는다. 겨울이어서 밭을 걸을 수 있지, 배추가 있을 때는 정자 쪽을 열어두지 않는다면 당연히 접근조차 안 될 것 같다. 배추밭 중간에 서서 눈이 이쪽보다 많이 남아있는 반대편 안반데기 구간의 경치를 찍어본다. 너무 멋진 장면이어서 숨이 꼴깍 넘어간다.

등산이라고 말할 정도는 아니었지만, 겨울 트레킹으로는 최고였다고 생각한다. 배추가 자랄 즈음에 온다면 장미꽃 모양으로 뱅글뱅글 돌아가는, 알이 꽉 찬 배추를 배경으로 또 다른 안반데기의 멋을 맛볼 수 있을 것이다.

12. 대관령 하늘목장

　높은 산지에 둘러싸인 고원지대인 대관령에는 많은 목장이 있다. 그중에서 하늘목장은 오지를 개척하여 만든 목장으로 1974년에 문을 열었다. 대략 1,000만m^2(월드컵 경기장 500개 정도)의 규모로 선자령(1,157m), 삼양 목장과 인접해 있다. 40년 동안 외부 출입을 제한하다가 2014년 일반인에게도 개방하면서 관광 목장으로 거듭나게 된다. 청정 생태계가 잘 보존된 이곳은 젖소, 면양, 말 등을 방목한다. 목장의 명물이자 주요 이동 수단인 트랙터 마차를 타면 목장 곳곳을 편하게 둘러볼 수 있다.

▶ 어마어마한 크기를 자랑하는 대관령 하늘목장, 주차장에서 바라본 입구 경치

▶ 트랙터는 바퀴가 매우 크고, 서부 영화에 나오는 역마차처럼 둥글게 지붕으로 덮여있다

매표소에서 표를 끊어 다리를 건너 들어간다. 앞으로 넓은 공터가 있고 하늘 cafe, 하늘 store, 하늘 쉼터가 나란하게 자리 잡고 있다. 길옆에는 시커먼 색으로 된 조각 작품이 있는데 소 위에 올라타 피리를 불고 있는 사람의 모습이다. 카페 문 앞에는 머리가 동그랗게 말려있는 양 세 마리 조각 작품을 놓아두었는데 앙증맞은 모습이 너무 예쁘다. 양들 앞으로는 바닥에 커다란 노란 공을 땅에 묻었는지 아니면 처음부터 공 모양을 잘라서 묻었는지 무덤처럼 불룩불룩하도록 만들어 놓은 구조물도 있다. 그 사이사이로 여러 색으로 칠한 나무가 박혀 있어 잘 어울린다. 바로 산으로 오르지 않고 카페로 들어갔다. 카페에서 블루베리를 섞은 요구르트와 빵을 받아서 창가 의자로 갔다. 들어올 때 봤던 양 조형물, 반만 땅 위로 고개를 내민 노란 공, 여러 색이 칠해진 나무줄기가 건너편 산을 배경으로 있으니 들어올 때 본 장면보다 훨씬 더 아름답다.

▶ 카페와 가게 앞 넓은 곳에는 여러 가지 조형물이 있어 사진 찍기에 그만이다

　배를 채우고 오른쪽으로 가니, '중앙역'이라고 적혀 있는 마차 트랙터의 역이 있고 바퀴가 어마어마한 트랙터가 출발을 기다리고 있다. 모양은 미국 서부 영화에 나오는 마차 모양인데 크기는 아예, 역마차가 따라올 수 없다. 바퀴 굵기가 내 몸통보다 더 컸으니까. 역 위로 올라가려다 길이 안 보여서 다시 광장으로 나온다.

　광장에는 소를 탄 조각 작품 외에도 예쁜 사진을 찍도록 다양한 조형물을 마련해 놓았다. 무지개 색깔로 단장한 시소, 나무와 색깔 있는 끈으로 만든 루돌프 사슴들, 나무 의자들 등이 있는데 아이들을 데려와 놀아도 좋고 예쁜 사진을 찍을 수 있는 장소로도 좋다. 광장을 지나 오른쪽에 있는 다른 놀이터로 간다. 초록색 철망으로 담을 만들고 문을 만들어 놓았는데, 개를 동반한 분들이 여기서 애완견과 놀 수 있도록 마련된 시설인 것 같다. 마침 아이와 개를 동반한 젊은 부부를 만났는데 개와 아이에게 사진도 찍어주고 개를 부르며 빙글빙글 뛰어다니기도 한다. 개울에 가까운 철망 담 앞에는 'Sky Ranch 하늘목장'이라고 한 개의 건초 더미처럼 둥글게 말린 물건에 한 글자씩 크게 써 놓았다. 하와이에서도 '코알루아 랜치'라는 말을 봤는데 '랜치'가 뭐지? 또 호기심이 발동해서 스마트폰으로 검색해 보니 '목장'이란 뜻이었다. 헉! 하와이에서는 그냥 관광지 이름인 줄 알고 지나쳤는데, 하긴 그곳에도 말을 타고 돌아보는 프로그램이 있었다. 그때는 왜 알아볼 생각이 나지 않았는지 모르겠다.

철망 문을 열고 밖으로 나왔다. 앞에는 노랑, 빨강, 파랑, 초록, 보라색의 바람개비 무리가 돌아가고 있다. 무더기마다 몇백 개의 바람개비가 똑같은 색을 하고 서 있다. 그 위로는 목장의 나무 울타리가 빙 둘러서 있다. 하늘목장에는 풍력발전기가 잘 보이는 하늘 전망대로 가는 코스가 있다. 트랙터 마차를 타지 않고 처음부터 걸어서 가기로 하고 마차 타는 표를 사지 않았다. 트랙터 마차는 당연히 아스팔트 길로 가고 산책이나 등산을 하는 분은 산책길로 가야 한다. 비스듬하게 울타리를 끼고 오르니 양들과 조랑말들에게 먹이를 주는 곳이 나타났다. 내려올 때 다시 들르면 되니까 곁눈으로 보면서 통과한다.

▶ 추운데도 불구하고 양들은 우리 바깥에서 쉬거나 먹이를 먹고 있다

▶ 선자령의 능선과 풍력발전기가 늘어선 모습이 장관이다. 원색의 벤치가 겨울에도 빛난다

1/3 지점에 이르자 울타리 안으로 양들이 많이 나와 있다. 아직 눈이 쌓여있고 그늘이 드리워진 음지도 많은데, 구경하는 사람들은 좋겠지만 양들은 춥지 않을까? 하긴 지금 털이 너무 길고 심지어 더러워서 얼굴을 정확하게 보기가 힘든 상태여서 덜 추울 것 같았다. 울타리를 돌며 밖으로 나와 있는 양들을 모델로 많은 장면을 찍었다. 맨 앞에 양들을 두고 올라야 할 산을 배경으로 넣어서 찍고, 화면을 크게 하여 양들을 좀 더 크게도 찍어보았다. 이 목장은 울타리 안으로 들어가 양들과 뛰어놀 수 있는 '양 떼 체험'과 전문가와 함께 말을 타는 '승마 체험' 송아지와 망아지에게 먹이를 주는 '아기 동물 체험'이 마련되어 있다. 양들이 있는 울타리 옆에는 산책길이 이어지고 그 옆에는 젖소가 끄는 마차 조형물, '범이'와 '곰이' 포토존 등이 있어 역시 사진 찍기 명소가 된다. 그 위로는 절 분위기가 감도는 '묵도원' 건물이 있다. 목장 삼거리에서 '가장자리 숲길'과 '너른 풍경길'을 걸어 마차 중앙역으로 걷는다. 조금 걷자마자 눈이 얼음으로 변한 곳도 있어서 아이젠을 꺼내 발에 묶고 걸었다. 갈대밭을 통과하는 길에는 앞으로 커다란 풍력발전기가 가운데 떡 버티고 있다. 이제 정상까지 얼마 남지 않았다. 풍력발전기를 눈앞에 두고 이제는 오던 길과 반대로 꺾어서 경사면을 오른다. 이제는 양쪽으로도, 멀리 있는 곳에도 풍력발전기 천국으로 변한다. 눈이 쌓여있다가 녹아서 남은 부분이 물 위에 떠다니는 작은 빙하처럼 보인다. '웰컴투 동막골' 촬영지와 '하늘마루 전망대'로 가는 갈림길에서 오른쪽으로 간다. 중앙역을 거쳐서 전망대를 보고 하산할 때 촬영지에 들를 예정이다.

중앙역 부근에도 지대가 높지만 넓은 터가 있다. 사진을 찍기 위한 높은 계단 의자와 추운 바람을 피하기 위한 마차 모양의 휴게소도 있다. 여기서 새롭게 안 사실은 '선자령'으로 연계 산행을 할 수 있다는 것이다. 1시간 30분 정도의 시간으로 왕복한 후, 이곳에서 트랙터 마차를 타고 내려가면 아주 효율적인 산행이 될 것이다. 하늘 전망대의 풍력발전기를 제외하고도 앞쪽에 있는 긴 능선 전체에 발전기 15기가 배치되어 있다. 굽은 길로 살짝 내려가 하늘 전망대에 있는 제일 큰 풍력발전기를 빙 둘러 돌아간다. 사방이 모두 트여서 계속 사진을 찍는다.

발전기를 빙 돌고 난 후 트랙터가 가는 길로 걷는다. 트랙터 기사님에게 되도록 방해가 되지 않도록 최대한 가장자리로 걷고 있는데 얼마 안 있어 트랙터가 위로 올라온다. 기사님이 손을 들어 환영의 인사를 보낸다. 잉! 왜 화를 안

▶ 영화 '웰컴투 동막골'에 쓰였던 비행기, 멧돼지 모형이 놓여 있어 재미있다

내고 인사를 하시지? 그 이유를 알았다. 왕복 티켓을 사서 오르고 내려가는 분도 계시고 편도만 끊고 걸어서 내려가는 분도 있는데 이 부분만은 트레킹하는 분들도 걸을 수밖에 없는 짧은 구간이었다.

이젠 아스팔트 길을 접고 왼쪽 산길로 간다. 영화 촬영지로 연결되는 길이다. 멀리 추락된 헬리콥터 조형물이 보이고 좀 더 걸으니까 엄청난 크기의 멧돼지 조형물도 보인다. 눈 쌓인 초원을 빙 돌아서 헬리콥터와 멧돼지 조형물에 다가간다. 그냥 보면 하찮게 보일 수도 있지만 사진 찍기를 좋아하는 사람들에겐 대단한 선물이 아닐 수 없다. 이 높은 산에 저것들을 설치하기가 그리 쉬운가? 돈은 얼마나 많이 들어갈까? 무료 관광의 혜택을 톡톡히 누린다. 이곳에 오기 전 읽었던 관광 정보에서도 보지 못했던 것이었기에 입꼬리가 옆으로 올라갈 수밖에 없다.

하얀 '하늘 쉼터' 건물 벽에 둥근 나무를 얇게 잘라 빽빽하게 틈을 주지 않고 붙여 만든 아주 큰 '나비'가 멋지다. '하늘 쉼터'에 들어와 숨을 고른다. 모든 일정을 수행하는 데 3시간 정도가 걸린 듯하다. 예쁜 카페, 놀이터, 트랙터 마차 타기, 포토존, 트레킹 코스, 동물 체험 등 다양한 경험을 할 수 있는 하늘목장에 반해버렸다.

▶ 벤치도 울타리도 강렬한 빨간색으로 되어 있는데 눈이 있는 겨울이어서 더 눈에 확 띈다

13. 태백산

큰 도로변에 있는 유일사 주차장이다. 사찰의 주차장인데 산속으로 더 들어가면 또 하나가 있을 것 같아서, 산 쪽으로 난 임도를 본다. 옆에 농산물 판매장도 있는데 문을 열지 않았다. 할 수 없이 포기하고 배낭을 메고 길을 걷는다. 10분쯤 걸어가는데 한 분이 내려오길래 물어봤더니 주차장도 없고 약간 얼어 있어서 차는 갈 수 없단다.

포장이 잘 된 길을 걸어 '태백사'라는 작은 절 입구에 왔는데 도로에 물이 얼어서 빙판길이다. 아이젠을 꺼내 신발에 끼우고 조심조심 걸어간다. '사령길' 이정표를 만난다. 숲길을 거쳐서 유일사로 가는 것 같은데 정보에서 읽은 적이 없으니 그냥 바라만 보고 가던 방향으로 진행한다.

잘 닦인 임도를 걸어 '3번 쉼터'에 이르렀다. 가방걸이도 있고 넓은 데크로 되어 있어 배낭을 걸고 물을 마신다. 올해 첫눈을 보는 산행을 위해 이곳으로 왔다. 날씨가 따뜻하니 상고대는 기대하지 않는다. 정상 부근에 조금만이라도 남아있으면 좋겠다.

커다란 주목이 있는 곳부터는 아스팔트가 아닌 눈이 살짝 깔린 평평한 길이다. 걷는 즐거움이 솟아나는 분위기 있는 길이다. 아무리 평일이라지만 눈을 볼 수 있는 산인데 아무도 없다. 콧노래를 부르며 걸어가니까 작은 초소가 나타난다. 고개 아래여서 눈이 더 많이 쌓여있다. 등산화 바닥의 눈도 털고 물도 마시며 한 번 쉰다. 이제부터는 경사가 가팔라지겠지만 전망도 좋아질 것이고 기대를 품으며 마음의 정리를 한다.

고개로 올라오니 '유일사 쉼터'가 있는데, 바로 조금 전에 휴식을 취해서 들르지 않고 산길로 오른다. 등산로로 가지 않고 똑바로 내려가면 '유일사' 절로 가는 길이다. '사령길'에서도 이쪽으로 이어져 있는 것 같다. '유일사 삼거리' 지점이라고 할 수 있겠다. 올 때는 아무도 없이 혼자 올라왔는데 이곳에서 쉬고 있는 등산객들을 만났다. 돌계단이지만 눈이 쌓여있어 오히려 걷기가 편하다. 뒤돌아보면 건너편 산도 보이는데 눈은 없다.

태백산은 겨울철 설경이 아름다워서 눈 축제가 열리는 산이고 국립공원으로 지정되어 있다. 이름 그대로 태백산맥에 있는 명산으로 산 정상에는 하늘에 제사를 지내는 천제단(天祭壇)이 있다.

주목들이 슬슬 나타난다. 휴대폰을 셀카봉에 끼워 사진을 찍는다. 주목에는 독이 있어 미생물이 쉽게 번식하지 않고 나무가 천천히 썩어가기에 '죽어서 천년'이라는 말이 나온 것 같다. 산 정상부로 가는 길 양옆에 있으니, 사람들이 일부러 심어놓은 것 같다. 겨울에도 진한 녹색을 가진 주목의 생명력이 놀랍다. 바람이 불 때나 밤이 되면 얼마나 추울까?

주목 군락지가 있는 넓은 터에 이른다. 조망도 좋다. 고사목이 상당한 존재감으로 우뚝 서 있다. 이곳에 눈이 쌓여있을 때, 태백산 최고의 사진을 찍을 수 있지만 눈이 없어도 나름 멋지다. 이리저리 돌아다니며 사진을 찍고 발걸음을 옮긴다.

▶ 앙상한 가지만 남아있는 나무들 사이에 키 큰 주목이 존재감을 자랑한다

▶ 눈에 덮인 산사의 모습이 멋지다. 하지만 내려가지 않고 산으로 올라간다

▶ 이른 아침에 온다면 상고대를 볼 수 있는 구간이다. 눈이 제법 많아 발걸음이 느려진다

▶ 세 시간이 넘게 차를 몰고 온 보람을 느끼게 해주는 태백산 겨울 경치

  ‘장군봉’에 도착했다. 왼쪽으로 삐죽하게 튀어나온 표지석(1,567m)이 소귀를 닮은 것 같다. 태백산에서 제일 높은 곳이나 정상을 ‘천제단’이 있는 곳으로 넘겨주었다. 표지석 앞에 서면 저 멀리 ‘천제단’의 옹벽이 잘 보인다. 이제는 최종 목적지를 확인해서 더 느긋한 마음이 된다. 주위를 살펴보니 반대편 가장자리에는 눈이 다 녹지 않고 조금 남아있다.

  태백산(太白山) 정상석이 있는 천제단으로 왔다. 작은 돌들을 빈틈없이 쌓아 올린 ‘천제단’이 멋지다. 제단을 둘러싸고 있어 오목한 곳으로 들어가 본다. 바람이 불 때는 방풍 역할도 해준다. 키보다 더 큰 미끈한 직사각형 모양의 정상석을 배경으로 사진을 찍는 분들이 많다. 기다리지 않고 정상석을 지나 넓은 터의 가장자리로 간다. 막힘이 없는 조망이라 사진 구도를 마음대로 조절할 수 있다. 마른풀 주위에 눈이 남아있어 그런대로 겨울 분위기가 난다. 12월 초순인데 너무 욕심을 내면 안 될 것 같다. 정상석 근처로 돌아와 셀카를 찍고 점심을 먹는다. 1,500m가 넘는 산인데 의외로 어려움 없이 쉽게 오른 것 같아서 좀 의아하다. 500m 이하의 산이라도 ‘깔딱고개’ 내지 ‘할딱고개’가 있는 산도 있는데. 언젠가 눈이 많이 온 다음의 맑은 날, 태백산 상고대를 찍으러 새벽에 다시 올 예정이다.

▶ 태백산 설경의 극치를 보여주는 주목과 고사목, 비바람에 굽은 모습이 유령처럼 보인다

▶ 태백산에 있는 작은 천제단, 큰 천제단은 정상석이 있는 곳에 있다

▶ 정상에서는 바람이 아주 거세다. 반대쪽 산등성이에 구름이 걸려서 조금 안타까웠다

14. 설악산 울산바위

　울산바위로 이름이 지어진 유래는 너무나 많다. 속초를 둘러싸고 있는 거대한 울타리(鬱)처럼 생겼다는 이야기와 바위를 통과하는 바람 소리가 우는 소리 같아서 '우는 산(울산)'이 되었다는 이야기가 있다. 이것들보다 더 유명하고 동화로도 많이 소개된 이야기는 조물주의 금강산 창조 이야기이다. 조물주가 금강산을 멋지게 만들려고 전국의 멋진 바위들에게 금강산으로 모이라고 했다. 울산에 있던 바위도 길을 떠났는데 덩치가 너무 크고 무거워서 금강산까지 못 가고 설악산에 눌러앉아 버렸다는 것이다. 이것도 약간 줄거리가 틀어져서 설악산에 이르렀을 때, 이미 금강산의 일만이천봉이 모두 완성되었다는 소식을 듣고 실망하여 이곳에 자리 잡게 되었다는 이야기도 있다. 선조들의 이야기 만드는 능력에 감탄하지 않을 수 없다.

　설악산국립공원은 문화재 구역이어서 사찰 관람을 하지 않는 등산객들도 입장료를 내고 들어가야 한다. 내일과 모레 연속으로 입장료를 내야 하는 게(토왕성 폭포, 비선대 트레킹을 위해서 공원을 통과해야 함) 좀 찜찜하다. '조계선풍 시원도량 설악산문(曹溪禪風始源道場雪嶽山門)' 이름도 긴, 어려운 한자도 적힌, 거기다 오른쪽에서 왼쪽으로 거꾸로 읽어야 하는 산문을 통과하여 소공원으로 들어간다. 소공원 광장의 랜드마크인 반달가슴곰상 앞에는 벌써 인증샷을 찍으려는 사람들이 줄을 서 있다. 권금성 쪽을 바라보며 걸으니까 향성사지(香城寺址) 삼층 석탑이 멋진 소나무와 함께 반겨준다. 대표적인 국립공원인 만큼 케이블카를 타는 곳, 카페와 식당, 기념품 가게들이 즐비하다. 청동으로 만든 신흥사 통일 대불을 만난다. 높이가 14.6m에 이르는 엄청난 크기의 불상인데, 약간 초록빛과 하늘색이 감도는 검은색이 멋지다. 1997년에 완성되었는데도 벌써 고풍스러운 느낌을 풍긴다. 안내판에 내원 법당이라고 적힌 것을 읽어보니 대불의 몸 안에 법당이 마련되어 있었다. 천 개의 손과 천 개의 눈을 가진 천수천안관세음보살이 있다고 한다. 오늘은 시간이 허락되지 않아서 그냥 통과하기로 한다.

신흥사 벽을 따라가다가 작은 다리를 지나니 안양암(安養庵)이 나온다. 제법 큰 암자인데 마당에는 아무도 없다. 또 궁금증이 생겨서 찾아보니 비구니 스님들의 안식처라고 되어 있었다. 그리고 '안양(安養)'이란 불교에서 극락(極樂)의 다른 이름이라는 것도 알게 되었다.

계곡을 끼고 경사가 없는 평탄한 길을 느긋하게 걷는다. 오른쪽으로는 올라야 할 울산바위가 보이고 왼쪽으로는 설악산의 봉우리들이 권금성 쪽으로 흘러내린다.

산길로 접어들어 조금 걸어가니 두 그루의 멋진 나무들이 나란히 서 있다. 한 그루는 '서어나무'이고 다른 한 그루는 '사람주나무'다. 노란 꽃이 피는 '노간주나무'를 잘못 적은 것이 아닌가 해서 다시 봤는데 분명히 그렇게 적혀 있다. 처음 듣는 나무 이름이다. 사람주나무는 껍질이 밝고 매끄러우며 가을철의 단풍은 부끄러워하는 여인의 얼굴빛을 닮았다고 '여자 나무'라는 별명이 있단다. 반면에 회색 껍질의 줄기가 울퉁불퉁한 서어나무는 보디빌딩 선수의 근육을 연상하게 하여 '알통 나무', '남자 나무'라는 별명을 가지게 된다.

▶ 울산바위로 가는 길에 만나는 멋진 나무, 서어나무와 사람주나무

　짧은 나무계단을 오르니 사진 명소가 나온다. 넓적한 바위 위에 올라 포즈를 취하면 울산바위의 하얀 벽이 머리 위에 있고 옆에는 명품 소나무가 자리하니 과연 '사진 찍기 좋은 장소'임에 틀림이 없다. 키가 작은 아내를 올려다보며 세로로 찍으니 늘씬한 미녀로 변하게 되었다.

　조금 더 경사가 있는 딱딱한 돌계단을 오르니까 계조암과 흔들바위가 나왔다. 자장율사가 창건한 후 의상, 원효 등 조사(祖士)의 칭호를 들을 만한 승려가 이어서 수도하던 곳이라고 하여 계조암(繼祖庵)이라는 이름을 얻게 되었다. 옹기종기 모여 있는 바위 중에서 제일 크고 둥근 바위(목탁 바위) 밑 굴속에 암자(석굴)가 있다.

▶ 목탁 바위 밑 굴속에 석굴이 있는 계조암 뒤에 올라야 할 울산바위가 보인다

▶ 식당암, 와운암으로 불리는 긴 반석 끝에 흔들바위가 있다

석굴 앞에는 문 역할을 하는 쌍용 바위가 있고 이 바위들 앞에는 식당암(100여 명이 함께 식사할 수 있다는 바위), 와우암(누운 소 모양의 바위)이라고 불리는 긴 반석이 있고 그 위에 명물 '흔들바위'가 앉아 있다. 밀면 흔들리지만 떨어지지 않는다고 하는 이 바위는 와우암의 머리 부분으로 '쇠뿔바위'로도 불린다. 많은 사람이 흔들바위를 밀어 보는 동작을 취하고 사진을 찍는다. 어떻게 저 큰 바위 홀로 긴 반석 위에 놓이게 되었을까? 거대한 화강암 덩어리가 풍화작용으로 모서리 부분은 떨어져 나가게 되고 점차 바위는 동글동글한 형태가 되는데, 풍화되지 않는 단단한 부분만 남아 '핵석'이 된다. 흔들바위는 바로 이런 핵석이다. 둥근 핵석이 기반암에 놓이면서 탑 모양이 되는데 이를 '토르'라고 부른다. '똑바로 서 있는 석탑'이라는 뜻이다.

그런데 내 눈에는 사람들로 북적대는 흔들바위보다 뒤에 있는 높이 30m 정도의 건물 같은 바위에 눈길이 간다. 거기에다 크고 작은 멋진 글씨가 새겨져 있다. 보통 나무나 바위에 글자를 새겨 놓은 것을 보면 눈살을 찌푸리게 되는데 이상하게 이곳은 마음에 든다. 글씨가 예술 작품처럼 멋지고 오랜 세월이 지나서 이렇게 다가오는가 보다. 단 하나의 거대한 병풍을 세워놓은 듯하다.

어마어마한 이 병풍을 지나 본격적인 등산이 시작된다. 경사가 가파른 돌계단이고 등산로 양쪽에는 로프 펜스가 설치되어 있다. 아내가 힘들어하는 모습이 역력하다. 앞에 보이는 조망 바위에서 쉬어가기로 한다. 건너편으로는 설악산의 봉우리들이 보이는데 어디쯤 대청봉이 있는지는 모르겠으나 공룡 능선은 짐작이 간다. 물론 높은 곳에 있는 울산바위는 더 밝게 환하게 웃고 있다.

집사람은 조망 바위에서 쉬겠다고 하여 혼자 등산을 진행한다. 가파른 계단의 연속이다. 절벽에 계단을 설치해서 만든 등산로여서 아래를 내려다보면 어질어질해진다. 그래도 이 거대한 암봉을 안전하게 오를 수 있도록 계단을 만든 것은 정말 대단하다고 아니할 수 없다. 정상에 오르기 전 바위 사이에 제법 큰 붉은 소나무가 당당하게 서 있다. 기품이 있는 그야말로 명품 소나무여서 존경의 눈길이 간다. 계단 앞을 바라보니 대청봉 능선과 공룡 능선이 겹겹이 중첩되어 멋진 장관을 이루고 있다.

1km가 안 되는 거리지만 거의 한 시간이 지나서 정상 부분에 도착했다. 우뚝 솟은 봉우리가 크게는 6개, 작게는 30여 개의 봉우리가 모여 있는 곳이다. 사실 울산바위라고 불리고 있지만 이곳은 거대한 산(해발 873m, 둘레가 4km)이다. 우뚝우뚝 솟아서, 하얗게 빛나는 거대한 화강암 덩어리들이 조물주에게 찬양을 올리는 멋진 곳이다.

울산바위에는 전망대가 3곳이나 된다. 정상석은 없지만 결코 좁은 곳이 아니다. 거기다 이 전망대는 이어져 있는 것이 아니라서 한 곳 한 곳 찾아다니는 맛도 있다. 첫 번째 전망대에는 풍화혈(風化穴)이 많다. 화강암에서 많이 볼 수 있는 둥글게 파인 구멍이다. 염분이나 수분에 의해 바위의 약한 부분이 파여서 만들어진다고 한다. 좁은 암석 부분에 좌우로 펜스를 만들어 놓았으나 높은 곳이고 바람이 세게 불어서 겁이 난다. 얼른 다른 전망대로 간다.

▶ 조망 바위에서 바라본 설악산 공룡 능선 방향의 경치

▶ 울산바위 부근에는 기암괴석의 잔치가 벌어진다. 부엉이나 연꽃 봉오리로 보이는 바위

▶ 정상에서 시내를 바라보면 유명 리조트의 건물과 동해가 조망된다

▶ 순서를 기다려 찍은 경치. 좀 흐린 날씨지만 괜찮은 경치를 담을 수 있었다

▶ 가장 높은 곳에 있는, 두 번째 전망대 모습. 싱싱한 소나무와 바위의 조화가 예술이다

두 번째 전망대는 가장 높은 곳에 있다. 반대쪽으로는 유명한 델피노 리조트가 보이고 바다도 보인다. 앞으로는 다른 전망대에서 사진을 찍고 있는 사람들이 보이고 그 뒤로 설악산의 봉우리들이 파노라마로 펼쳐진다.

마지막 전망대에서 여러 장의 사진을 찍을 수 있었다. 기다리는 분의 사진을 찍어줬더니 멋지게 찍어줬다고 여러 번 찍어주셨다. 아내가 울산바위에 함께 오르지 못해서 아쉬웠지만 최고의 경관을 볼 수 있는 멋진 산행이 되었다고 생각한다.

15. 설악산 토왕성폭포

산행 코스: 소공원 주차장→육담폭포→비룡폭포→토왕성폭포→소공원 주차장(원점 회귀)

토왕성폭포는 길이가 상당해서 소공원으로 가는 도로 위에서도 보인다. 등산 시작도 안 했는데 폭포가 보이는 것은 크기도 크기려니와 비가 온 후여서 그런 것 같다. 아내에게 우리가 저곳에 갈 거라고 했더니 아주 큰 폭포인 것 같다고 좋아한다.

오늘도 어김없이 입장료를 내고 공원으로 들어간다. 반달가슴곰상을 지나고 왼쪽으로 돌아간다. 벌써 권금성으로 가는 케이블카가 운행되고 있다. 탐방지원센터에서 폭포까지는 2.4km, 어제 울산바위에는 못 올랐지만, 오늘, 토왕성폭포까지는 꼭 가야 한다고 아내에게 말했다. '비룡교'를 건너면서 울산바위 쪽을 쳐다보니 엄청나게 큰 개울과 공원의 나무들, 설악산의 봉우리들과 어울린 울산바위 경치가 그만이다.

다리를 지나서 계곡으로 들어간다. 육담폭포 산행 초입까지 정비가 잘 된 길이다. 제1 쉼터에는 마지막 화장실이 있고 그 이후에는 키가 큰 나무에 둘러싸인 숲길이다. 높은 오르막을 오르기 어려운 분들이라면 비룡폭포까지 가는 이 트래킹코스를 추천하고 싶다. 오롯이 자연의 소리를 들으며 건강을 챙길 수 있는 힐링 코스로 좋기 때문이다.

자연스럽게 놓인 돌계단을 지나 육담폭포로 진입한다. 육담폭포(六潭瀑布)

는 물줄기는 작으나 긴 꼬리를 굽이치며 아래로 떨어진다. 암석의 깨진 곳이나 오목한 곳으로 물이 흐르고 물과 돌들이 섞여 소용돌이치면서 작은 항아리 모양이나 원통 모양의 웅덩이가 생기게 되는데 이것을 '포트홀(Port Hole)'이라고 부른다. 육담폭포는 이러한 포트홀(沼) 6개가 이어진 폭포이다. 육담 폭포를 건널 때에는 '흔들 다리', '출렁다리', '구름다리'로 불리는 다리 위를 걸어야 한다. 흔들거리고, 출렁대며, 구름 위를 걷는 기분이 되는 다리라는 뜻에서 이렇게 부르는 것 같다. 출렁다리 마지막에 와서 뒤를 돌아다본다. 출렁다리의 높은 기둥과 지그재그로 꺾어진 잔도(棧道, 데크 계단)와 어울린 계곡 풍경이 그만이다. 가로로 찍는 것보다 세로로 세워서 찍으면 멋진 사진이 나온다. 우리의

▶ 포트홀 6개가 이어진 육담폭포, 매끈한 바위로 떨어졌다가 모이고 다시 떨어진다

▶ 정면에서 바라본 비룡폭포, 가을인데도 떨어지는 수량은 제법 많다

▶ 비룡폭포에서 살짝 올라온 지점에서 본 비룡폭포, 단풍잎 사이로 보이는 물줄기가 멋지다

삶에서도 앞만 보고 달릴 것이 아니라 지금까지 거쳐 온 과정들을 살펴보고 새로운 각오를 다짐하는 것도 필요한 것이 아닐까?

출렁다리를 지나 완만한 오르막길을 따라 400m를 더 가니까 비룡폭포(飛龍瀑布)가 나온다. 폭포 아래의 소(沼)에 사는 용이 지류를 막고 있어서 가뭄이 들게 된 마을 사람들이 처녀를 바쳐 용이 하늘로 올라가게 했다는 전설이 있는 폭포다. 웅장하게 떨어지는 물줄기 모습(높이 16m)이 용이 하늘로 오르는 것으로 보여서 이렇게 이름을 지었을 것이다.

이 폭포에서 토왕성(土王城) 폭포까지는 410m, 20분 거리이지만 계단이 무려 900여 개가 되고 체력과 인내가 필요하다고 안내가 되어 있다. 헉헉거리며 오르나 계단을 오를 때마다 주변으로 펼쳐지는 풍경이 보상을 해준다. 계곡을 따라 내려가는 능선, 속초 시내도 보이고 동해도 조망된다. 몇 번을 가다 쉬다 반복하여 토왕성 전망대에 도착한다. 싱싱함을 자랑하는 옆의 소나무와 함께 거대한 폭포가 모습을 드러냈다. 하늘의 천체와는 관계가 없겠지만(土城王이 쌓은 성이란 말에서 유래) 왠지 웅장한 느낌이 들어 이름마저 멋지게 들린다. 하얀 천을 구불구불하게 늘어뜨린 것 같은 물줄기가 신비롭다. 외설악의 칠성봉(1,077m) 북쪽 계곡 450m 지점에 있고, 화채봉(華彩峰)에서 흘러내린 물이 칠성봉을 끼고 돌아 수직으로 떨어지는 것이 토왕성폭포임을 확실하게 알게 해준다. 상단 150m, 중단 80m, 하단 90m로 총 320m 높이의 폭포이다 보니 등산 시작도 하기 전, 도로에서도 볼 수 있었다.

▶ 계단에서 바라본 반대쪽 경치, 국립공원의 위상을 제대로 보여준다

▶ 두 번째 방문에서 온전한 모습을 보게 된 토왕성폭포, 비 온 다음 날이 최고의 날이 된다

우리나라 명승 제96호이자 국립공원 100경 중 하나인 이 폭포는 3단으로 떨어지는 연폭(連瀑)으로 웅장하고 아름다워 중국의 '여산'보다 낫다는 기록이 있다고 한다. 토왕성폭포 주변의 물은 토왕골로 모이고 이 물은 비룡폭포와 육담 폭포를 거쳐서 속초 시민들의 식수원인 쌍천(雙川)으로 간다. 쌍천은 다시 동해로 가게 된다. 토왕골 계곡의 상류가 토왕성폭포이고 중류는 비룡폭포이며 하류가 육담폭포다.

올해는 경남 밀양 표충사 계곡의 폭포 순례와 설악산 토왕골 폭포 순례를 마치게 되어 뿌듯한 마음이 든다.

▶ 아무리 봐도 질리지 않는 엄청난 광경, 산꼭대기에서 시작되는 폭포가 신기하다

▶ 토왕성폭포 전망대에서 조금 더 진행한 곳에서 만나게 된 신기한 소나무

▶토왕성폭포로 가는 길을 만들어줬으면 좋겠다

16. 민둥산

단단히 마음을 먹고 강원도 정선까지 차를 몬다. 매끈한 능선, 억새, 돌리네로 유명한 민둥산에 가기 위해서다. 최단코스로 오르기 위해 '거북이 쉼터'를 내비게이션에 입력하고 오른다. 포장된 길이지만 좁아서 최대한 집중하면서 운전한다. 쉼터까지는 잘 왔는데 벌써 서너 대의 차가 길옆에 주차하고 남은 자리가 시원치 않다. 동행자에게 길가의 돌을 치워달라고 부탁한 다음 최대한 차를 산 쪽으로 붙여 세웠다. 조금 더 가서 오픈한 지 얼마 안 된 '850 전망대 매점'에 세우려고 했는데 동행한 인생 선배가 쓸데없는 돈 쓰지 말라고(먹을 것을 본인이 다 준비함), 충분히 주차할 수 있다고 우겨서 길옆에 세운 것이다. 어른 말을 잘 들으면 떡이 생긴다나. 돌담 위에 시멘트와 유리로 지은 멋진 건물, 저곳에 가서 얼죽아(얼어 죽어도 아이스 아메리카노)를 외치고 싶은데 처음부터 차단된다.

작은 배낭에 물 한 병만 달랑 넣고 산으로 간다. 올라가는 길은 포장된 길도 있고 비포장길도 있다. 밭에서 고추와 배추를 수확하고 기르는 농부들의 모습이 있는 경치는 전형적인 산촌, 강원도의 모습이라 흐뭇하다. 세 갈래 길도 만나는데 두 번째 길이 조금 가파르지만 빨리 갈 것 같아서 가운데로 진행한다. '잣 됩니다'란 낡은 현수막이 걸린 곳부터는 숲길이다. 너무 편하고 짧은 길을 걷기에 등산의 기분이 조금 떨어지지만, 인생 선배와 동행하기에 다른 방도는 없다. 숲길이 끝나고 만나는 넓은 길을 걷자, 마지막 주차장이 나온다. 이곳까지 차를 몰고 와도 되는가 싶었는데 모두 SUV 차다. 역시 사람은 돈을 많이 벌어야 한다.

마지막 주차장부터는 나무판자 계단으로 정상까지 간다. 한국의 스위스라 불리는 민둥산은 나무가 많지 않고 능선을 따라 풀과 억새가 많이 자라서 산의 모습이 분명하게 나타난다. 제주 오름의 느낌도 풍긴다. 산속에 작은 물웅덩이가 있는데 '돌리네'라 불린다. 빗물에 잘 녹는 석회암 지대에서 관찰되는 원형 또는 타원형의 땅을 말한다. 산속 돌리네로는 문경에 있는 돌리네가 가장 크고 유명하다.

전체 나무판자 계단 삼분의 일을 걸으면 돌리네 근처에 큰 나무가 있고 벤치도 있다. 돌리네로 들어가는 길은 자연스러운 좁은 흙길이다. 살짝 아래로 내려가 물이 고여있는 돌리네 사진만 찍고 다시 정상으로 향한다. 여름이라 풀들이 초록 잔치를 벌이고 있다. 개망초를 비롯한 여러 작은 들꽃이 빽빽한 초록 풀 사이에서 봐 달라고 고개를 내밀고 있다.

정상은 제법 넓은 바위가 깔린 구간이다. 증산초교 방면에서 올라온 등산객들이 합세하여 제법 북적인다. 오호! 정상석이 두 개다. 조금만 기다리면 정상석을 넣어 사진을 찍을 수 있다. 정상석 바위 바닥에는 노란 기린초가 빽빽하게 자라서 멋지다. 정선 시내가 왼쪽에 있고 오른쪽에 산맥들이 늘어선 모습도 좋다. 가을에 억새가 피면 이 장면을 찍으러 사진 애호가들이 많이 찾는다. 여름이라 땀을 삐질삐질 흘리며 올라왔으나 정상에서 사방을 조망하는 즐거움에 수고가 모두 스르르 녹아내린다.

이제는 시계 방향으로 완전히 빙 돌아서 내려가려고 한다. 능선을 따라 나무

기둥을 연결한 길을 따라가기만 하면 된다. 조그만 산속 못, 돌리네도 계속 보이고 반대편 봉우리도 멋지다. 가끔 초록 풀숲에 빨간 나리가 피어서 존재감을 자랑한다. 능선을 비스듬히 내려왔다가 올라가니 운동회 때 쓰는 큰 노란 텐트가 있다. 부럽다. 최고의 장소를 세 사람이 독점하고 있다. 탁자와 의자도 있고 탁자 위에는 땅콩, 맥주, 말린 오징어가 있다. 작은 라디오에서 음악도 흘러나온다. 너무 부러워서 자꾸 쳐다봤다.

이제는 굽어서 내려가는 길이다. 왼쪽에는 제법 큰 나무들로 숲을 이루고 오른쪽은 여전히 초원이다. 돌리네를 둘러보는 사람들도 있다. 이제 민둥산은 억새의 계절만이 아니라 사계절 유명한 트레킹 장소, 데이트 장소가 될 것 같다. 좁지만 길도 잘 정비해 놓았고 산 중턱에 현대식 매점 건물도 있으니 말이다.

▶ 민둥산 정상석에서 시계 방향으로 능선을 걸어 돌리네로 내려오는 길

▶ 정상으로 오르면서 내려다본 경치, 한가운데 물이 고인 돌리네가 예쁘게 보인다

▶ 정상석에서 증산초교 방향으로 바라본 경치, 동강과 정선 시내가 보인다

▶ 민둥산 정상석 근처에는 노란 기린초가 지천으로 깔려있다

▶ 살짝 아래에서 내려와 바라본 또 하나의 민둥산 정상석, 구름마저 예술이다

▶ 석회암 지대에 생긴 돌리네 습지, 주변에 큰 나무가 없어 시원한 느낌을 준다

▶ 정상에서 살짝 내려와 걸어가야 할 등산길이 보이는 경치

▶ 위에 보이는 능선을 시계 방향으로 휙 감아 내려와 돌리네 습지 부근으로 걸어간다

올라올 때 쉬었던 벤치에서 점심을 먹는다. 밥이 아니라 떡 잔치다. 인생 선배가 절편, 술떡, 인절미에 커피, 우유를 준비해 오셨다. 아침에 바쁘셨을 텐데 자신이 먹을 것을 간단하게 준비하겠다고 한 것이다. 밥이 아니어도 괜찮다. 고마워서 여러 번 감사했다.

17. 두타산

   '무릉별유천지'를 지나면 무릉계곡 입구가 보이는데 이곳에서 주차비를 내고 들어간다. 매표소에서는 입장권을 다시 사야 했다. 무릉계곡 제1주차장, 매표소에서 제일 가까운 주차장에 주차했다. 매표소 입장 후, 바로 보이는 다리를 건너자 바로 등산로 입구다. 가파른 돌계단으로 오르는 베틀바위 방향, 직진하면 삼화사를 지나 마천루로 가는 방향이다. '베틀바위 산성길'이라 적힌 안내 조형물이 세련됐다. 예술 작품처럼 보인다.

   돌계단과 울퉁불퉁한 바위가 있는 곳을 오르면 서서히 건너편 봉우리가 조망되기 시작한다. 중간 조망터 중에 '삼공암'이 보이는 곳이 제일 좋았다. 공간이 넓어서 쉬기도 하고 사진 찍기에도 좋은 곳이었다. 데크 계단을 걸으니 금세 베틀바위 전망대다. 2020년 가을에 개방되어 '한국의 장가계'라 불리는 베틀바위를 제일 잘 볼 수 있는 곳이다. 선녀가 하늘의 규율을 어기고 이곳에 내려와 비단 세 필을 짜고 다시 하늘로 올라갔다는 전설이 깃든 곳이다. 실을 이어주는 베틀이 위아래로 세워져 있다고 생각해야 바위를 베틀로 연상할 수 있다. 흐린 날씨여서 걱정했는데 베틀바위는 분명하게 보였다.

▶ 나무 사이로 보이는 길쭉길쭉한 베틀 모양의 바위들

▶ 전망대에서 완전하게 보이는 베틀 바위의 모습

▶ 전망대에서 미륵바위까지는 50m 높이 차이지만 시간이 많이 소요된다. 웅장한 미륵바위

미륵바위는 전망대에서 바로 보이고 안내판에도 가까이 나타나 있으나(50m 위에 위치함) 길이 굽어지고 경사가 심해서 예상보다 시간이 더 걸린다. 다가가면서 보면 미륵이라는 느낌보다 뭉툭하고 거대한 도깨비방망이로 보인다. 벤치 앞에서 보면 안내판의 설명에 고개가 끄덕여진다. 주변에 회양목이 많다. 도시 정원이 아닌 산에서 회양목 군락지를 보는 게 신기했다. 깨끗하게 정리된, 무릎 정도의 키 작은 회양목이 아니라 측백나무 정도의 크기다.

마천루 방향으로 가다가 산성터를 만난다. 상당히 넓은 너덜지대로 느껴진다. 그다음은 좁고 축축한 흙길인데 양쪽에 높은 나무가 있어서 아늑한 느낌이고 운치가 있다. 미륵바위부터 시계 방향으로 크게 돌아가는 길이다. 오르내림을 계속 반복하면 '12 산성 폭포' 지역에 이른다. 산속 높은 곳에서 계곡 아래로 물이 흘러가면서 여러 개의 폭포를 만드는 곳이다. 계곡을 건너 등산을 진행해야 하는데 바위에서 쉬는 사람이 많다. 바위에 앉아 점심을 먹으며 눈은 계속 폭포를 응시한다. 어제 비가 내려서 수량이 많다. 계곡 가운데 둥근 바위가 있는 곳부터는 비스듬히 떨어지는 낭떠러지 절벽이다. 바위 앞으로 계곡 양쪽을 연결한 줄이 걸려있다. 절벽이니까 주의하라는 것과 등산 진행 방향을 알려주는 역할을 한다. 계곡과 멋진 바위들, 산이 어우러진 경치는 베틀바위 전망대에서 보는 경치에 뒤질 것이 없다. 다른 등산객들과 이야기도 하고 사진도 찍어주고 손도 씻었다.

계곡에서의 즐거운 시간을 뒤로하고 배낭끈을 졸라매고 마천루로 간다. 흐린 날씨는 점점 더 나빠진다. '수도골 석간수' 표지판이 있지만 마실 수 있는 물이 아니다. 두타산의 두 번째 명물 마천루에 왔다. 금강산 바위 위로 조성된 데크길을 따라 협곡과 풍경이 잘 보이는 곳이다. 구름이 금강산 바위 윗부분을 가려서 완전한 마천루(바위 빌딩)를 볼 수 없다. 계곡 반대쪽에 있는 신선봉과 용추폭포는 볼 수 있다.

마천루에서 내려가는 길에도 회양목을 많이 본다. 미륵바위 부근과 다르게 바위틈에서 자라는 회양목이다. 굵은 줄기를 보면 적어도 50년에서 100년은 된 것 같다. 국내의 많은 산을 가봤지만, 산허리에, 바위에 붙어 자라는 회양목 군락지는 처음 보았다. 아주 작으나 반들반들하고 자박자박 모여 있는 잎이 예쁘다.

▶ 높고 깊은 계곡에서 모였다가 흘러내리는 12 산성 폭포, 멋진 휴식처가 되는 곳이다

▶ 비가 내려서 멋진 모습을 보여주고 있는 쌍폭포

▶ 쌍폭포 위에 있는 용추폭포

▶ 옛사람들의 글자가 많이 새겨져 있는 무릉계곡의 암반 지대

쌍폭포와 용추폭포 안내판이 보인다. 마음이 두근거린다. 등산을 즐기기 전 40대 시절, 무릉계곡에 왔다가 이 폭포에 들른 적이 있다. 그때는 늦가을이라 폭포의 느낌이 별로 없었다. 물이 많아서 제대로 쌍폭포와 용추폭포의 위용을 느낄 수 있었다. 마천루에서의 실망이 사라졌다.

얼레지 쉼터, 학소대, 삼화사를 지나 무릉반석에 도착했다. 계곡 바위 바닥에 적힌 한자를 찾아본다. 예전에 왔을 때와 다르지 않다. 무릉(武陵)은 도연명의 도화원기에 나오는 무릉도원(武陵桃原)에서 가져온 것이다. 학소대는 학이 춤을 췄다는 곳이고 삼화사는 자장율사가 창건한 절이다.

두타산(頭陀山, 1,357m)은 정상에 가지 않아도 다양한 코스가 있어 체력에 맞게 선택할 수 있고 명물이 많아서 좋다. '눈누난나 힐링코스'라는 재밌는 이름으로 쉬운 코스를 소개하고 있다. 내 멋대로 머리를 때리는, 뭔가를 깨우치는 뜻으로 예상했는데 살짝 빗나갔다. 두타산은 속세의 번뇌를 버리고 불도를 닦는다는 뜻이다. 베틀바위 개방을 위해 노력한 동해시에 큰 박수를 보낸다.

18. 설악산 공룡능선

한라산을 두 번 올랐다는 것에 자신감을 얹어 공룡능선에 도전한다. 하루 전 소공원에서 가장 가까운 켄싱턴 호텔에 묵고 새벽 일찍 소공원으로 향한다. 권금성 쪽의 경치, 신흥사 대형 청동 불상도 사진을 찍지 않고 그냥 지나친다. 혼자서 할 수 있을까 걱정하며 걷고 있는데 발소리가 들린다. 얼른 인사를 하고 말을 건넸다. 숙박하지 않고 서울에서 일찍 차를 몰고 오신 분이다. 동행자가 생겨 마음이 놓인다. 비선대에서 마등령을 오르는 코스가 너무 힘들어서 시계 방향으로 공룡능선을 타려고 하는데 이분은 금강굴로 올라간다고 한다. 할 수 없이 계획을 바꾸어 많이 가는 방향으로 간다.

금강굴을 거쳐 마등령으로 가는 구간은 급경사이고 촘촘한 돌계단이다. 등산 시작부터 힘에 부친다. 금강굴에 가고 싶어서 갈림길에서 처음 만난 분과 헤어졌다. 금강굴 입구까지 걸어보는 것인데 고사목과 함께 능선이 싸고 있는 계곡이 멋있다. 굴을 올려다보니 까마득하다. 철계단을 잡고 오른다고 해도 다리가 후들거릴 것 같았다.

다시 등산길에 오른다. 돌계단이 끝나기만을 바랄 뿐이다. 겨우 돌계단 구간을 통과하고 바위에 앉아 쉰다. 혼자 오르는 게 겁이 나서 인사까지 했는데 또다시 혼자가 되다니. 이제는 처음으로 내려가는 구간인데 '금강문'이란 곳이다. 양쪽 바위 사이로 보이는 경관이 최고다. 공룡능선을 오르는 분들이 왜 여기에서 사진을 찍지 않았을까 궁금했다. 공룡능선은 외설악과 내설악을 남북으로

▶ 금강굴로 가는 길에서 바라본 공룡능선의 경관

가르는 능선인데 용아장성과 함께 설악산을 대표하는 암봉 능선이다. 국립공원 100경 중 제1경이다. 이어진 암봉이 공룡의 등과 같다고 해서 지어진 이름이다.

마등령을 얼마 앞둔 안부 지역에는 하얀 들꽃이 지천으로 피어있다. 키도 제법 큰데 존재감이 대단했다. 옆으로는 뾰족한 봉우리가 있는데 검색해 보니 '세존봉'으로 나온다. 마등령에는 휴식을 취하는 등산객이 많았다. 쉼터임 셈이다. 비선대에서 마등령 구간은 국내 산행 중 제일 힘들었던 곳으로 기억될 것이다. 철퍼덕 주저앉아 편의점에서 사 온 삼각김밥을 먹는다. 밥을 먹은 후 다리도 주무르고, 스트레칭 체조도 하고, 정신을 새롭게 가다듬은 다음 다시 출발한다.

▶ 마등령으로 향하는 초입에 있는 금강문, 깊은 계곡을 통과한 후 다시 올라가야 한다

▶ 마등령에 도착하기 전 안부 지역, 하얀 들꽃이 지천으로 피어있다

▶ 환경부 지정 멸종위기 2급 식물인 연잎꿩의 다리, 잎이 연을 닮아서 이런 이름이 붙었다

▶ 너덜지대에서 바라본 경치, 왼쪽 멀리 귀때기청봉, 가운데 마등령, 뾰족한 세존봉

　나한봉(羅漢峰, 1,297m)으로 오르는 골짜기도 금강문처럼 경치가 좋다. 공룡능선의 일부분, 용아장성, 서북능선(한계령, 귀때기청봉, 대승령)이 다 들어온다. 나한봉은 불교의 수호신인 나한(羅漢)에서 유래되었다. 첫 구간인 너덜지대도 꽤 멋있다. 걸어온 마등령이 어떻게 생겼는지 잘 살펴볼 수 있는 곳이다. 글자대로 살피면, 말 등처럼 생긴 고개(馬等嶺)라는 뜻이다. 산이 험준하여 손으로 기어 올라가야 한다고 하여 마등령(摩登嶺)이라는 기록도('설악의 뿌리'에서) 있다. 왼쪽으로 방향을 획 돌아서 가고 시야가 트여서 나한봉 능선을 걷는 기분이 상쾌하다.

　1275봉으로 가는 길에 '킹콩 바위'가 있다고 등산 선배가 알려준 것을 기억하고 눈을 부릅뜨고 바위를 살핀다. 하마터면 놓칠 뻔했다. 골짜기 왼쪽에 있는 바위가 킹콩의 모습을 하고 있었다. 금강문, 나한봉 골짜기처럼 경치가 좋아서 골짜기를 넣은 사진을 찍다가 찾게 된 것이다. 지나는 길에서 보면 킹콩으로 보이지 않으나 골짜기로 살짝 더 들어와서 바위의 옆을 보면 정확하게 킹콩으로 보인다. 바위 앞에 안내판을 설치해 줬으면 좋겠다. 나한봉에도 정상석이나 표지판이 없었다. 가르쳐준 선배에게 카톡으로 킹콩 증명 사진을 보내야겠다.

　1275봉으로 오르는 길은 무척 힘이 들었다. 1275봉을 넘어가는 고개에 겨우 도착해서 그늘에 앉았다. 나한봉에서 올라오는 분에게 힘내라는 격려의 말도 건네본다. 1275봉은 봉우리의 높이로 지은 이름인데 이 봉우리를 오르는 사람이 있다. 그야말로 왕 체력이다. 크하! 감탄하며 쳐다보기만 한다. 오르고 싶은 마음이 전혀 생기지 않는다. 거대한 촛대바위를 보고도 그 앞에서 사진 한 장 찍었을 뿐 촛대바위 뒤로 가볼 마음이 없다. 빠르긴 해도 확실히 지구력이

▶ 가운데에 나한봉, 오른쪽으로는 올라온 마등령이 보인다

부족하다. 촛대바위 뒤에서 신선봉을 향해 보는 경관도 절경인 것을 알고는 있었다. 촛대바위 아래로 지나가는 길에 조금 정체가 생긴다. 난간으로 오르막과 내리막이 이어진 데다 가파르고 좁기 때문이다.

1275봉 난관을 헤치고 나왔는데 신선봉(신선대)으로 오르는 길도 만만치 않다. 봉우리 사이에 난 계단을 올라가야 하는데 멀리서 오르는 사람들을 보니 걱정이 앞선다. 돌계단 아래에서 한참 쉬다가 이를 악물고 오른다. "버텨야 하느니라. 다른 방법은 없어." 계속 마음속으로 되뇌며 걷는다.

▶ 놓치기 쉬운 킹콩바위, 등산길에서 계곡 쪽으로 살짝 더 들어와서 왼쪽을 봐야 한다

▶ 1275봉으로 가면서 만난 거대한 촛대바위, 사잇길로 들어가서 보는 경치가 절경이다

▶ 신선봉에서 바라본 경치, 가운데 저 멀리 울산바위가 조망된다. 맨 왼쪽은 범봉이다

　"와우! 원더풀" 신선봉에 와서는 사람들이 있어도 큰 소리로 외쳤다. 다른 분들도 시끄럽다고 핀잔을 주거나 눈치를 주지 않는다. 모두 어려움을 참고 또 참으며 이곳까지 왔다는 것을 알기 때문이다. 마지막이 항상 최고 경치가 되는지, 냉정하게 살펴서 신선봉에서 내려보는 경치가 공룡능선 구간의 최고다. 거기다 여러 봉우리를 표시한 안내판이 있어 좋다. 맨 왼쪽에 1275봉을 넣고 맨 오른쪽에 장군봉을 넣어 사진을 찍는다. 1275봉에서 세 개의 봉우리를 건너뛰고 가운데에 제일 밝게 빛나는 범봉, 유선대, 장군봉을 손가락으로 가리키며 확인해 보았다. 나중에 올라오신 분 중에도 "야호! 앗싸!"로 감탄하는 분이 계셨다. 반대 방향으로 보면 대청, 중청, 소청의 봉우리가 보인다.

　고난의 연속인가? 이제부터 내리막길이라 살았다고 생각했는데 착각이었다. 신선봉에서 무너미 고개로 넘어가는 길이 심상찮다. 경사도 심하고 난간을 잡고 다리를 길게 해서 내려가는 구간이 상당히 길다. 그 후에는 돌이 쫙 깔린 길이 나왔다. "애고, 애고, 날 잡아 잡수쇼!" 곡소리가 저절로 나왔다. 비선대까지는 지겨운 내리막의 시간이다. 무명폭포, 천당폭포가 반겨 줬으나 너무 지쳐서 감동으로 다가오지 않았다. 양폭포와 음폭포 아래에 있는 양폭대피소로 왔다. 물이 아직 남아있어서 대피소에 들르지 않았다.

▶ 신선대에서 올라온 방향을 내려다본 경치, 제일 높게 보이는 1275봉, 오른쪽의 하얀 범봉

▶ 아무리 오래 봐도 질리지 않는 신선대에서 바라보는 경치, 고생 끝에 낙이 온다

▶ 신선대에서 진행할 방향으로 대청, 중청, 소청, 오른쪽 용아장성의 이빨이 조망된다

▶ 신선대에 세워진 경관 안내판과 실제 경치를 견주어보면, 쏠쏠한 재미를 맛볼 수 있다

오련폭포를 지나고 귀면암이 나왔다. 예전에 집사람과 천불동계곡을 걸어 이곳까지 온 적이 있었다. 귀면암으로 가려면 다시 까마득한 계단을 올라야 한다. 한라산을 두 번 올랐어도 공룡능선은 급이 다르다는 것을 실감했다. 비선대에서 소공원까지 아직도 3km가 남았다. 유모차도 다닐 수 있는 숲길인데 발바닥은 불이 나고 종아리와 엄지발가락은 아프다. 소공원을 1km 정도 남겨둔 지점에서 아침에 만났던 서울 아저씨를 만났다. 이분은 생생하다. 죽을 것 같다고 했더니 마구 웃으신다. 이제 살았으니 천천히 내려가서 커피 한잔 마시란다. 국내 등산 중 제일 힘들었던 공룡능선, 결코 잊을 수 없는 등산이 되었다.

▶ 계곡에서 바라본 비선대, 가을이 되면 비선대가 있는 천불동계곡은 단풍으로 불타오른다

▶ 금강굴로 오르는 철제 계단이 아찔하게 보인다

19. 점봉산 곰배령

집에서 먼 곳에 있는 곰배령을 가보겠다는 마음은 있었지만 실제로 가볼 때까지 거의 9년이 걸린 것 같다. 멀다는 이유도 있지만 인터넷으로 사전 예약해야 하기에 계속 미뤄 둔 것이다. '천상의 화원'이라 불리는데 정말 그런 곳인지 과장은 아닌지 살펴보겠다는 약간 까칠한 마음도 있었던 것 같다. 소위 너무 "뻥치는 것 아니야?" 그런 의심이 있었다. 퇴직한 분들의 노래 모임에서 연세가 많은 여성 회원이 곰배령이란 가요를 부르셨다.

바람마저 길을 잃으면 하늘에 닿는다

점봉산 마루 산새들도 쉬어가는 곳

곰배령은 말이 없는데

여인네 속치마 같은 능선을 허리에 감고

동자꽃 물봉선이 곱게도 피는 그날

사랑 두고 님을 두고 그 누가 넘어가나

하늘 고개 곰배령아 (1절)

노래를 들으면서 결정했다. 그래 오늘이 화요일이니까 내일 예약하고 목요일에 올라가면 되겠다. 곰배령은 점봉산 정상부에 있는 산림생태탐방지역으로 해발 1,100m 고지에 면적이 5만 평이 되는 고원 평지이다. 산세의 모습이 곰이 하늘로 배를 드러내고 누운 모습으로 보여서 곰배령이란 이름을 갖게 되었다.

희귀 야생화, 약초, 산나물 등이 다량으로 분포한다. 한반도 자생 식물의 북방 한계선과 남방 한계선이 맞닿는 지역으로 인제군 귀둔리 곰배골에서 진동리 설피밭 마을로 넘어가는 고개다. 경사가 완만하여 옛날 할머니들이 콩자루를 머리에 이고, 장 보러 다니던 길이 있었고 오랫동안 폐쇄되어 있다가 개방된 곳이다. 인제 국유림 관리소에서 지금도 체계적으로 관리하고 보호하는 곳이다.

탐방은 두 곳으로 나뉘는데, 길이 조금 더 길지만 편하다고 하는 강선 계곡 코스를 선택했다. 귀둔리에서 출발하면(곰배골 코스) 조금 더 가파르다고 한다. 눈이 오면 설피 없이는 못 산다고 해서 이름이 지어진 설피 마을을 지난다. 지금은 길이 잘 만들어져 있다. 산림청 소속의 생태관리센터로 예약하고 강선리

▶ 강선 마을을 지나 숲길과 계곡을 걷는데 멋진 작은 폭포가 많아서 시원한 느낌을 준다

주차장으로 가는 것이다. 설피 마을에 있는 점봉산 산림유전자원보호림 감시소를 지나 강선 주차장에 주차했다. 이곳에서 등산이 시작된다. 임도처럼 편한 길이다. 강선 마을까지 차도 다닐 수 있는 넓은 임도다. 지금은 조금 늦은 시기지만 5월 초에는 노란색의 양지꽃과 산괴불주머니가 계속 나타나고 보라색의 현호색도 많은 구간이다. 고사리와 비슷한 양치식물인 관중이 들꽃을 대신해서 반겨주고 있다. 그냥 쉽게 '고비'라고 많이 부른다.

2.2km를 걸어가니 강선 마을이 나왔다. 막걸리, 커피, 음식을 파는 식당도 있고 작은 마당에 심어놓은 꽃이 많아서 참 예쁘다. 주차장에서 마을까지는 대부분 활엽수가 많았는데 이곳에는 쭉쭉 뻗어 올라간 침엽수가 많다. 강선 마을에서 다리를 건너면 본격적인 산행 기분이 물씬 난다. 아늑한 숲길, 계곡을 따라가는 길이다. 작은 폭포도 있고 이끼가 많이 긴 원시림의 기운이 좋다. 곰배령 정상 부근에 야생화가 많다는 것을 기대하고 왔는데 예기치 못한 멋진 숲과 계곡을 볼 수 있어서 어깨가 으쓱 올라갔다. 한여름에 와도 이 길은 시원할 것 같다. 정상을 200m 정도 앞두고 가파른 경사가 나왔다. 그래도 동자꽃 등 예쁜 야생화가 많이 피어있어서 힘든 것을 잊어버리고 계속 쪼그리고 앉아 사진을 찍었다.

정상에는 사람이 많았다. 작은 점봉산 쪽에 아주 큰 정상석이 서 있고 반대편으로 올라가는 길이 있다. 데크 너머로 키 낮은 풀과 함께 수많은 야생화가 피어있다. 곧 가을로 접어드는 늦여름인데도 꽃이 많다. 과연 '천상의 화원'으로 불릴 만하다. 하지만 가을이나 초봄에 온다면 조금 실망할 수도 있을 것 같다. 5월에서 8월까지가 '천상의 화원'이라 부를 수 있을 것이니 시기를 잘 살펴

▶ 동자꽃이 반겨주는 곰배령 오르는 길, 모양은 비슷하나 보라색이고 키가 작은 꽃은 앵초다

서 곰배령에 왔으면 좋겠다. 전망대로 올라가는 길에는 북으로 대청봉을 볼 수 있었다. 동남쪽으로는 조침령을 넘어 오대산으로 연결된다. 점봉산으로 올라가는 길이 없다. 분명히 길이 있을 것인데 자연 보호를 위해 폐쇄한 것 같다. 조금 아쉬웠던 점이 있다면 풀을 좀 뽑고 야생화의 이름을 붙였으면 하는 것이다. 동계 올림픽이 열렸던 일본 나가노에 있는 고산식물원은 지형을 최대한 살리면서도 관리가 되어 있어 고산식물(특히 야생화)을 잘 볼 수 있도록 해놓았다. 곰배령도 그곳 못지않은 곳이 될 수 있다. 5시간 정도 걸리는 시간이 야생화를 살피느라 1시간이 더 걸렸다. 사전 예약하고 먼 곳까지 온 보람을 느낀 등산이었다.

▶ 마지막 가파른 경사를 오르는 구간에는 가요에도 나온 주황색의 동자꽃이 많이 핀다

▶ 가을로 접어드는 늦여름이지만 곰배령에는 아직 야생화의 잔치가 벌어지고 있다

▶ 구름에 살짝 가려진 소청, 중청, 대청봉, 짙은 풀 사이로 점점이 박힌 야생화의 천국

▶ 전망대로 오르면서 곰배령 정상석이 있는 곳을 내려다본 경치, 뾰족한 산이 작은 점봉산

20. 설악산 봉정암

아침 8시 45분 백담사 주차장에 주차하고 셔틀버스 매표소로 갔는데 문이 닫혀 있다. 도로 결빙으로 버스가 운행할 수 없다고 한다. 난처하다. 2박 3일로 오대산 비로봉까지 등산할 계획이었는데. 어찌할까, 망설이다가 강행하기로 했다. 백담사까지 5.7km를 걸어야 한다. 어제 오후에 도착해서 버스를 타고 백담사 구경을 끝낸 다음 날인데 생각지 못한 상황을 만난 것이다. 아스팔트 위를 걸으면서 투덜거렸다. 얼음이 낀 구간도 없는데 충분히 갈 수 있을 것 같은데 하면서.

다행히 바람은 불지 않아서 걸을 만했다. 어제 버스 창가로 봤던 백담 계곡을 따라 걷는 것이다. 얼음이 꽝꽝 얼고 눈이 덮인 계곡은 대단했다. 가끔 얼음을 뚫고 물이 흐르는 모습은 신기했다. 아스팔트 길옆에는 데크로 만든 인도가 있는데 눈이 쌓여있어서 아스팔트 길이 더 걷기가 쉽다. 혹시라도 백담사로 오는 차가 있으면 얻어 타려고 했는데 좀처럼 차는 오지 않았다. 길에는 수교, 강교(江橋), 원교의 세 개의 다리가 있었다. 다리를 건너며 보는 경치가 좋다. 시내를 가로질러서 물길과 산이 어우러지기 때문이다. 마지막 원교에서는 절벽이 거대한 코끼리 코 모양으로 툭 튀어나온 모습이 좋았다.

▶ 백담 계곡에 많은 돌탑이 눈 이불에 싸여 있고 산 아래의 사찰 건물이 나지막하게 보인다

▶ 백담 계곡은 대부분 얼어 있는데 군데군데 계곡물이 흐르는 부분이 보인다

'내설악 백담사'라고 적힌 간판이 있는 백담사 일주문을 통과하고 백담사 입구에 도착했다. 처음 통과했던 곳은 백담분소였고 이곳에서 0.4km를 가면 백담탐방지원센터가 나온다. 최종 목적지 봉정암까지는 무려 10.6km의 거리다. 백담탐방지원센터의 화장실에 들렀다 나오니 직원이 아이젠을 착용하라고 권한다. 미끄러운 구간에서 아이젠을 착용하겠다고 말하고 씩씩하게 출발했다. 백담계곡에는 백담사에서 봤던 돌탑이 여전히 있다. 돌이 깔린 길에 눈이 많이 쌓여있지는 않아서 아이젠을 착용하지 않은 채 계속 걸었다. '설담당 부도탑'을 지나 영시암을 걸어간다. 길옆에 범종루 건물이 빛나고 그 뒤에 영시암(永矢庵) 건물이 있다. 노란색 한자 현판 글씨가 너무 좋았다. 스님도 사람도 보이지 않는 겨울의 고요한 산사는 영화의 한 장면처럼 예뻤다.

갈등이 생겼다. 오세암까지 갔다가 봉정암은 포기하고 돌아가는 게 좋지 않을까? 아니야, 어제 마지막 버스 시간이 5시였으니 그때까지 돌아오면 돼. 그땐 아침과 다르게 버스가 다니겠지. 오세암까지는 왕복 5km의 거리고 봉정암까지는 편도 10.6km의 거리다. 미국 그랜드캐니언, 설악산 공룡능선도 완주했는데 할 수 있어. 그대로 강행하기로 했다. 다행히 망설이던 중에 다른 한 분이 영시암을 통과하고 있었다. '지혜샘'을 지나고부터는 완전한 숲길이다. 계곡을 가로지르는 다리가 4개다.

▶ 원교 앞에서 바라본 절벽의 모습, 코끼리 코처럼 보이는 바위가 재미있다

▶ 왼쪽 단청이 있는 건물은 범종루, 오른쪽 큰 건물이 영시암 본전이다

▶ 백담 계곡보다 폭은 좁고 좌우의 절벽은 더 높아서 웅대함을 자랑하는 수렴동 계곡

▶ 대피소부터 봉정암까지 계곡을 가로지르는 다리가 12개 있다. 햇빛에 반짝이는 높은 봉우리

수렴동 대피소가 나왔다. 이제는 제법 눈이 하얗게 쌓인 길이라서 아이젠을 착용했다. 수렴동 계곡은 백담 계곡보다 더 좁고 깊어서 상당히 웅장했다. 어마어마한 크기의 바위가 있고 그 바위 위에서 자라는 소나무가 신기했다. 계곡 옆으로 걷다가 계곡을 가로지르는 다리를 건너는 길이 반복되었다. 안내판에서 외운 만수폭포와 관음폭포를 찾으려고 했는데 표식이 없어서 놓치고 말았다. 폭포 물이 얼음으로 변한 멋진 폭포들을 많이 볼 수 있었다.

맨 마지막에 있었던 폭포는 '쌍용폭포(雙龍瀑布)'였다. 전망대와 안내 표지판이 있어서 다행이었다. 이름을 줄여서 그냥 쌍폭(雙瀑)으로도 불리는 폭포는 두 마리의 용이 승천하는 모양을 닮아 붙여진 이름이다. 왼쪽 폭포는 약 22m의 높이로 봉정암 방향의 구곡담 상류에서 흘러내리고 오른쪽 폭포는 약 46m의 높이로 쌍폭골에서 흘러내린다. 하늘에서 보면 Y자형 3단 폭포로 보인다. 우폭(右瀑)은 힘차게 흘러내려 남폭(男瀑), 좌폭(左瀑)은 여인의 치맛자락에 떨어지는 듯하다고 해서 여폭(女瀑)이라 부른다. 그 아래에 있는 폭포는 용자폭포(龍子瀑布), 용손폭포(龍孫瀑布)라고 부른다.

수렴동 대피소에서 봉정암에 오르는 길에는 12개의 다리가 계곡을 가로지르고 있었다. 백담사부터 계산하면 총 16개의 다리가 계곡을 가로지르는 것이다. 수렴동 대피소를 지나고부터는 내려오는 사람뿐이고 올라가는 사람은 없다. 덜컥 겁이 나서 조금 빨리 걸었다. 햇빛을 받아 노랗게 반짝이는 높은 봉우리가 대단했다. 여름에 온다면 폭포들의 장엄한 모습에 놀랄 것 같다. '주전골 계곡'의 단풍이 유명하다는 것은 알고 있었는데 수렴동 계곡이 이렇게 박력 있는 줄은 미처 알지 못했다.

▶ 많은 폭포 가운데 정확하게 이름을 알게 된 쌍용폭포, 오른쪽이 더 높고 큰 폭포다

▶ 깔딱고개를 지나서 다시 봉정암으로 오르는 길에 내려다본 경치, 가장 힘든 구간이다

▶ 화려한 단청이 있는 처마에 새 모습의 조형물, 가운데 적멸보궁이 있는 설악산 봉정암

▶ 가운데 삐죽한 바위 왼쪽으로 석가 사리탑으로 오르는 길이 있는데 깜빡 놓치고 말았다

계곡이 점점 좁아지더니 경사가 더욱 가파르게 변한다. 이제 조금만 더 가면 봉정암이 나올 것이다. 그런데 이게 웬일인가? 봉정암이 있을 것이라 예상하던 곳에 '해탈고개'라고 적힌 깔딱고개가 나왔다. 무려 500m를 기어올라야 한다. 정신이 아찔해진다. 물을 마시고 영양갱 하나를 까서 먹은 다음 숨을 골랐다. 여기서 포기하면 안 돼. 넌 할 수 있어.

안전봉을 잡고 오르다가 네발로 기다 쉬다를 반복해서 깔딱고개를 통과했다. 이 고생 후에도 봉정암은 나타나지 않았다. 다시 200m 골짜기를 오른쪽으로 틀어서 올라야 한다. 아니, 500m라고 분명히 되어 있었는데, 또 올라야 한다고. 인내심이 바닥이 났다. 바위에 털썩 주저앉아 다시 쉰다. 이제는 뾰족한 봉우리가 내 눈앞에 펼쳐진다. 영시암도 백담사에서 상당히 먼 곳에 있었는데 이렇게 먼 곳에, 이렇게 높은 골짜기에 어떻게 암자를 지을 수 있다는 말인가? 필요한 물자와 음식 재료는 분명히 헬기로 운반해 올 것인데. 아마도 우리나라에서 제일 높은 곳에 있는 암자가 될 것 같다.

5분 정도 쉬다가 다시 엉덩이를 털고 봉정암으로 간다. 대청봉 근처에 있는 둥근 천문대 시설 돔이 보인다. 봉정암은 높은 산속에 있는데도 불구하고 보통 사찰 규모 이상의 크기여서 또 한 번 놀라게 했다. 적멸보궁(부처님의 진신 사리를 모시는 곳)은 높은 곳에 있고 그 아래에 있는 건물 크기는 상당했다. 사무소와 방문객들을 위한 용도로 쓰이고 있었다. 오늘은 등산이 술술 잘 풀리지 않는다. 이곳에서 큰 실수를 저지르고 말았다. 석가 사리탑으로 올라가 '용아장성'을 찍어야 하는데 불교 신자도 아닌데 사리탑은 안 봐도 된다고 생각하고 오르지 않았다. 꼼꼼하게 공부했더라면 이를 악물고 올랐을 터인데. '용아장성'을

보지도 못하고 내려왔으니 아무래도 겨울이 아닌 다른 계절에 재도전해야

한다.

봉정암을 다 둘러본 시각이 오후 2시 30분, 이제는 빠른 걸음으로 걸어도 5

시까지 백담사에 도착할 수 없다. 10년 넘게 등산을 해 온 중 최대의 위기를 맞

이했다. 오대산 근처에 숙소를 예약해 놔서 봉정암에서 묵었다 갈 수도 없다.

봉정암에도 예약해야 쉬어갈 수 있고 예약도 쉽지 않다는데. 이젠 운명에 맡기

고 끝까지 최선을 다하는 수밖에 다른 방도가 없다. 나보다 앞서 왔던 분은 대

청봉으로 갔는지 보이지 않는다.

깔딱고개를 내려오니 봉정암으로 올라오는 분이 있다. 아마도 저분들은 봉

정암이나 대피소에서 쉬어갈 분이지 나처럼 다시 백담사로 내려갈 분이 아니

다. 다리가 슬슬 저려와서 털어보기도 하고 허벅지와 종아리를 꾹꾹 눌렀다. 다

리야 제발 백담사까지만 버텨줘라. 거기서는 차를 얻어 타거나 아스팔트 길이

니 걸을 수 있을 거야. 올랐던 길을 그대로 내려가니까 조금 지루했지만 미끄러

져 넘어져서는 안 된다는 생각에 정신을 바짝 집중하며 걸었다.

영시암에 도착한 시간은 4시 40분, 그래도 빨리 걸어온 셈이다. 버스를 탈

기회는 완전히 날아갔고 백담사에서 백담분소로 가는 차를 기대하며 걸었다.

백담사에 도착해서 주차장을 살펴보니 사람이 아무도 안 보이고 차만 주차되어

있다. 차를 얻어 탈 수가 없다. 할 수 없이 아스팔트 길을 걷는다. 이제는 어둑

어둑해진다. 아스팔트 길을 걷다가 몇 번이나 뒤를 돌아다봤지만 차는 오지 않

았다. 하늘에서는 별이 쏟아진다. 어릴 때 멍석을 깔고 저녁을 먹고 난 뒤 올려

다본 하늘의 모습이다. 스마트폰으로 찍어도 별이 다섯 개 정도는 나타난다. 불

행 중 다행으로 가로등이 없지만 좁은 인도에 초록색 등이 듬성듬성 있어서 길이 보이는 것이다.

오늘 내가 도대체 몇km를 걷는 것이지? 백담분소에서 백담사까지 5.7km, 봉정암까지 10.6km 왕복이니까 32.6km를 걷는 것이다. 산티아고를 걷는 사람은 하루에 40km 정도를 걸어야 하는 구간도 있다는데, 그것도 다음 날 또 걸어야 하는데. 등산 무용담 한 개를 더 추가하려고 이런 일이 생겼나? 이런 생각들을 하면서 걸었다.

등산이 끝나도 끝이 아니었다. 오대산 근처의 민박집으로 차를 1시간 30분 정도 몰아야 했다. 도착한 후에는 김밥과 뜨거운 물을 마시고 겨우 발을 씻었다. 찬물을 계속 다리에 뿌렸지만 열기가 가라앉지 않았다. 대충 정리한 후에 끙끙거리며 잠자리에 들었다. 너무 힘들어서 잠도 제대로 오지 않았다.

충청도

1. 작성산 쇠뿔바위, 동산 남근석

우리나라 명산들이 가까운 중국, 일본에 비해 높이는 약간 낮으나 계곡과 작은 폭포, 다양한 모양의 소(沼), 멋진 바위, 크기가 알맞게 어울리는 나무들로 아기자기하게 어울리는 멋이 대단하다. 특히, 전국의 명산에는 재미있고 신기한 바위들이 많고, 바위 능선을 걸을 수 있는 산도 많아서, 산행을 즐기는 분 중에는 바위가 유명한 산들을 집중적으로 등산하는 분들도 계신다. 그중에서 웃음과 멋을 함께 전해주는 곳으로 제천의 남근석이 유명하다.

사진으로 봤을 때 사람이 일부러 만들어 세운 것은 아닐까? 하는 생각도 했고 엄청난 크기에 놀라서 꼭 가봐야겠다고 작은 공책에 적어두었던 곳이다. 그런데, 서 있는 남근석만 있는 게 아니라 무쏘바위라고 누운 남근석도 근처에 있다는 것이다. 아무리 궁리해도 체력이 모자라서 다른 분들처럼 한꺼번에 본다는 것은 무리라는 생각이 들었다. 그래서 작성산기슭의 쇠뿔바위와 동산(東山)의 남근석을 보고 다음에 작은 동산과 무쏘바위를 보기로 했다.

▶ 쇠뿔바위를 찾아 오르면서 바라본 경치, 눈 쌓인 능선이 겨울 경치의 극치를 보여준다

▶ 쇠뿔바위라고 하기보다 '황소 귀 바위'라고 해야 하지 않을까?

쇠뿔바위와 서 있는 남근석을 보기 위해 무암사(霧巖寺)로 차를 몰았다. 큰 도로에서 무암사로 올라가는 길은 좁고 경사도 있으며 꼬불꼬불해서 절 위쪽에서 내려오는 차가 없기를 바라면서 조마조마한 마음으로 운전했다. '무암사' 표지석 건너편 공터에 차를 주차하고 계곡으로 접어든다. 응달이라 눈이 다 녹지 않고 작은 바위들 위에서 봉긋하게 올라앉아 있다. '쇠뿔바위'라는 안내판이 나왔는데 눈 내린 계곡이 예쁘고 새목재로 이어지는 길을 조금 더 걷고 싶었다. 새목재 왼쪽은 작성산으로 가는 길이고 새목재 끝에서 돌아가면 동산으로 가는 길이 나오는 듯하다. 쓰러져 옆으로 누운 큰 나무에도 눈이 소복이 쌓여있고 건너편에는 줄기가 가는 편이지만 키는 꽤 큰 소나무들이 서서 차분한 겨울 풍경을 만들어 준다. 감탄을 연발하며 아쉬운 발걸음을 돌린다. 여름이나 가을에 새목재를 통과하여 동산 정상석이 있는 곳까지 가봐야겠다고 마음먹었다.

처음에 사진과 함께 있었던 쇠뿔바위 안내판으로 다시 돌아왔다. 이제는 계곡에서 작성산기슭으로 올라가야 한다. 느긋하게 계곡 길을 걷다가 경사를 오르려니 역시 힘이 든다. 얼마 안 가면 바위가 나올 거라고 스스로 위로하며 산길을 오른다. 눈이 녹아 질퍽한 곳도 있고 바위가 미끄러워 긴장하며 산행을 이어간다. 드디어 쇠뿔바위가 나타났다. 바위 전체가 봉우리인 것에 비하면 규모가 작으나 산허리에 있는 바위치고는 상당히 크다. 하지만 '소뿔이 아니고 당나귀 귀라고 불러야 하는 거 아닌가? 하긴 우리나라엔 당나귀보다는 소가 많으니, 소가 맞네' 그런 생각을 해봤다. 소귀라고 부르기엔 솟아오른 높이가 제법 있다. 아무렴, 어때? 멋있으면 그만이지. 쇠뿔바위 아래서도 위에 올라가서도 함께 간 친구에게 사진 부탁을 했다. 두 뿔 사이의 공간에 서서 건너편 동산을 봤

▶ 예상을 뛰어넘는 크기의 쇠뿔바위, 두 귀 사이로 오를 수도 있다

▶ 내려오는 길에 바라본 장군바위 방향의 경치

는데 눈 쌓인 모습이 대단하다. 오른편으로는 청풍호도 시야에 들어왔다. 과연 명품 바위이고 전망대 역할에 모자람이 없다.

이제는 입꼬리를 끌어올리는 남근석을 보러 산을 내려 걷는다. 큰 기대 없이 온 쇠뿔바위가 이 정도라면 서 있는 남근석은 바위 모양의 끝판 대장일 가능성이 높다. 친구에게 오늘 우리가 본 장면들을 지인들에게 자랑하자고 얘기했더니 친구가 빙그레 웃는다.

계곡을 내려와 이제는 남근석 사진과 화살표 표시가 있는 안내판을 보고 동산으로 오른다. 쇠뿔바위를 오를 때보다 길은 분명하나 경사는 대단하다. 나무 데크길 경사는 60도 정도로 아찔하고 두툼한 줄을 잡고 올라가는 곳도 많았다.

▶ 누군가가 일부러 깎아서 세워놓은 것으로 생각할 정도로 모양이 비슷한 남근석

30분 정도면 올라간다고 들었는데, 예상보다는 어려움이 많았다. 소나무 사이로 건너편 장군바위와 낙타 바위도 보인다. 체력이 좋은 분들은 남근석 능선을 돌아서 저곳을 모두 본 다음 무암사로 향하는 길로 하산할 것이다.

짜잔, 유명한 남근석이 눈앞에 나타났다. 대단하다. 어른 키의 두 배는 될 듯한 크기에 머리와 기둥 모양이 자세하게 깎아놓은 듯하다. 그러나 가운데 부분에 갈라진 금이 보여서 좀 아쉬웠다. 20년 전쯤 옛날에 오신 분의 사진을 봤는데 그 사진에는 기둥 부분이 지금보다 훨씬 매끈했다. 저 부분이 떨어진다면 다시 붙이는 수고를 해서라도 그냥 내버려둬서는 안 되겠다는 생각이 든다. 스마트폰을 세워서도 찍고, 옆으로 해서도 찍고, 남근석 뒤에서도 찍고, 남근석 모델을 두고 여러 장면을 만들어 보았다. 페이스북에 있는 외국 친구들에게도 보여줘야겠다. 무쏘바위(누운 남근석)야, 조금만 기다려, 다음 주에 널 보러 갈게.

2. 동산(東山) 무쏘바위, 작은 동산

교리 마을에 있는 '교리 가든'이라고 내비에 입력하고 운전한다. 영주에 있는 소백산부터 눈이 쌓여있는 것이 보여서 겨울 산행의 기대가 부풀어 올라 운전이 오히려 즐겁다. "무쏘바위도 크기가 대단하데요. 서 있는 남근석 못지않다니까 기대하세요." 등산 동료가 "운전 시간만 2시간 30분이 넘는데 그 값을 받아야지요."라고 즐거운 표정으로 대답한다. 오늘은 혼자 하는 등산이 아니어서, 멋진 바위를 함께 볼 수 있어서 기쁨이 배가된다. 눈이 많이 쌓여서 입구부터 아이젠을 착용하고 걷는다. 발이 푹푹 빠지는데도 즐겁다. 올해 겨울 산행 대박이다. 눈 온 다음 바로 날씨가 맑아져서 이런 기쁨을 누릴 수 있으니 말이다. 공장 앞마당을 지나 다리를 건너 언덕을 오르니 자드락길과 합류한다. 보드라운 눈이 햇살에 반짝여서 눈이 부신다. 친구는 선글라스를 끼고 기분 좋게 앞서 걷는다. 두 번째 모래 고개 이정목에서 동산과 작은 동산 갈림길이 나왔다. 학현마을 쪽으로 가다가 무쏘바위를 보고 다시 이곳으로 와서 작은 동산으로 가야 한다. 오늘의 주인공 무쏘바위를 보러 성봉으로 오른다. 산악회 표식이 주렁주렁 달린 가지 뒤에 엄청난 바위가 버티고 있다. 이쪽 바위 위에 주인공이 있는 듯하다. 가슴이 쿵쾅거린다. 힘냅시다. 드디어 다 온 것 같아요. 예스 썰! 친구가 거수경례하며 맞장구를 친다.

가파른 등산로 200m쯤을 올라 바위에 도착했다. 거대한 남근석이 누워서 계곡을 향하고 있다. 존재감이 어마어마하다. 서 있는 남근석보다 더 컸다. 건너편 미인봉을 향하고 있다는데 산봉우리를 자세하게 알지 못하니 정말인지 모르겠다.

모래 고개로 돌아와 벤치에 앉았다. 보온병과 컵라면을 꺼내는데 바람이 불어서 손이 덜덜 떨렸다. 군밤 장수 모자의 귀마개를 풀어 찍찍이에 단단히 붙인다. 소나무 기둥을 바람막이로 두고 후루룩 라면을 먹는다. 친구가 덜덜 떠는 내 모습을 보고 크크크 웃는다. 친구가 건네준 뜨거운 물을 한 잔 더 마시니 배가 후끈해졌다.

작은 동산 정상석은 길쭉한 모양의 작은 바위에 멋진 글씨체가 아닌 평범한 사람의 손 글씨로 새겨져 있다. 어떻게 보면 실망하고 불평할지 모르나 취향에 따라서는 나처럼 정겨움에 빙그레 웃을지도 모르겠다. 조망은 트이지 않아서 인증샷을 찍고 곧바로 산행을 진행한다.

외솔봉으로 향하는 곳에는 멋진 조망터가 있었다. 오늘 산행 과정 중 제일 넓은 시야가 확보된다. 외솔봉에 도착했다. 하하하! 아까보다 더 작은 정상석이야. '작은 동산' 정상석의 반도 안 되는 것 같네. 친구는 깔깔댔다. 충주호를 제천에서는 청풍호라고 부른단다. 이곳에서 이어지는 슬랩 구간에 서면 청풍호 관광단지도 들어오고 청풍 케이블카 산정 부분도 보인다. 호수와 하늘과 바위 구간이 어우러져 한 폭의 그림으로 탄생할 멋진 공간이다.

▶ 무쏘바위는 누워있는 모양인데, 남근석에 뒤지지 않는 크기와 모양이다

▶ 앙증맞은 정상석이 있는 곳, 평범한 분의 손 글씨로 새겨져 있어 더욱 정겹다

▶ 바위 사이에 멋진 소나무 한 그루가 있어서 외솔봉이라는 이름을 갖게 되었다

▶ 외솔봉에서 이어지는 슬랩 구간을 걸으면 청풍호가 보이는 설경이 멋지게 나타난다

▶ 슬랩 구간에서 청풍호를 바라본 경치, 오른쪽에서 왼쪽으로 내려가고 싶은 충동이 생긴다

삐죽한 다섯 개의 바위 사이에 바위들을 모두 합친 것보다 더 큰 폭의 소나무 한 그루가 당당하게 자리 잡고 있다. 아하! 소나무 한 그루가 외롭게 서 있다고 이름을 '외솔봉'으로 지었군. 빠르게 이해가 된다. 살짝 떨어져서 비슷한 크기의 소나무가 또 있는데 역시 싱싱한 모습이다. 여름에는 또 얼마나 멋진 장면을 만들까? 이런 곳은 반드시 계절을 달리해서 와야 할 것 같은데. 산행의 만족감으로 뿌듯한 가슴을 안고 천천히 교리 주차장으로 내려왔다.

3. 조령산

이화령(利花嶺) 휴게소(괴산 쪽)에 주차하고 등산을 시작하는데, 예전에 고개 주위에 배나무가 많아서 이렇게 불리게 되었다. 경북 문경시와 충북 괴산군 사이에 있는 고개로 지금도 충북과 경북의 도계(道界)가 되는 곳이다.

터널을 빠져나와 이화정(문경 쪽) 옆으로 가니, 작은 산불초소 옆으로 등산로 입구가 나왔다. 산허리를 감아 도는 흙길을 오르고 다시 반대 방향으로 꺾어서 꾸불꾸불하게 오르면 큰 나무 아래에 '조령샘'이 있다. 파란색 플라스틱 바가지로 물을 떠서 목을 축인다. 광주에서 오셨다는 두 분이 진한 사투리 억양으로 혼자 용감하게 등산한다고 칭찬을 해주신다. 똑같은 말인데 억양(높낮이)에 따라 이렇게 느낌이 다른 것이 정겹고 신기하다.

이화령에서 출발한 지 2시간 정도 지나서 조령산 정상(1,017m)에 도착했다. '백두대간 조령산'이라는 글자가 세로로 새겨진 정상석은 크고 멋있었다. 하지만 높게 자란 나무에 둘러싸여 조망은 없다. 광주에서 오신 두 분께 정상석을 배경으로 사진을 찍어드리고 나도 인증샷을 부탁했다.

▶ 이화령 휴게소에서 바라본 경치, 이른 아침이어서 하늘이 환상적인 보라색이다

▶ 정상에서 신선암봉으로 가는 암릉 구간은 최고의 경치를 볼 수 있는 곳이다

정상에서 신선암봉(神仙巖峰)까지의 거리는 1.6km이다. 이 구간부터 흙길이나 숲길이 아닌, 암릉 산행이 시작되고 내리막과 오르막을 반복해야 한다. 힘들지만 조령산 최고의 경관을 보려면 이 구간을 놓쳐서는 안 된다. 데크 계단을 내려가는데 안개구름이 끼어 조망이 흐릿하다. 오늘 분명 날씨가 괜찮다고 했는데, 여기서 포기하고 다시 돌아갈 수도 없고? 조령산 정상에서 1시간 20분 정도 걸려서 신선암봉(937m)에 도착한다. 신선이 달밤에 여기서 놀았다는 전설에서 이름이 지어진 듯하다. 앙증맞다고 표현할 수밖에 없는 작은 정상석이 있다. 이곳은 조령산 정상과 다르게 멋진 조망을 보여준다. 뒤돌아보니 조령산에서 산줄기를 따라 걸어온 길들이 아득하게 보인다. 안개구름이 서서히 바람에 날아가고 최고의 조망을 보여준다.

신선암봉을 지나서는 산행 중 가장 힘든 암릉 구간이 이어졌다. 등산이 아니라 등반이다. 그냥 서서 걷는 등산이 아니라, 밧줄과 나무, 바위를 잡고 낑낑대며 오르기도 하고, 네발걸음도 하게 된다는 것이다. 신선암봉에서 깃대봉 삼거리까지 3.4km 무려 2시간 30분이 걸렸다. 로프 구간이 10곳 이상이고 직벽 구간도 있었다. 너무 지쳐서 200m 근처에 있는 깃대봉은 패스하고 조령 3관문으로 내려간다.

▶ 신선암봉에서 계곡과 마을을 바라본 경치

▶ 작지만 멋진 글씨체로 적힌 신선암봉 정상석은 존재감이 대단하다

▶ 신선암봉을 지나서도 등산 시간은 많이 걸리고 어렵지만 경치가 그만큼 보상을 해준다

▶ 단풍 시기에 맞춰서 온다면 이 경치도 감탄을 금치 못하게 할 것이다

▶ 등산이 끝나갈 무렵에 날씨가 맑아져서 더욱 멋진 경치를 볼 수 있었다

▶ 옛날 선비들이 한양으로 과거 보러 가던 길, 조령에 빨간 단풍잎이 떨어져 있다

　조령(鳥嶺)은 '새들도 넘기 힘든 고개, 억새가 우거진 고개'라고 옛 문헌 동국여지승람에 나온다고 한다. 조선 시대에는 영남과 한양을 잇는 중요한 길목으로 '영남대로'라고 불렸고 군사적으로도 중요한 역할을 담당했다. 3관문에서 제2, 제1 관문 쪽으로 가지 않고, 왼쪽 고사리 주차장으로 가야 한다. 고사리 마을은 문경이 아니라 괴산 영풍 쪽에 있는 마을인데, 이곳에서 택시를 타고 원점 이화령 휴게소로 간다. 6시간 정도가 걸리는 힘든 산행이었으나 성취감은 그만큼 더 컸다.

4. 계룡산

동학사 소형주차장(당일 주차료 4천 원) 입구→천정탐방지원센터→남매탑→삼불봉 →관음봉 →은선폭포 →동학사 →소형주차장(도착)

동학사로 가는 길이 아닌 천정 탐방로로 올라 정상으로 간다. 하산할 때 동학사로 내려올 예정이다. 이렇게 하면 사찰 입장료를 내지 않아도 된다. 큰 배재까지는 비교적 완만한 등산로다. 하지만 눈이 얼어서 초입부터 아이젠을 착용하고 걷는다. 얼마 가지 않았는데 문골 삼거리 팻말이 나온다. 여기서부터 남매탑까지는 숨도 차지 않고 쉽게 올라간다.

중학교 시절, 국어 교과서에서 읽었던 남매탑 이야기의 그 남매탑이 나왔다. 작은 고갯마루에 나란히 서 있는, 제법 높이가 있는 두 탑은 둘레의 나무들과 배경이 되는 산봉우리와 어울려 고결한 자태를 뽐내고 있다. 7층의 오라버니 탑과 5층 누이 탑이 나란히 서 있는 모습이 오빠와 여동생이 정답게 서 있는 모습으로 보인다. 여러 방향에서 남매탑을 찍는다. 바로 아래에 있는 암자로 내려와서 찍으니 또 새로운 남매탑의 매력이 생겨났다. 탑 옆에는 거북이 모양의 바위들이 여러 개 놓여 있는데 누가 그 위에 주먹 크기의 눈사람 여섯 개를 만들어 올려놓았다. 귀여운 모습에 무릎을 땅에 대고 낮은 자세로 앉아 사진을 찍었다.

▶ 중학교 시절 국어 교과서에서 읽었던 기억이 있는 계룡산의 남매탑

▶ 가파른 고개를 숨차게 올라서 만나게 되는 삼불봉, 파노라마 뷰를 보여준다

남매탑에서 삼불봉 고개로 오르는 길이 상당히 가파르다. 많은 계단을 마주하지만 길이는 그다지 길지 않아서 다행이다. 천천히 숨을 고르며, 최고의 경치를 기대하면서 힘을 내본다. 삼불봉까지 0.5km 구간이다. 그전까지는 옆에 나무들이 있어서 탁 트인 풍경이 아니었는데 조망이 트여서 가슴이 뻥 뚫리는 기분이다. 삼불봉(775m)에 도착한다. 정상석 옆에는 조망 안내판이 있어서 산 이름을 읽어가며 눈앞에 실제로 보이는 산과 연결할 수 있다. 천왕봉, 쌀개봉, 관음봉, 연천봉, 문필봉 그리고 그 앞에 우뚝 솟아있는, 걸어가야 할 '자연 성능'이 환하게 보인다. 삼불봉에서 관음봉으로 이어지는 능선을 '자연 성능 코스'라고 부른다는데 어떤 뜻이 담겨있는지는 모르겠다. 역시 능선에 서니까 숲길에서 맛보지 못한 특유의 바람 느낌이 있다. 살짝 추운 느낌이어서 군밤 장수 모자를 꺼내지는 않았다. 이제부터 오늘 산행 최고의 코스를 신나게 걸어보자. 긍정의 힘을 한껏 끌어내 본다. 단단한 바위에 뿌리를 내린 소나무 두 그루가 힘내라고 박수를 보내는 듯하다. 꼬불꼬불 굽은 줄기를 가졌으나 등산객들의 눈맞춤을 하고 가게 하는 존재감이 보인다. 관음봉을 오르기 전에 걸어온 뒤를 돌아봐도 멋지고, 앞으로 펼쳐진, 어깨를 쫙 펴고 서 있는 삼불봉과 유유히 오르는 자연 성능 길도 기대감을 부풀게 한다. '108번뇌의 계단', 오르는 만큼 멋진 경치로 보답하니 불평할 수가 없다.

▶ 겨울 산행의 묘미를 제대로 보여주는 계룡산의 경치

▶ 와! 내가 저 길을 걸어서 이곳까지 왔다는 거야? 감탄이 절로 나오는 계룡산 등산길

▶ 동학 계곡과 신원사 계곡이 이어지고 오른쪽으로 설경의 능선이 펼쳐지는 경치

▶ 관음봉에서 바라본 쌀개봉, 문필봉, 연천봉

관음봉은 동학 계곡과 신원사 계곡을 앞뒤로 두고, 쌀개봉과 문필봉, 연천봉 등을 가깝게 볼 수 있다. 정자와 벤치 등도 깔끔하게 마련되어 있어, 음식을 먹거나 쉬면서 숨을 고를 수 있다. 그런데 관음봉(766m)이 바로 조금 전 만났던 삼불봉보다 높이가 낮다. 잉! 그 높고 많은 계단을 올라왔는데? 해발 고도 측정을 잘못하지는 않았을 것인데? '산객의 느낌과 실재 해발 고도는 다르겠지' 스스로 위로의 생각으로 정리해본다. 정상석과 정자 사이에 '관음봉 한운(閑雲)'에 대한 설명이 있다. 한자가 어렵다. 한가로운 구름이란 뜻으로 예상해 본다. 관음봉 위에 천천히 구름이 흐르는 경관은 계룡 4경, 공주 10경의 하나라고 설명이 되어 있다. 구름이 멋지게 드리우는 여름날을 택해서 관음봉에 온다면 멋진 사진을 얻을 것 같다.

등산객 중에는 관음봉에서 동학사로 내려가는 길을 '계단 지옥'이라고 부른다고 한다. 하지만 안전과 시간을 생각한다면 오히려 더 좋은 면도 많다고 생각한다. 그리고 탐방지원센터를 출발점으로 하지 않고 동학사에서 이쪽으로 오르는 분들은 크게 고생할 것 같다고 느꼈다.

은선폭포 전망대에 왔다. 신선들이 숨어서 놀았을 만큼 아름다운 곳이라 하여 이름 지어졌으며 떨어지는 운무는 계룡 7경에 해당한다. 겨울이어서 물줄기는 확실하게 보이지 않는다. 여름에 온다면 초록 나뭇잎과 하얀 물줄기, 그리고 암벽이 만드는 삼중창이 대단할 것 같다.

▶ 겨울 저녁 무렵의 동학사는 파란색 기운이 가득하여 꿈속에 있는 듯한 분위기다

▶ 새로 지은 건물에는 색을 칠하지 않아 노란 기둥들이 설경 속에 빛난다

숲길을 500m 정도 기분 좋게 걸어서 동학사에 이른다. 겨울 저녁 무렵의 파란색 기운이 절 안에 가득하여 꿈속을 걷고 있는 듯하다. 혼자서 동학사를 만끽한다. 경내의 탑 뒤로 보이는 산봉우리도 멋지고 대웅전 문 앞에서 계곡을 봐도 예쁘다. 본사(本寺)를 내려오면서도 여러 개의 암자를 보았다. 엄청난 크기의 미타암, 간결함이 오히려 깨끗한 세련미로 나타나는 길상암, 암자라기보다 한옥 가정집처럼 느껴진 관음암이 있어서 깜짝 놀랐다. 기회가 된다면 등산이 아니더라도 각종 들꽃을 보러 와야겠다고 생각했다.

5. 조령산 연어봉

　오늘은 구미에 있는 인생 선배 두 분과 함께 산에 있다는 연어를 보러 간다. 혼자 하는 등산이 아니라 더 마음이 들뜬다. 연풍 레포츠 주차장→연어봉→방아다리 바위→신선봉→할미봉→주차장으로 등산을 진행할 것이다. 연풍면에 들어서자, 전국 곳곳의 산을 누빈 둘째 형이 멋진 곳을 보여주겠다고 차를 세운다.

　'수옥폭포'란다. 높이도 상당하고 폭도 넓은 폭포인데 드라마 촬영지로 유명하단다. 폭포 중간 지점 바위 위에 눈이 녹다 남은 부분이 물개 모양으로 보여 눈길을 끈다. 여섯 명의 관광객이 폭포를 배경으로 사진을 찍는다. 폭포로 들어오는 입구에는 멋진 카페도 두 곳이나 있고 주차장, 정자 등이 마련된 넓은 곳이어서 여름에 가족 나들이 장소로 좋을 것 같다.

　연풍 레포츠 공원에 차를 세운다. 작은 축구장이 있고 오른쪽에 화장실도 잘 갖추어 놓았다. 별장이 달랑 3채만 있는, 마을이라 부르기에도 어색한 곳을 지나 들머리를 찾는다. 주차장 바로 옆에도 커다란 등산 안내판이 있고 집들이 끝나는 이곳에도 등산길만 간략하게 나타낸 안내판이 있어서 아주 편리했다. 시계 방향으로 돌아서(이와는 다르게 할미봉으로 올라 반대 방향으로 내려와도 됨) 할미봉을 거쳐 내려올 것이다. 다시 나온 갈림길에서 좁은 길로 들어간다. 약간 흐려있지만 바람은 없다. 어렵지 않은 오르막이 계속되고 연어봉 글자와 화살표가 적힌 안내판이 자주 나와서 고마웠다. 연어봉까지 계단은 하나도 없고 딱 한 번의 밧줄 구간이 있는데 밧줄을 잡지 않고도 충분히 오를 수 있다. 중간에 조망터도 많아서 등산이 심심하지 않다. 연어봉과 신선봉이 조망되는 슬랩 구간에서 사진을 찍는다. 이 코스에는 소나무가 많아서 겨울이 막 끝난 시기여도 좋은 경치를 볼 수 있다.

드디어 연어를 만났다. 연어가 속리산 능선을 훅 빨아들이려는 모양이다. 예전 유튜브에서 연어 바위를 본 적이 있는데, 그때는 굵은 나뭇가지를 연어의 벌린 입에 넣어 이빨을 표현한 장면이었다. 오늘은 이빨이 없는 연어를 본다. 바로 뒤에는 남근 모양을 한 바위가 있다. 여기에서 귀중한 사진 한 장을 빠뜨렸다는 것을 등산 후에 알게 되었는데 이 두 바위를 앞과 옆에서만 찍을 것이 아니라 10m만 지나간 후 뒤돌아서서 사진을 찍으면 입을 벌린 두 마리의 연어를 찍게 된다. 이 사진은 괴산군청의 홍보 글에서 발견한 것이다. 이 한 장을 위해 다시 갈 수도 없고 안타깝다.

곧이어 연어봉(611m)에 도착한다. 정상석이 아니라 검은 테두리가 있는 회색 철판에 한자로 글자가 적혀 있는, 언뜻 보면 제단에 있는 영정 사진틀 같은 '정상판'이다. 해외에 나가서 낯선 경험을 할 때의 느낌이다. 뭐! 꼭 돌로 정상 표식을 해야 한다는 규칙이 있는 것도 아니지 않은가?

▶ 연어를 만나기 얼마 전 바위 능선에서 바라본 경치

▶ 바위를 옆에서 보면 연어 입 모양이 분명하게 나타난다. 벌어진 틈 사이에 나뭇가지가 없다

▶ 연어 바로 뒤에는 동산의 무쏘바위와 흡사한 모양의 바위가 있다

▶ 뒤에서 연어 바위를 본 모습, 소나무 가지가 입 사이로 보여서 연어 이빨로 보인다

예전에 가수 '강산에'의 노래를 좋아했다. '라구요'를 제일 많이 불렀고 그다음으로 '거꾸로 강을 거슬러 오르는 저 힘찬 연어들처럼'을 불렀다. "흐르는 강물을 거꾸로 거슬러 오르는 연어들의 도무지 알 수 없는 그들만의 신비한 이유처럼 그 언제서부터인가 걸어 걸어 걸어오는 이 길(중략)" 노랫말도 좋고 가수의 거친 목소리와 심장의 고동 소리 같은 '록 발라드'의 리듬도 마음에 들었다.

일본 여행을 가면 많은 호텔에서 조식 반찬으로 연어를 낸다. 구운 연어 살 위에 레몬 한 조각을 눌러 짜서 뿌린 후 먹으면, 부드럽게 씹히는 식감도 맛도 좋아서 빠뜨리지 않고 먹었다. 몸에 아주 좋다는 굴과 해삼은 아예 젓가락으로 집지도 않으나 연어는 좋아했다.

어른들을 위한 동화, 안도현의 '연어'도 감동이었다. 주인공 '은빛 연어'가 자기 고향으로 돌아오면서 겪게 되는 과정을 그린 것인데, 감정 이입을 피하려고 해도 도저히 할 수 없어서 눈물을 찔끔거리며 읽은 기억이 있다. 괴산에 있는 산에 있는 연어 바위를 만나니 이런 경험들이 새록새록 떠올랐다.

다음 목적지인 신선봉으로 간다. 다시 밧줄 구간이 나왔다. 작은 통천문 바로 직전, 가파른 바위를 내려가기 위해 도움을 주는 밧줄이다. 작은 통천문은 높이가 낮아서 일부러 통과하려면 몸을 완전히 구부려서 지나야 한다. 붙어있는 편한 길이 있으니 모두 문을 통과하지 않는다. 통천문 덮개 역할을 하는 바위 위에 소나무 한 그루가 자라고 있는데 생뚱맞기도 하고 놀랍기도 하다. 바위 위에 흙이 조금밖에 없는데도 넘어지지 않고 자라는 게 대단하다. 오히려 바위 사이를 뚫고 자라는 소나무가 여기 있는 소나무보다 더 쉽게 자랄 것 같다.

▶ 연어봉 등산에서 연어 바위만 유명한 것은 아니다. 디딜방아를 닮은 방아다리도 멋지다

▶ 방아다리를 지나 신선봉으로 오르는 능선에서 바라본 경치, 가파른 신선봉의 위용

바위가 많은 능선 길 양옆에는 타원형으로 부푼 철쭉이 많고 진달래도 사이사이에 보인다. 신선봉 가는 갈림길에 도착했다. 할미봉으로(레포츠 공원 방향) 바로 내려가도 되고 신선봉(1.7km 남음)으로 돌아가는 삼거리다. 날씨가 흐려서인가 아니면 너무 높고 웅장한 신선봉 모습에 기가 질린 것인가 모두 오르고 싶은 마음이 없는 모양이다. 신선봉 오르는 연결 다리처럼 보이는 능선까지만 다녀오자는 둘째 형의 말에 금방 찬성한다.

두 번째 갈림길 역할을 하는, 첫 번째 갈림길 바로 위에 있는 '방아다리'에 왔다. 옛날 디딜방아의 다리를 닮아서 이렇게 이름이 지어졌다. 마음대로 지은 게 아니고 옆에 있는 소나무에 이름표가 적힌 안내판이 목걸이처럼 걸려있다.

신선봉 아래로 가는 중간에 있는 능선도 대단한 슬랩 구간이고 멋진 소나무도 많다. 노르웨이의 피오르드 바위(트롤퉁가, 트롤의 혀처럼 생긴 바위)에 걸터앉아 있는 듯한 장면을 찍기 위해 어른 셋이 각자의 역할을 한다. 나는 모델이고 중간형은 사진 담당이고 첫째 형은 앉는 자리와 다리 모양을 지시한다.

방아다리를 지나고 삼거리 갈림길을 거쳐서 할미봉으로 향한다. 지금까지는 힘든 구간이 없다. "할미봉이다!" 먼저 가던 형이 외치는 소리가 들린다. 이번에는 대장 형이 정상석 옆에 앉은 베스트(산악회 회원 별칭) 형을 찍어준다. 영감 셋이 할미봉 정상석을 안으며 교대로 모두 사진을 찍었다.

할미봉을 지나 주차장으로 향하는 구간에도 명품 소나무와 멋진 바위들이 있었다. 여기서는 배경을 거의 넣지 않고 세로로 대상만을 찍었다. 홀로 길쭉한 삼각뿔처럼 서 있는 바위를 찍었는데 다 내려와서 살펴보니 이곳이 '뾰죽봉'이란 곳이었다. 정상석이나 표지판이 없으니 모를 수밖에 없다.

▶ 할미봉 정상석을 껴안고 차례대로 사진을 찍은 곳

참나무가 많아서 낙엽이 많은 구간이 지금까지의 암릉 구간보다 훨씬 어려웠다. 흙길로 미끄러지는 경사면을, 나뭇가지를 붙잡고 낑낑거리며 겨우 내려온다. 넓은 터가 낙엽으로 쫙 덮여 있는데 길게 묶여있는 하얀 밧줄이 없었다면 길을 잃고 헤맬 구간이다. 봉에 묶인 하얀 밧줄이 너무나 고마웠다.

주차장으로 내려왔다. 연어봉에서 신선봉으로 가는 갈림길 능선에서 만났던 부부 등산객을 여기서 다시 만났다. 오늘은 딱 다섯 사람만이 연어봉을 독차지한 것이다.

6. 민주지산

최단코스 산행 여정: 민주지산 자연휴양림 매표소→공터 주차장→임도길→
민주지산 정상→공터 주차장(원점 회귀)

산 이름 중에 제일 의아했던 산이 '민주지산'이다. 누가 이 산에서 뭔가 자유
를 위해 노력해서 이름을 지었나? 독재에 항거하는 운동과 관계가 있는가? 온
갖 추측을 했는데 조사해 보니 조금 어처구니가 없었다.

원래 지역 주민들은 '민두름산'이라고 불렀는데 일제 강점기에 순우리말을
없애고 자신들이 쓰는 한자 형식으로 바꾼 것이다. 그것도 뜻과는 아무 관계가
없고 그냥 소리(음)를 따서 만들었다. '두름'과 소리가 비슷한 '두루 주(周)'를
따온 것이다. 이런 내력을 모르는 많은 사람은 '民主主義'와 관계가 있지 않을
까? 하고 짐작하게 되는 것이다.

예전에 '국민학교'라는 이름도 '초등학교'로 고쳐 쓰고 있으니까, 예쁘고 순
수한 우리말로 된 '민두름산'으로 고쳐 부르는 게 좋을 것 같다. 명칭 변경에 그
렇게 많은 돈이 들어갈 것 같지는 않은데 말이다.

매표소에 돈을 내고 입장하는 것으로 알고 있는데 눈이 내린 겨울이어서 아
무도 안 보인다. 입구 주차장에 세우지 않고 좀 더 올라가 보기로 한다. 족구장
화살표를 보고 계속 진행하니 저 앞에 진입 금지 차단봉이 보인다. 경사가 진
주차장에 차를 세우고 아래쪽 두 바퀴에 큰 돌을 각각 끼워 차가 미끄러지지 않
도록 조치했다.

길에 눈이 있어 처음부터 아이젠을 착용한다. 진입 금지 차단봉을 넘어 이어진 임도를 걷는다. '민주지산 정상 여기서부터 75분' 이정표를 보고 앞으로 간다. 아래에 자연휴양림이 있어서 고객을 위한 배려인 듯 안내판에 방향과 등산 시간까지 적혀 있어 좋다. 거기다 적당한 경사의 임도이고 눈이 마찰을 줄여주니 걷는 것이 즐겁다. 조금 더 오르니 연두색 철망이 왼쪽에 있는 포장이 안 된 임도가 나왔다. 이제 조금씩 건너편도 조망이 되고 전나무라고 추측되는 침엽수도 나란히 서 있다. 아스팔트가 아니지만 차도 오를 수 있는 임도인 것 같다.

시계 반대 방향으로 굽어지는 임도를 걸어가니, 진한 초록의 키가 큰 전나무가 빽빽하고 그 위로 하얗게 눈 덮인 민주지산 봉우리가 나타난다. 이 맛에 겨울 산을 오르는 것이다.

'정상까지 1.4km, 50분' 이정표에 왔다. 이곳부터가 진정한 등산이라고 할 수 있겠다. 정비가 잘 된 돌계단의 산길로 시작된다. 그래도 헉헉거릴 경사는 아니다. 오르막길에서 반달곰을 만났을 때의 대치 요령이 적힌 커다란 현수막을 보았다. 데크 계단을 오르니 '민주지산 0.3km' 이정표가 나왔다. 이제 정말 얼마 남지 않았다. 기대로 가슴이 두근거리기 시작한다. 마지막 야자 매트를 지나 정상에 이른다. 사람 키의 두 배가 되는 듯한 어마어마한 민주지산(1,241m) 정상석이 반기고 있다. 정상에는 막힘이 전혀 없는 조망이다. 민주지산 정상에서 바라본 주변 산들이 근육질의 몸매를 자랑하듯 길게 줄지어 있다. 가운데에서 가장 높이 보이는 산이 석기봉이다. 정상석만 멋지게 해두고 조망 안내판이 없는 게 조금 안타깝다. 그 뒤에 있는 산맥에도 멋진 산들이 쫙 펼쳐져 있는데 귀찮아서 검색은 하지 않았다.

▶ 민주지산은 남부 지방에서 쉽게 볼 수 없는 설경을 가까이에서 볼 수 있게 해준다

▶ 앙상한 나무가 칫솔처럼 서 있는 눈 쌓인 능선은 멋진 그림이 된다

▶ 설경이 너무 좋은 까닭에 많은 등산객은 다른 계절보다 겨울에 민주지산을 많이 찾는다

▶ 예상하지 못한 상고대를 많이 볼 수 있어서 입꼬리가 올라갔다

▶ 눈 이불을 덮고 있는 바위 사이로 얼지 않은 계곡물이 흐르고 있다

민주지산(岷周之山)은 충북 영동에 있는 산인데 근처에 경북 김천이 있다. 강원도처럼 북쪽에 있는 것도 아닌데 겨울 눈산으로 유명하단다. 중부 이남에 있는데도 무주처럼 눈이 많이 내리는 게 신기하다. 정상 바로 아래로 내려가는 데크 계단도 있는데 '물한계곡'으로 이어지는 길이다. 체력이 강한 분들은 물한계곡에서 시작하여 삼도봉과 석기봉을 거쳐 '민주지산'을 찍고 다시 계곡으로 내려간다고 하는데 나는 체력에 맞추어 여러 번 나누어서 봉우리에 가볼 작정이다.

7. 민주지산 삼도봉, 석기봉

‘페이스북’에 민주지산 최단코스를 올렸더니 가끔 등산을 같이 하는 선배가 ‘물한계곡’으로 올라 세 봉우리를 다 갔다 와야 하는데, 왜 그렇게 했냐고 한다. “저는 님처럼 강철 체력이 아니고 예전에 별명이 국민 약골이었거든요. 그래도 요새 많이 발전한 겁니다.”라고 대꾸했더니 껄껄 웃는다.

이제 ‘삼도봉’과 ‘석기봉’을 오를 것이다. 민주지산 최단코스에 비해서는 힘들 것으로 예상하지만 그래도 석기봉까지만 가고(민주지산에 가봤으니까) 원점 회귀하는 것인 만큼, 할 수 있을 거라고 스스로 다짐을 한다.

산행 여정: 물한계곡 주차장 →물한계곡 →삼도봉 →석기봉 →물한계곡 →주차장

‘맑은 물살 굽이도는 물한계곡’ 글자가 적힌 이정표 바윗돌과 작은 다리를 지나 바로 등산이 시작된다. 포장이 잘 된 길을 따라가니까 식당들이 많다. 마지막 음식점을 기준으로 두 개의 길이 있다. 왼쪽이 넓어서 내려갔는데 산으로 이어지지 않아서 다시 돌아간다. 황룡사(黃龍寺)로 통하는 길이다. 대웅전 마당을 통과해서 가는 길이 등산길이어서 신기했다. 보통은 산신각 옆으로 길이 나 있는데. 출렁다리를 건너고 초록색에서 파란색으로 퇴색하는 철책을 지나 낙엽이 수북하게 쌓인 길을 간다. 본격적인 계곡부터는 눈이 많아서 아이젠을 신발에 끼우고 걷는다.

제1 삼거리(잣나무숲 삼거리)에 왔다. 삼도봉과 민주지산의 갈림길이다. 삼도봉을 거치지 않고 가파르게 올라가면 민주지산이 나오는 모양이다. 아무도

없는 눈 쌓인 계곡 길인데 주변의 나무들의 키가 상당하다. 덕유산 향적봉과 함께 강원도까지 가지 않고 설산을 즐길 수 있는 매력적인 민주지산이 너무나 고맙다. 물한계곡(勿閑溪谷), 한자를 찾아보니 한가롭다는 뜻과 차갑다는 한자를 각각 쓰고 있어 헷갈린다. 물(勿)도 먹는 물, 흐르는 물이 아니라 '말다', '아니하다'의 글자다. 차갑다는 뜻을 쓰면 '차갑지 않은 계곡'이 되고, '한가롭다'를 쓰면 '한가롭지 않은 계곡', 물이 빠르게 흘러가는 계곡이 된다.

'삼막골재'에 도착한다. 1시간 훨씬 넘게 걸은 것 같다. 고도가 천 미터 이상이라 조망이 되기 시작한다. 능선 오른쪽은 경북 김천 쪽인 것 같고 왼쪽은 충북 영동 쪽이리라. 삼도봉으로 올라간다. 막대기 조각 같은 얼음이 길에 떨어져 있고 나뭇가지에서도 "후드득" 떨어지고 있다. 이른 아침을 넘긴 시간이라서 상고대는 보이지 않는다. 대신 눈이 아니라 얼음으로 가지에 붙어있는데, 햇살을 받아 몹시 반짝인다. 상고대를 본 적은 있어도 이렇게 얼음으로 변해 가지에 많이 붙어있는 것은 처음 본다. 증명할 여러 장의 사진을 찍는다.

드디어 삼도봉(三道峰, 1,178m)이다. 충청도, 전라도, 경상도가 만나는 곳이다. 용 세 마리가 둥근 하나의 여의주를 떠받치고 있는 탑(조형물)이 있다. 전북 무주, 충북 영동, 경북 금릉 세 곳의 방향에 맞추어 조형물의 위치를 배치해 놓은 아이디어가 돋보인다. 그런데 이곳, 과장을 좀 하면 광장처럼 넓은 데크가 마련되어 있다. 산봉우리에 이 정도의 시설물을 설치한 까닭은 금세 알 수 있었다. 삼도(三道)의 문화 교류를 활발하게 하고 지역감정을 없애기 위해 매년 10월에 이곳 삼도봉에서 여러 행사를 연다고 한다. 그러니 이 정도 넓이의 공간은 필수 조건이 되는 것이다. 앞으로 가야 할 석기봉은 보이지만 한쪽은 나무가

▶ 충청도, 전라도, 경상도가 만나는 곳인 삼도봉의 정상 조형물이 멋지다

▶ 눈꽃과 얼음꽃이 함께 달린, 거기에 파란 조릿대까지 있는 환상적인 길을 걸어간다

▶ 길쭉한 직사각형 모양의 얼음이 달린 나무들이 많다. "후드득" 떨어지면 아플 정도다

많아서 조망은 기대만큼은 아니다. 기념탑과 석기봉을 함께 넣어 사진을 찍었다. 의자에 앉아 값비싼 보온밥통과 보온병을 꺼낸다. 유명 보온밥통은 조금 무겁기는 하지만 보온이 잘 된다. 뚜껑을 열자, 김이 모락모락 올라온다. 살짝 입김을 불어 식혀서 멸치조림 반찬과 함께 점심을 먹는다. 먼저 온 등산객 커플이 기념탑 면을 손가락으로 가리키며 삼도(三道)를 확인하고 있다.

헬기장을 지나고 초록색의 조릿대 구간도 지난다. 가지의 얼음은 다이아몬드처럼 반짝이는데 처음 오를 때 봤던 것보다 더 많고 멋지다. 땅에 떨어진 얼음도 더 굵어서 길쭉한 과자로 보인다. 팔각형 모양의 작은 정자가 나타나고 조금 더 걷자, '쌀개봉'으로 불리기도 했다는 '석기봉(石奇峰)'이 눈앞에 우뚝 서 있다.

▶ 방한 준비만 철저히 한다면 더운 여름보다 겨울 등산이 오히려 더 즐겁고 쉬울 수도 있다

▶ 석기봉에서 민주지산 쪽을 바라본 경치, 봉긋봉긋하게 솟아오른 봉우리들이 이어진 모습

▶ 송곳니 모양의 바위가 모인 중앙에 까만 석기봉 정상석이 놓여 있다

석기봉(1,200m)이다. 송곳니처럼 생긴 바위 봉우리가 기이하여 이런 이름이 되었다. 막힘이 없는 조망이라 눈이 시원하다. 민주지산 정상이나 삼도봉 정상보다 이곳이 제일 조망이 좋다. 앞으로는 물한계곡이 보이고, 뒤로는 민주지산이 보이는데 상당히 먼 곳에 있다. 민주지산에서 시계 방향으로 시선을 더 돌리면 스키장이 있는 무주군 설천면이다. 조망 안내판이 없어서 삼도봉과 민주지산을 제외하고는 그냥 맘대로 추측해 볼 뿐이다. 석기봉 정상석에서 앞으로 나가보니 데크 계단이 있다. 이 길을 따라 계속 가면 민주지산 정상이 나올 것이다.

석기봉 정상에서 사진을 제일 많이 찍었고 오래 쉬었다. 이제 계곡으로 다시 돌아가야 한다. 팔각정 정자 아래로 걷는데 갈림길이 보인다. 앗! 올라올 때 다른 길도 없었는데 어찌 못 봤단 말인가. 그럼 똑같은 길을 걷지 않고 물한계곡으로 내려가는 거잖아. 거기에다 3분의 1 정도는 가로질러 가는 느낌이다. 행사에서 기념품 당첨된 기분이다. 경사가 있는 눈길이지만 토끼 뜀뛰듯, 즐겁게 내려온다. 눈이 더 많아서 발등이 푹푹 잠긴다. 그래도 좋다.

삼도봉, 석기봉 이렇게 두 곳만 다녀와도 상당한 시간이 걸리는데, 민주지산 정상까지 찍고 오는 분들은 도대체 체력이 얼마나 좋은 것인지? 진짜로 부럽기도 하고 존경스럽기도 하다.

▶ 눈이 내리는 상황이었다면 이런 사진을 찍지 못했을 것이다. 등산은 날씨가 제일 중요하다

8. 속리산 묘봉

묘봉 두부 마을에서 등산을 시작한다. 주말에는 주차가 어려워 보인다. 마을 갓길에 주차하고 마을 길을 걷는다. 올라야 할 봉우리들이 환하게 보인다. 나중에 알았지만 두 개만 넘고 나머지는 우회하는 길이었다. 시계 반대 방향으로 진행해야 한다. 1.5km 정도 논과 밭이 있는 길을 걷는데 코스모스가 피어있는 꽃길과 고추와 배추가 자라는 밭이 있는 옆길이라 콧노래가 절로 나온다. 1km 정도 걸어서 삼거리에 도착한다. 토끼봉, 상학봉으로 가는 갈림길이다. 그다지 험해 보이지도 않는데 토끼봉으로 가는 길은 막아놓았다.

가파른 흙길과 계단을 오르면 '운흥리 안부' 표지판이 나온다. 상학봉까지 1.9km가 남은 곳이다. 여기서부터 능선 구간이 시작되었다. 등산길의 짜릿한 즐거움은 능선 길을 걷는 것이다. 평소에 느껴보지 못한 암반의 높은 길을 걸을 때, 짜릿함이 발바닥에서 머리까지 전해온다. 마을 하천 산책이나 둘레길에는 없는 매력이 있다.

전망이 조금씩 터지기 시작하고 '토끼봉'도 분명하게 보인다. 토끼봉으로 빠지는 샛길이 한 번 더 나왔는데 역시 금지하고 있다. 묘봉으로 오르는 길에 있는 멋진 봉우리인데 빨리 길을 풀어줬으면 좋겠다. 봉우리 2개를 넘어서 상학봉(862m)에 도착한다. 정상석 위에는 막힌 곳이 없어 사방으로 경치를 바라볼 수 있다. 도봉산의 여성봉처럼 여성의 성기를 닮은 바위도 있었다.

상학봉에서 묘봉으로 오르는 길에 거대한 바위를 만났다. 동행한 분이 '스핑

▶ 묘봉 두부 마을에서 가야 할 봉우리들이 모두 보인다

키스 바위'라고 하는데, 내 눈에는 '왕 오징어 바위'로 보인다. 관리공단에서 이름과 설명을 넣은 표지판을 세워줬으면 좋겠다.

목적지 묘봉에 왔다. 한글로 적힌 묘봉 정상석이 예쁘고 반가웠다. 명조체로 새긴 글씨인데 문서에서 보는 것과 돌에 적힌 느낌이 아주 다르다. 정상석이 있는 곳은 북한산 백운대 아래의 마당바위처럼 아주 넓다. 아무도 없는 곳에서 세 명이 느긋하게 앉아 경치를 바라보면서 점심을 먹는다. 왼쪽으로는 넘어왔던 봉우리가 보이고 오른쪽으로는 속리산 주 능선 경치다. 오른쪽 제일 높은 봉우리가 천왕봉이고 왼쪽에는 관음봉 문장대가 보인다. 이런저런 이야기도 나누면서 40분 정도 머물렀다.

▶ 스핑크스 바위라고 하는데 거대한 오징어로 보인다

▶ 오른쪽 두 번째 봉우리 상학봉, 세 번째 봉우리 묘봉, 저 멀리 문장대가 조망된다

▶ 계곡으로 내려갔다가 다시 올라가야 하는 구간을 바라본 경치

▶ 묘봉 도착 전에 나온 경치, 해골 모양의 바위, 저 멀리 문장대를 비롯한 속리산의 봉우리들

미타사가 있는 북가치(754m) 방향(0.6km)으로 내려간다. 북가치는 안부 지역과 비슷한 느낌이다. 북가치를 지나자, 물이 흐르는 계곡 길이 나왔다. "쪼르륵 쪼르륵" 계곡의 맑은 물이 작은 바위에 부딪혀 나는, 특별한 소리가 선명하게 들리는데, 가끔 새소리도 들리니 '무릉도원'이 바로 여기라는 생각이 든다.

논길을 따라 걷다가 아스팔트 도로를 걸어 두부 마을로 돌아왔다. 크게 험하거나 위험이 없는 등산, 웅장한 바위는 없지만 아기자기한 바위와 싱싱한 소나무가 있는 속리산 묘봉 코스는 등산 초급자에게 잘 맞는 코스라고 생각된다.

9. 월악산 영봉

충북 충주시, 제천시, 단양군과 경북 문경시에 걸쳐있는 산이다. 달이 뜨면 주봉인 영봉(靈峰, 1,097m)에 달이 걸린다고 하여 월악산(月岳山)이란 이름을 갖게 되었다. 한국의 5대 악산(岳山) 가운데 하나로 1984년 12월 31일 국립공원으로 지정되었다. 주봉 이름이 영봉인 곳은 백두산과 월악산뿐이다.

보덕암 주차장에서 출발할 예정인데 주말에는 주차하기가 힘들다고 해서 새벽에 출발한다. 국립공원인데 주차장으로 오르는 길이 아주 좁다. 온 마음을 집중해서 천천히 차를 몰았다. 일찍 왔다고 생각했는데 차가 많다. 주차 실력이 미흡하여 쩔쩔매고 있는데 어떤 분이 오셔서 안내하신다. 돌을 치우고 비스듬한 곳까지 올라가라고 한다. 겨우 주차하고 감사의 인사를 했는데 명함을 주신다. 콜택시 사업을 하시는데 보덕사나 신륵사에서 전화하면 이곳으로 데려다주는 모양이다.

주차장에 접한 등산로는 처음부터 나무계단이다. 계단이 더 좋다. 등산로를 찾을 필요도 없고 더 빨리 갈 수 있기 때문이다. 무릎이 아픈 것은 견뎌야 한다. 물봉선과 칡꽃이 예쁜데 모두 보라색이다.

얼마 안 가서(0.5km) 작은 전망대가 있고 보덕암이 나왔다. 영봉까지 거리가 멀어서 보덕암은 그대로 통과한다. 하봉으로 오르는 계단은 경사가 엄청났다. 하봉 오르기 전에 전망대가 있다. 충주호가 잘 보인다. 전망대를 하봉으로 착각했는데, 하봉에는 전망대가 없다. 하봉을 지나 구름다리를 건너간다. 구름

▶ 보라와 분홍이 섞인 색깔의 물봉선, 칡꽃이 예쁘다

▶ 둘 다 독버섯일 가능성이 크다. 하지만 색깔과 모양은 예쁘다

다리가 끝나고 오르막길을 오르다 뒤돌아보면 구름다리와 생생한 소나무로 우거진 하봉이 멋지게 나타난다. "소나무야, 소나무야, 언제나 푸른 네 빛" 노래를 흥얼거려 보았다.

중봉까지는 수월한 길이었다. 전망대가 있어 가방을 내려놓고 주위를 바라본다. '산양(山羊) 복원 사업'에 대한 설명이 있는 이곳이 중봉이다. 망원경도 있었다. 영봉은 이제 1km 남았다. 힘들지만 하봉, 중봉 순서를 생각하며 걸으니까 지루하지는 않다. 영봉으로 가는 길에 '산행 리본 게시대'가 마련된 쉼터 데크가 있었다. 각 지역 산악회의 리본이 빼곡하게 달려있다. 보기가 좋다. 여러 나뭇가지에 묶여있는 리본을 보면 눈이 찌푸려지는데, 나무에 달지 않고 모아서 달도록 한 배려가 돋보인다.

영봉 가는 길에 등산객의 눈을 사로잡는 구간이 있다. 바위와 바위 사이에 세모 모양의 바위가 끼어있는데 10년 안에 아래로 떨어질 것 같은 곳이다. 이 바위 위로 철제 계단이 있다. 최고봉인 영봉에 도착했다. 정상에 사람들이 많다. 고개를 돌려보니 올라온 능선과 충주호가 멋지게 어울리고 있다. 앞쪽으로는 높은 산 아래의 마을도 조망된다.

영봉을 내려오면 영봉 설명을 하는 안내판이 있고 공간이 넓어서 휴식 장소가 된다. 이제는 최고봉에 올랐으니 점심을 먹고 쉬었다가 내려가기만 하면 된다. 그런데 머리가 띵하게 아프고 빙글빙글 도는 느낌이다. 한라산, 설악산 공룡능선도 완주했고 오늘 오르면서 피곤함도 못 느꼈는데 참으로 이상하다. 물을 마시고 밥도 먹으면서 쉬면 곧 괜찮아질 거라고 자신에게 최면을 건다. 점심을 다 먹고 20분이 지났는데도 별 효과가 없다. 배낭을 메고 조금 걸었는데 균형 잡기가 힘들다. 할 수 없이 다시 바위에 앉았다. 얼굴이 찡그려졌는지 어떤 분이 몸이 안 좋으시냐고 물었다. 부끄럽기도 했지만, 증상을 얘기했더니 약을 하나 주신다. 깜짝 놀랐다. 보통 밴드나 무릎 보호대를 준비하기는 하지만 약까지 준비한 분은 처음 본다. 약을 먹고 30분 후에 천천히 가라고 하신다. 너무 감사해서 연거푸 인사를 했다.

▶ 월악산에 오르면 산맥 사이에 있는 충주호를 조망할 수 있다

▶ 마을, 논과 밭, 호수가 보이고 첩첩산중이라는 말이 실감 나게 산들이 겹쳐 서 있다

약을 먹은 후 정확하게 30분을 쉬다가 일어섰다. 처음보다는 나아졌으나 아직도 흔들거리는 느낌은 있다. 보덕사로 가는 길은 내리막길이라 다행이다. 오른쪽으로 문경의 대야산, 조령산, 주흘산이 보인다. 하지만 몸이 불편하니 주머니에서 휴대폰을 꺼내기도 귀찮다. 속도를 최대한 늦추고 여러 번 쉬며 간다. 보덕사로 내려오는 길에는 신륵사로 이어지는 능선이 잘 보였다.

한참 내려오다가 발견한 안내판에는 신륵사로 가는 길이 보덕사로 가는 길보다 더 짧게 적혀 있다. 방향을 바꿔 신륵사로 간다. 너덜지대를 지나니 신륵사가 나왔다. 절을 지나 비석이 있는 곳에 앉아 안도의 한숨을 쉬었다. 정신을 차리고 아침에 받은 명함을 꺼내 택시를 불렀다. 주차장으로 가는 택시에서는 눈을 감았다. 운전 기사님도 차를 몰고 갈 수 있겠느냐고 걱정하신다. 괜찮다고 말씀드리고 다시 눈을 감았다. 주차장에 오니까 차가 좀 많이 빠져나간 상태다. 차 머리를 내려가는 방향으로 돌려놓고 다시 좀 쉬다가 차를 몰았다.

10. 월악산 구담봉, 옥순봉

등산을 시작한 지 얼마 되지 않았을 무렵, 우리나라에도 이런 산이 있었느냐고 놀랐던 산이 바로 구담봉과 옥순봉이다. 파란 충주호 위에 빨간 옥순대교가 보이는 경치 사진을 보고 동네 산악회 형님에게 데려가 달라고 처음으로 부탁한 산이다. 아마, 초창기를 포함해서 두 번 가본 산 중에 제일 좋아하는 산이고 외국 친구에게도 소개한 산이다. 그렇게 힘들지 않고, 크게 위험하지 않은 산이면서 경치는 그만이다.

두 봉우리는 모두 월악산 국립공원에 속하는 산으로 단양 팔경에 들어간다. 옥순봉(286m)은 희고 푸른 여러 개의 봉우리가 죽순(竹筍)과 닮아서 옥순봉이라는 이름을 갖게 되었는데, 장회나루에서 유람선을 타거나 건너편 가은산에서 바라보면 죽순을 닮은 모양이 분명하게 보인다. 구담봉(330m)은 단양군 단성면과 제천시 수산면에 걸쳐있는 봉우리로 봉우리 아래에 있는 충주호(청풍호)의 물에 비친 석벽 위 바위 모습이 거북이를 닮아서 구담봉이란 이름을 갖게 되었다. 퇴계 이황은 구담봉의 경치에 감탄하였고 단양 군수일 때 연인이었던 '두향'의 무덤이 구담봉 바로 건너편 가은산 자락 아래에 있다.

계란재를 지나서 만나는 옥순봉 공원지킴터가 등산로 입구다. 유료 주차장이 있고 깨끗한 화장실에다 먼지떨이까지 갖추고 있다. 정비가 잘 된 길이라 마음이 가볍다. 구담봉과 옥순봉을 모두 다녀올 계획이다. 약 5시간이 걸린다.

▶ 삼거리를 지나 구담봉으로 가는 길에서 바라본 경치, 가운데 왼쪽 봉우리가 구담봉

▶ 계곡에서 구담봉으로 오르는 길에서 바라본 남근석, 충주호 건너편 오른쪽은 가은산

1.4km를 걸어가니까 삼거리 표지판이 나왔다. 옥순봉과 구담봉으로 갈리는 곳이다. 오른쪽에 있는 구담봉을 먼저 갔다가 이곳에서 다시 옥순봉으로 갈 것이다. 구담봉을 오르는 구간에서 깊게 내려갔다가 위로 가파르게 올라가는 구간이 있다. 장회나루도 보이고 충주호 유람선이 지나가는 장면도 보기에 전혀 심심하지 않다. 싱싱한 소나무들이 마음을 깨끗하게 씻어준다. 지그재그로 올라가는 계단에서 올라온 길을 바라보면 옥순봉 방향이 보이고 계곡 사이에는 어마어마한 크기의 남근석이 홀로 서 있는 것을 볼 수 있다. 우리나라의 여러 산에는 남근석이 있어서 이것들을 찾아보는 재미가 있다. 구담봉 정상석은 한글로 예쁘게 적혀 있다.

구담봉 정상에서 제비봉 쪽으로도 사진을 찍고 청풍호가 휘어져 있는 모습도 사진을 찍었다. 봐도 봐도 또 보고 싶은 광경이다. 이제는 발걸음을 돌려 옥순봉으로 향한다. 가파르게 올라왔던 지그재그로 된 계단을 사뿐사뿐 가볍게 내려간다. 경치를 자꾸 비교해서 미안하기도 하지만 사실 옥순봉에서 바라보는 경치가 구담봉에서 보는 경치보다 더 다양하고 예쁘다. 두 번째 오는 산행이어서, 오늘 날씨가 좋아서 최고의 사진을 찍겠다는 욕심이 생긴다.

▶ 구담봉으로 가는 길에서 바라본 청풍호, 오른쪽은 유람선 선착장인 장회나루

▶ 옥순봉 출렁다리가 있는 방향으로 바라본 경치, 출렁다리에서 옥순봉을 오를 수는 없다

　삼거리에서 옥순봉으로 오르는 길은 구담봉을 오를 때보다 훨씬 쉽다. 적당하게 내려갔다가 올라가기에 그렇게 힘든 곳이 없다. 옥순봉 정상에 오르기 전에 호수로 쑥 뻗어나간 곳이 있다. 바다에 접한 작은 만(곶)의 느낌인데 끝까지 걸으면 아주 기분이 좋다. 호수도 가까이 볼 수 있고 옥순봉도 방향을 틀어서 볼 수 있다. 능선에서 다시 돌아와 정상으로 올라가다가 능선 방향을 넣어서 사진을 찍어야 한다. 정상에서 빨간 옥순대교를 넣는 경치 사진이 제일이고 다음으로 절경이 되는 사진이 능선과 호수를 넣은 사진이다. 일본에 있는 친구도 감탄을 연발한 사진이다.

　드디어 옥순봉에 도착했다. 옥순봉 정상석도 구담봉과 같이 한글로 되어 있다. 정상에서 100m 더 전진하면 옥순봉 전망대가 있다. 최고의 사진 촬영 장소다. 아래를 보고 찍기에 여러 사람이 있어도 전혀 방해가 되지 않는다. 요리조리 방향을 살짝살짝 바꾸고, 앞에 있는 옥순봉을 넣어서 여러 장의 사진을 찍은 후에야 점심을 먹었다. 10년 만에 다시 와서 찍은 사진이라 옛날 이곳으로 데려와 준 형님에게 카톡으로 사진을 보냈다. 날씨가 좋은 날을 택했다면 마친 후에는 바로 내려오지 말고 장회나루에 있는 카페에 가서 건너편에 있는 '두향'의 무덤도 살펴보고 오란다.

　사진을 많이 찍고 돌아다녀서 40분 정도 시간을 더 소비했다. 별로 피곤하지도 않았다. 등산을 끝낸 다음 차를 몰고 장회나루에 있는 '구담 카페'로 갔다. 이황과 '두향'에 관한 이야기도 적혀 있고 조형물도 있어서 볼 게 많았다. 아이스 카페라테 한 잔을 들고 울타리 끝으로 갔다. 건너편 가은산 아래 있는 두향의 무덤을 눈으로 찾았다. 시도 잘 썼던 기생이었다. 이황은 고지식한 학자가

▶ 호수를 바라보는 경치 가운데 우리나라 최고의 절경으로 꼽히는 옥순대교가 보이는 풍경

▶ 왼쪽 끝자락까지 가서 호수를 보고 다시 올라온 다음 옥순봉 정상으로 가기를 추천한다

아니라 마음이 따뜻한 사람이었다. 일반 백성의 고통, 소외받는 여성에게도 눈길을 떼지 않는 분이었다. 정 부인을 두고 연애했는데 뭘 그리 칭찬하느냐고 한다면 대답은 못 하겠지만 개인적인 시선으로 보면 기생을 인격적으로 대했던 자세가 보인다. 그러지 않고서는 두향이 존경까지는 하지 않았을 것이다. 최고의 경치를 큰 어려움 없이 맛보고 역사의 일화들도 알게 된 등산이어서 뿌듯한 보람을 느꼈다.

▶ '물개 바위'라고 맘대로 지어본 바위, 왼쪽은 청풍호, 절경이 많아서 사진 찍기가 즐겁다

▶ 영화 '타이타닉'의 뱃머리처럼 보이는 옥순봉 전망대, 정상석에서 조금 더 나아가야 한다

경상도

1. 가야산 남산제일봉

구미에 있는 산꾼 베스트(인터넷 카페의 닉네임) 형이 안내해 준다고 하길래, 남산제일봉에 가기로 했다. 남산제일봉 등산의 동영상들을 보니 멋진 바위들이 너무 많았기에 가고 싶은 산으로 꼽고 있었기 때문이다. 이 산을 '천불산'이라고도 부른단다. 천 개의 불상이 온 산을 뒤덮고 있는 것 같다고 붙여진 이름이다. 8시 40분경, 경산역에서 형을 만나 해인사 방향으로 차를 몰았다. 청량사에서 출발하는 줄 알았는데 어제 친구분들과 술을 좀 많이 마셔서 짧은 코스인 돼지골 탐방안내소로 간단다. '돼지골', 이 얼마나 정겨운 이름인가? 외국어로 도배를 하는 아파트 이름과 의상 상표들, 카페들이 난무하는 지금, 난 이 이름에 작은 친근감을 느끼게 된다. 아마 탐방안내소 하면 이제 돼지골을 떠올릴 것 같다.

이틀 전 내린 눈으로 등산길은 예쁨이 가득하다. 영업이 중단된 해인사 관광호텔을 지나 조금 오르니 작은 굴이 나타났다. 자연이 만든 것이 아니라 옛날 사람들이 도구를 들고 일부러 파서 만든 굴인 것 같다. 남산 제일봉 정상에 가까워지자 멋진 바위들과 건너편 눈 쌓인 산들이 보이기 시작한다. 바람이 불지 않아 딱 등산하기 좋은 겨울 날씨이다. 살짝 남은 습기가 산봉우리 아래로 구름바다를 만들어 신비로운 광경을 만들고 있다. 오늘은 복권에 당첨된 듯한 산행이라고 생각한다. 작은 가야산, 스키장이 있는 남덕유산도 잘 보인다. 정상석 부근은 나무로 가리는 곳이 없어서 사방으로 최고의 경치를 볼 수 있다. 사람들이 최고의 경치를 보면서 느긋하게 점심을 먹는 장소이기도 하다. 둘러싼 바위들도 하나같이 독특한 모양을 자랑하고 있어 계속 셔터를 누를 수밖에 없다.

형님은 다시 주차장이 있는 곳으로 가고, 덕분에 난 원점 회귀가 아닌 청량사로 하산하게 된다. 철계단으로 내려오면서도 여러 번 걸음을 멈추고 찰칵 작업을 했다. 도깨비방망이 모양의 어마어마한 바위들과 눈에 반사되어 더욱 예쁘게 빛나는 푸른 솔잎들, 그 사이로 보이는 눈 덮인 산봉우리들, What a wonderful world 노래가 절로 나온다. 돼지골에서 올라오는 등산길이 호젓한 숲길이라면 이곳은 기암괴석의 박람회가 열리는 화려한 곳이다. 청량사에서 시작하여 돼지골로 내려간 후, 그곳에서 택시를 타고 차를 가지러 가면 최고의 산행이 될 것이다.

예전엔 동네 산악회 형들이 '국민 약골'이라고 불렀는데, 이젠 종아리의 근육이 완연하게 보인다. 공부든 운동이든 끈기 있는 반복과 훈련이 중요함을 새삼 깨닫는다. 젊었을 때, 학원에 가지 않고 일본어를 취미 삼아 6년 정도 하다가, 일본어 능력 시험 1급에 합격한 경험이 있다. 물론 컴퓨터로 교육 방송을 들으면서 얻은 결과다. 등산 능력도 그렇다. 처음엔 어쩔 수 없이 헉헉대다가

▶ 등산길에서 만난 작은 굴, 천연동굴이 아니라 사람이 도구로 파낸 굴이다

차츰 하다 보면 등산에 필요한 근육이 생기기 시작하고 지구력도 좋아질 것이며 점점 등산 시간을 연장할 수 있을 것이다.

올해는 눈이 자주 와서 겨울 산행이 행복의 연속이 된다. 이럴 때 감사하지 않을 수 없다. 기암괴석의 잔치가 열리는 이곳, 눈까지 쌓인 남산제일봉 사랑합니다. 너무 멋져요

▶ 정상에 오르기 500미터 전부터 설경의 절경을 보여주는 남산제일봉 등산

▶ 남산제일봉 등산의 최고 매력은 아무래도 정상 부근의 바위 잔치를 보는 것이리라

▶ 눈 쌓인 산들과 산속에 둘러싸인 마을, 건너편 운해를 뚫고 나타나는 봉우리가 절경이다

▶ 조금만 조심하면 정상 부근의 멋진 바위에 대부분 오를 수 있다. 장갑이 꼭 필요하다

2. 마석산

　마석산은 경주 남산의 바로 남쪽에 있는 산으로, 남산의 인기에 가려져 있던 산이었다. 마석산 바로 위에 있는 고위봉까지만 국립공원 영역이어서 명예도 혜택도 둘 다 비켜 간 산이었다. 이런 산이 최근에 와서 등산가들의 인기 산행지로 변하고 있다. 주목을 받게 된 까닭은 산 중턱의 신기한 바위들이 모여 있는 암석군이 사람들에게 알려졌기 때문이다. 등산을 주제로 하는 유튜버와 블로거들의 영향이 크다.

　마석산을 오르는 경로는 대부분 서쪽 용문사를 들머리로 하는 것이다. 조금 전 언급한 기암들은 사실 동쪽 끝에 있어서 용문사로 시작했을 때는 한참 후 산행 맨 끝부분에 만나는 지점이 된다. 그래서 정상석까지의 등산으로 지친 나머지 '맷돌바위'까지만 보고 되돌아가는 경우도 많은 것 같다. 제일 멋진 곳은 대포 바위가 있는 곳과 삼지창 바위, 선바위 등이 함께 모여 있는 구간이다. 용문사와 백운대 마애불의 절경을 봤으면 다시 기회를 잡아 북토 마을에서 시작하여 못 본 바위들도 봤으면 좋겠다. 찜찜하게 남겨두지 말고 완주하기를 바란다. 계절을 달리해서 다른 등산 들머리로 해서 산을 모두 느껴보라는 뜻이다.

　용문사로 입력하여 운전하면 큰 도로에서 시멘트 길과 비포장 길을 700m 정도 오르게 된다. 주차장은 약간 경사가 있고 포장이 안 되어 있어서 바닥이 울퉁불퉁하다. 공간은 충분하지만 내려올 때도 생각하고 조심해서 주차해야 한다.

주차 후 얼마간의 흙길과 돌계단을 걸으면 용문사 이정표가 나타난다. 절로 들어가는 계단은 기울어져 있는 거대한 바위 아래로 이어지는데 소위 '통천문'의 역할을 한다. 누구나 인증샷으로 남기는 곳이다.

통천문에서 조금 올라오면 절 경내에 도착하게 된다. 오른쪽 옆에는 '백운대'라는 멋진 바위벽이 버티고 있다. 백운대에는 부처님이 새겨져 있는데 '마애불 입상'이라고 부른다. 높이가 4.6m로 꽤 큰 편인데, 머리와 왼손은 세밀하게 표현되어 있으나 다른 부분은 듬성듬성 새겨져 있다. 그리고 인자하거나 근엄하거나 하는 표정이 거의 없는 얼굴이다. 백운대에서 멀리 바라보면 묵장산, 고헌산, 문복산 등이 보이고 경주 내남면 일대도 보인다.

산신각 뒤쪽으로 길을 이어간다. 길은 뚜렷한데 이정표가 없다. 몇 번의 갈림길이 나오는데 주위의 시그널을 보거나 등산 앱을 참고할 필요가 있다.

주차장에서 2.8km의 거리를 걸어 정상에 도착한다. 정상석은 있으나 소나무에 둘러싸여 조망은 없다. 서둘러 맷돌바위로 향한다. 돌을 갈고 있는 산, 마석산(磨石山)의 이름이 만들어지도록 한 거대한 바위다. 양쪽 두 개의 긴 돌 사이에 돌들이 갈려지고 있는 모양이다. 로프를 잡고 바위 위로 올라간다. 외동읍 방향으로 조망이 좋고 그 뒤로 토함산과 동대봉산도 볼 수 있다. 산등성이 위에 풍력발전기의 날개도 조그맣지만 보인다.

계절이 바뀌어 2월 겨울에 '북토리 마을'에서 산을 오른다. '북토리 경로회관'으로 입력하고 운전한다. 회관으로 오는 길이 좁고 도로 공사를 하는 구간도 많아서 운전하기가 힘들었다. 도착한 회관 옆에는 '북토리(北吐里)'라고 새겨진 커다란 바윗돌이 있고 굽은 길을 돌아 버스 정류장이 있다. 정류장 바로 뒤

▶ 북한산 승가봉 통천문과 함께 최고의 통천문을 보여주는 마석산 등산길의 통천문

▶ 백운대 바위에 새겨진 마애불 입상이 보인다. 벤치도 있고 멋진 전망 장소가 된다

▶ 돌을 갈고 있는 산, 마석산의 이름을 갖게 해준 거대한 맷돌바위의 모습

▶ 로프를 잡고 맷돌바위 위에 올라가서 본 경주의 모습, 북토리 마을과 도로가 보인다

에 있는 담벼락을 따라 있는 오른쪽 좁은 길로 걷는다. 이렇게 시작하면 낭패를 본다. 등산 후에 알았는데 산 방향으로 오르는 좁은 길로 가면 안 되고 큰길로 계속 내려가야 한다. 북토안길 30부터 시작해서 31-18까지 골목을 걸어가면 아스팔트가 끝나고 직진으로 산으로 오르는 길이 보인다. 시그널도 붙어있다. 그 옆에는 '비사문'이라는 신축 전통 건물이 있는데 이곳을 지나가면 안 되고 이 건물을 왼쪽에 두고 산길로 직진하면 된다.

멋진 소나무의 환영 인사를 받으며 농장으로 들어선다. 사유지인데도 등산길로 허용하고 심지어 산으로 향하는 '안내판'도 걸어놓았다. 화살표를 따라 걷다가 묘지를 따라 쭉쭉 오르면 된다.

순서대로 하면 '삼지창 바위' 등이 있는 암석군을 먼저 보게 되는데, 놓쳐버리고 '대포 바위'를 먼저 본다. 소문대로 어마어마했다. 또한 바위 위로 올라갈 수도 있다. 첫 번째 산행에서 봤던 맷돌바위를 다시 보러 간다. 도중에 등산객 부부를 만났다. '삼지창 바위'가 안 보였다고 하니까 '성원봉'에서 내려가다가 왼쪽에 있으니 잘 보라고 하셨다. 너무나 감사하다. '맷돌바위'도 씩씩하게 올라 사진을 찍는다. 마석산의 인기를 인정할 수밖에 없다.

'삼지창 바위'를 놓치지 않으려고 '성원봉'부터는 좌우를 살피면서 내려간다. 와! 있다. 올라올 때는 안 보였던 암석군이 내려갈 때는 잘 보인다. '낙타 바위', 아니 '발바닥 바위' 멋대로 이름을 지어가며 사진에 담는다. 20m 정도가 되는 바위가 기울어짐 없이 정말 똑바로 서 있다. '촛대 바위', '남근 바위', '선 바위' 또 마음대로 부르며 웃음을 짓는다. 아무도 없는 바위군을 놀이터 삼아 이리저리 돌아다녔다. 20분은 있었던 것 같다.

▶ 정상에서 조금 더 내려와서 보게 된 바위, 대포 바위? 남근석? 저 위로 오를 수 있다

▶ 순서대로 보지 못하고 대포 바위를 먼저 발견했다. 곧바로 서 있는 대단한 크기의 바위다

▶ 바위 무리가 많아서 이름을 외워두고 가지 않으면 놓치기 쉬운 바위가 많다. 사진은 삼지창 바위

등산로를 못 찾아서 고생도 했으나 기암군의 놀이터로 고생이 싹 날아간다. '마석산' 넌 곧 스타가 될 거야.

3. 황석산

'함양군 서하면 봉전리 577-1' 우전 마을 사방댐으로 운전한다. 거연정 휴게소에서 마을 쪽으로 좌회전 후 마을까지 들어가면 등산 지도와 주차장이 있다. 그러나 승용차는 사방댐까지 올라갈 수 있어서 이정표대로 마을을 통과한다.

마지막 주차장에서 주차하고 100m를 오르면 우측으로 최단코스 산행이 시작된다. 너덜길과 흙길 오르막을 천천히 올라 '피바위'에 도착한다. 임진왜란 이후 선조 30년 정유년(1597)에 왜군은 이곳 황석산성으로 다시 쳐들어온다. 이때 고을 현감과 군수는 소수의 병력과 고을 주민들을 모아 성을 지킬 것을 결의하고 처절한 격전을 벌인다. 하지만 성은 함락되고 싸움을 돕던 여인들은 왜적의 칼에 죽느니 깨끗하게 죽겠다고 수십 척 높이의 이 바위에서 아래로 몸을 던졌다고 한다. 그때의 붉은 피로 벼랑 아래 바위가 붉게 물들었다고 하며, 그래서 이 바위를 '피바위'라고 부른다. 가슴이 서늘해진다.

▶ 정유재란 당시 많은 여인이 왜적의 칼에 죽지 않고 깨끗하게 죽겠다고 몸을 던진 피바위

▶ 납작한 돌로 쌓인 황석산성의 남문지, 여기서부터 계속 절경이 펼쳐진다

피바위부터는 더 힘든 코스가 이어지고 밧줄 구간도 나온다. 두 번째 밧줄 구간을 지나니 황석산성의 '남문지'에 도착하게 되었다. 차곡차곡 쌓인 성곽 남문의 성벽이 깔끔하다. 소보로 빵과 물로 에너지를 보충한 다음, 성곽 위를 쭉 따라 걷는 남봉 코스보다는 훨씬 쉬운, 건물지 방향의 성곽 아랫길, 숲길로 간다. 여기서부터는 평평하고 얼마간 숲 그늘 속을 걸어서 잠깐의 호사를 누린다.

'건물지'에 도착하고 보니 병참기지 터(정확하게는 군대의 창고가 있었던 곳)를 건물지라고 부른다는 것을 알게 되었다. 산속이라는 느낌이 들지 않을 만큼 상당히 넓은 공간이어서 놀랐다. 여기서부터 정상까지 '깔딱고개'라고 등산 후기에서 들은 것 같은데 높아지는 오르막을 보니 덜컥 겁이 났다. 종아리와 허벅지가 무거워진다. 어쩔 수 없이 속도를 늦추고 평평한 돌에 주저앉아 쉬었다 가기를 반복했다.

정상을 바로 앞에 두고 '동문지'에 이른다. '건물지' 방향의 숲길이 아닌 남문지에서 성벽을 타고 올라가면 남봉을 거쳐 이곳에서 만나게 된단다. 새카만 돌에 흰색 글씨로 새겨진 정상석은 탁자 위의 책처럼 평평하게 바위에 붙어있다. 아무렴, 어쩌랴? 조망이 최고인 것을. 남봉 방향으로 보면 성벽이 산으로 꾸불꾸불 올라가는 것이 보인다. 어느 방향으로든 막힘이 없어서 몸을 빙그르르 돌리게 된다. 물든 단풍과 암릉이 성벽 길과 너무도 멋지게 어울린다.

황석산성은 정유재란의 상처가 있으나 조선 시대에 지어진 것이 아니라, 훨씬 전 삼국 시대에 축성된 것이다. 그리고 이 산 근처에 지리산, 장안산, 가야산 등 유명한 산들과 크고 작은 산들이 산재해 있다는 것을 산행 후에 알게 되었다. 아! 잠깐, 소위 그 명성이 자자한 100대 명산에도 속한다고 한다.

▶ 황석산 등산은 가을이 최고다. 황석산성 부근의 활엽수들이 멋지게 물들기 때문이다

▶ 남문으로 바로 가지 말고 반대편 방향으로 오르면 황석산의 절경을 볼 수 있다

▶ 동문지에서 조금 더 올라와서 남문 방향을 바라보면 성벽과 데크길이 잘 보인다

▶ 물든 단풍, 쑥부쟁이, 건너편의 마루금이 가슴을 시원하게 한다

4. 남덕유산

'영각 매점'이라고 검색하고 영각사 주차장에 도착했는데, 평일이어서인지 차가 한 대도 없다. 무료인 공용 주차장인데, '이산 책판 박물관'이라고 검색하고 와도 된다, 이 박물관 오른편에 주차장이 있다. 어디로 가야 하는지 감이 오지 않아서 이리저리 허둥대고 있는데 관광버스 한 대가 아스팔트 길로 올라간다. 단체 등산객을 태운 버스인 듯해서 차를 따라 후다닥 달리기 시작했다. 헉헉대며 뛰다가 걷기를 반복하니까, 버스에서 내린 등산객들이 왁자지껄 등산을 준비하고 있었다. 자세히 보니 옆에 버스 정류장이 있고 길 오른쪽에는 덕유산 국립공원 안내판도 있었다. 정류장 옆을 지나 빙 둘러서 걸어가니 '영각탐방지원센터'가 나왔다.

화장실에 들렀다가 영각재로 오른다. 평평하게 깔린 돌길이 예쁘다. 물소리가 들리는 계곡도 보이고 조릿대를 사이에 두고 걷기도 했다. 영각재부터 경사가 급해서 등산객들의 기차놀이가 끊어졌다 이어졌다를 반복하게 되었다. 가파른 마지막 데크 계단을 올라가면 영각 코스 랜드마크인 능선이 좍 보인다. 하봉, 중봉 두 봉우리를 연결하는 철계단이 굽이굽이 돌아간다. '국립공원이 아니었다면, 저 철계단이 마련되지 않았다면' 생각만으로도 아찔하다. 눈이 살짝 쌓여있고 구불구불한 계단과 바위 능선이 섞여 겨울 산의 멋진 장관을 보여주고 있다. 하봉을 넘어서 뒤돌아보고, 중봉을 넘어서 또 돌아보고, 계속 감탄을 하면서 사진을 찍었다. 보통은 철계단이 있는 경치를 찍지 않고, 계단을 넣지 않는 풍경을 찍는데, 이번에는 일부러 지그재그 돌아가는 계단이 있도록 사진을 찍었다.

　중봉을 넘어와 정상에 도착한다. 남덕유산(봉황봉)은 경남 거창과 함양, 전북 장수의 경계에 있는 산이다. 해발 높이는 1,507m이고 덕유산 최고봉인 향적봉(북덕유산) 남쪽에 있으며 덕유산에서 두 번째로 높은 봉우리이다. 지리산 다음으로 넉넉하고 덕이 있다고 하여 덕유산(德裕山)이라고 하고, 이 산의 남쪽 끝자락에 있어서 남덕유산이라고 부른다. 향적봉은 백두대간에서 비껴 있지만 남덕유산은 대간이 지나가는 분수령으로, 종주를 하는 분이라면 꼭 지나야 하는 산이다. 삿갓봉, 무룡산, 중봉, 향적봉까지 덕유산 주 능선이 한눈에 들어

▶ 한겨울 등산이지만 남덕유산은 해발 높이가 상당해서 넓은 경치를 보여준다

▶ 날씨가 따뜻해서 눈이 많이 녹았지만 그래도 응달에는 눈이 있어 나름 괜찮다

▶ 오른쪽으로 하얗게 눈이 쌓인 능선 길이 보인다. 하산해야 할 방향이다

▶ 사방 어디를 봐도 절경이다. 단풍이 진 잿빛 나무 사이로 상록수가 듬성듬성 자란다

▶ 서봉으로 오르며 되돌아본 경치, 걸어온 길이 멋지게 조망되고 등산의 보람을 느끼는 순간

▶ 서봉으로 올라오는 능선 길이 멋지게 조망되는 경치, 눈 쌓인 능선으로 이어진다

▶ 서봉에서 바라본 덕유산의 모습, 이제는 내려가는 길이라 조금 마음이 편안해진다

▶ 4형제 바위, 발가락 바위로 이름을 지어본 바위, 내려오는 길에도 즐거움은 끝이 없다

온다. 이 능선이 날개를 편 봉황새와 닮아서 예전에는 이 산을 봉황봉이라고 불렀다.

'육십령 7.3km' 이정표 방향으로 걷는다. 서봉 분기점을 지나 10분 정도를 더 걸으면 헬기장이다. 서봉 정상석은 이 헬기장에서 다시 앞으로 좀 더 가야 한다. 남덕유산에서 서봉으로 오는 길은 철책이나 밧줄이 없는 좁고 호젓한 산길이 이어지다가 맨 마지막 서봉으로 오를 때에 녹슨 철계단이 한 번 나온다.

서봉(1,492m) 정상석에서 인증 사진을 찍는다. 왼쪽으로 향적봉, 무룡산, 삿갓봉, 월성재 그리고 오른쪽 제일 크게 보이는 산이 남덕유산이다. 서봉은 장수 덕유산으로도 불리는데, 여기에서 데크 계단 길을 한 번 내려가면 육십령 이정표가 나온다. 곧이어 나오는 길이 평탄한 흙길과 완만한 내리막으로 되어 있어 마음이 홀가분해졌다.

영각재부터 서봉까지 경치는 좋았지만 힘든 구간이었는데, 여기는 내려갈 길이 훤히 다 보이고 길도 편해서 좋았다. 서봉과 남덕유산이 이루는 능선의 옆모습이 햇빛을 받아 더욱 반짝이고, '4형제 바위'라고 할까 '발가락 바위'라고 부를까. 멋대로 이름을 지은 바위로 돌아 내려온다.

육십령으로 내려가는 능선은 11-1부터 숫자가 높아간다. 그런데 산에서 보지 못했던 상고대를, 숲길을 걸으면서 보게 되었다. 햇빛에 반짝거리지만 녹지 않고 있는 상고대가 신기하다. 그런데 이상하다. '삼자봉'이라는 이정표가 보이지 않고 육십령으로 가는 숫자를 나타낸 이정표만 가끔 보인다. '육십령까지는 제법 먼 길인데, 거기다 차는 공영 주차장에 있는데…' 걱정이 되었지만 '어떻게 되겠지? 안 되면 택시를 타든지, 히치하이크하는 수밖에…'. 마음을 다잡고 다시 걷는다.

혼자 처음 산행할 때 무서운 것이 험한 산길이 아니라, 등산로를 못 찾거나 잘못 들었을 때다. 예전에 제주도 오름을 걷다가 사진 찍는 데 정신이 팔려 엉뚱한 곳으로 가버린 경험도 있다. 걱정 반, 위로 반의 마음으로 한참을 걷는데 참나무 줄기에 '경남 덕유교육원'이라 적힌 이정표가 보였다. 눈이 번쩍 뜨였다. 다시 한번 보니, 그 아래로 '삼자봉' 그리고 방향 화살표도 함께 그려져 있었다. 아하! 이게 정상석 표시이자 길 안내 표지판이었구나. 어이구! 중간 지점이나 내리막길 시작점에 큰 안내판을 설치해두면 좋았을걸, 그래도 국립공원 지역인데. 교육원 방향으로 내려가면 산죽 군락지 사이로 길이 나 있고 능선 길을 따라가기만 하면 임도를 만나 교육원 옆길로 이어진다. 아침에 차를 타고 오며 보았던 '이산 책판 박물관'을 보면서 다리를 건너 산행을 끝마쳤다.

5. 천황산, 재약산

한 번 가본 산은 다시 가지 않는 것이 대부분인데, 예외인 산이 있다면 천황산과 재약산이다. 집에서 좀 가깝기도 하고 1,020m를 케이블카를 타고 갈 수 있기 때문이다. 10분 정도의 시간으로 상부 승강장에 도착할 수 있다. 상부 승강장 하늘 정원 전망대에서는 바윗덩어리 산봉우리 전체(백운산)와 근처의 소나무들이 만들어 내는 '호랑이' 모습을 볼 수 있다. 옆으로 조금 걸어와서 방향을 바꾸어 바라보면 얼음골과 사과 과수원, 마을과 고속도로의 다리 기둥들도 보인다.

천년 고찰 표충사 그 뒤로 우뚝 솟은 천황산과 재약산은 영남 알프스(1,000m 이상의 빼어난 봉우리들로 이루어진 산들이 멋진 풍광을 자랑하며 유럽의 알프스에 견줄 만하다고 붙여진 이름)에 속하는 산이다. 사자 평원의 억새 군락지, 층층 폭포 등 많은 명소를 지니고 있다.

돌 하나를 던져서 한꺼번에 두 마리의 새를 잡는 것처럼, 짧은 시간에 천황산과 재약산을 연계하여 즐길 수 있는 최고의 방법을 만들어 주는 얼음골 케이블카가 참 고맙다.

하늘 정원을 지나 나무 데크길과 오솔길을 걷게 된다. 길옆으로는 수령이 오래된 털진달래도 있고 철쭉 자생지도 있다. 숲길을 빠져나오면 넓은 공터인 얼음골 삼거리에 이른다. 샘물상회로 거쳐 가는 왼쪽 길이 있고 능선 길을 타고 천황산과 재약산으로 가는 오른쪽 길도 있다. 오른쪽으로 갔다가 돌아올 때 산허리를 돌아 샘물상회를 거쳐 오면 편안하고 다양한 체험을 하는 등산길이 된다. 넓은 나무판자가 깔린 능선 길에는 억새가 많다.

▶ 상부 승강장 하늘 정원 전망대에서는 호랑이 모양의 백운산이 가장 잘 조망된다

▶ 고속도로가 크게 굽어져 가고 밀양 얼음골의 사과 과수원과 마을이 넓게 펼쳐진다

▶ 천황산으로 가는 길에는 하얀 억새가 등산객을 맞아준다. 오른쪽 높은 곳이 천황산이다

▶ 까마귀가 많이 날고 있던 곳으로 기억되는 곳인데 오늘은 까마귀가 보이지 않는다

▶ 천황산과 재약산 중간에 있어서 쉼터 역할을 하는 억새 평원, 한가운데 벤치가 있다

▶ 억새 평원의 억새는 다른 산의 억새에 비해 더욱 깨끗하다

▶ 영남 알프스라고 불리는 만큼 여러 산이 대단히 넓고 긴 산맥을 이루고 있다

▶ 왼쪽 가운데에 억새 평원이 보이고 그 위로 가야 할 재약산이 보인다

물개 모양의 정상석이 있는 천황산 사자봉(1,189m)에 도착했다. 날씨가 좋은 계절에는 줄을 서서 기다려야 하는데 오늘은 그럴 필요가 없다. 정상석을 등 뒤로 하고 앞을 바라보니 운문산, 가지산, 고헌산까지 시원하게 잘 보인다. 반대편에는 표충사가 내려다보인다. 재약산까지는 2.0km이고 경사가 심한 내리막 데크 계단 길로 시작한다. 하지만 가야 할 길이 다 보이고 중간에 쉬어갈 만한 억새 평원도 보여서 마음이 들뜬다.

억새 평원 쉼터는 마음이 포근해지는 곳이다. 천황산에서 내려온 길도 보이고 올라야 할 재약산으로 가는 길도 보이고, 샘물상회 방향도 보인다. 벤치도 많이 있고 넓은 마루처럼 나무 바닥으로 되어 있어서 거실에 있는 분위기가 된다. 거기다 천황산 등산 안내도 코스별로 되어 있고 영남 알프스 9봉에 대한 설명도 있는 대형 안내판이 있어 찬찬히 읽어보는 재미도 있다. 무엇보다 사방 주위로 키 큰 억새가 빽빽하게 서서 감싸주고 있다.

컵라면도 먹고 사과도 먹었으니 이제 힘을 얻어 재약산으로 출발한다. 천황산을 오를 때보다 힘은 더 들지만, 큰 바위 사이로 지나가기도 하고, 큰 나무 그늘 속을 걷기도 하고, 반대편 천황산을 조망할 수 있는 곳도 있어서 오히려 재미가 있다.

재약산 수미봉(1,108m) 정상석으로 오르기 바로 전에 왼쪽으로 제법 넓은 전망대가 있다. 여기서 앞을 바라보면 이 코스 중 제일 넓은 억새 평원이 보인다. 평원의 길이가 어마어마하다. 평원 가운데로 길도 보인다. 일부러 기회를 만들어서 양쪽으로 억새가 있는 길을 걸어보고 싶은 마음이 들었다. 천황산과 재약산을 이어주는 등산길은 꾸민 듯 안 꾸민 듯해서 좋다. 억새 평원 쉼터나 이곳 정상 오르기 전 전망대처럼 등산객의 형편을 배려한 곳은 확실하게 만들고 그 밖의 구간은 최소한의 꾸밈만 해두었다. 곰곰이 생각하지 않고 과도한 데크길이나 시설을 만든 산이나 관광지도 많은데 말이다.

수미봉 정상석 부근은 좁아서 사진 몇 장을 찍고 총총 하산하기로 한다. 올 때보다 속도를 더 늦춰 편하게 억새 평원 쉼터로 간다. 쉼터에는 아직도 몇 사람이 앉아서 쉬고 있다. 이제는 천황산으로 가지 않고 등산 안내도 옆으로 난 샘물상회 방면으로 간다. 처음 오를 때 경치를 봤으니까 큰 조망이 없어도 괜찮다. 오히려 지금까지의 생활이나 앞으로 살아가야 할 길, 등산 계획, 인간관계 등을 점검하고 새로운 결심도 하면서 터벅터벅 걸으니까 더 의미 있는 길이 되는 것 같다. 고독이 꼭 나쁜 것만은 아니다. 스스로가 자신을 살펴보는, 솔직한 마음으로 자신을 바라보는 이런 시간이 꼭 필요하다. 너무 시끄럽거나 많은 사람으로 둘러싸인 환경에서는 이런 시간을 마련할 수가 없다. 그래서 유명한 작가나 화가, 철학자들은 홀로 산책을 즐겼던 것 같다. 이런 시간을 통해 소위 영감도 얻고, 새로운 생각들도 얻을 수 있었다.

큰 버드나무 한 그루가 보이고 샘물상회가 나타났다. 이곳에서 먹는 라면이 그렇게 맛있다는데? 똑같은 음식이라도 어떤 곳에서 누구랑 먹느냐에 따라서 당연히 느끼는 맛은 다르리라. 라면도 먹고 못 마시는 술이지만 막걸리도 조금 마셨다. 흐억! 몸이 조금 후끈거린다. 이상하게 이 코스는 여러 번 왔는데도 질리지 않는다.

6. 표충사 계곡 폭포

무더운 여름을 시원하게 즐길 수 있는, 집에서 가까운 곳에 있는 대표적인 계곡이 표충사 계곡이다. 원효 대사가 창건한 표충사를 중심으로 왼쪽과 오른쪽에 각각 금강동천과 옥류동천 두 계곡물이 흘러 시전천에서 만나는데 이 시전천이 단장면 일대를 가로지르는 단장천으로 이어진다고 한다. 금강동천은 사자봉(천황봉)에서 옥류동천은 억새밭으로 유명한 사자평과 수미봉(재약산)에서 흘러내린다. 물이 맑고 차가워서 피서지와 물놀이 장소로 인기가 많고, 여러 폭포를 따라 재약산까지 오를 수 있어 여름 산행지로도 소문이 나 있는 곳이다.

일주문 오른쪽에 있는 안내판을 보고 계곡을 따라 산행을 출발한다. 하늘다람쥐, 담비, 비단벌레 등 이 지역 멸종위기의 동물들 그림을 붙여놓은 예쁜 나무다리를 지나고 표충사 옆 계곡에서 튜브를 끼고 물놀이를 즐기는 가족들의 모습을 바라보며 숲길을 걷는다.

저 멀리 ‘청하암’이 보인다. 암자라고 하기에는 건물이 상당히 크다. 암자를 돌아가니 연두색과 초록색이 적절하게 섞인 산줄기가 보인다. 거의 100일 동안 핀다는, 우리나라 여름꽃의 여왕 ‘베롱나무꽃’도 멋지다. 암자 이곳저곳을 넉넉하게 둘러보고 산길로 계속 걸어간다. ‘칡밭교’, ‘옥류교’ 등의 나무다리도 있고 숯 가마터도 여러 곳 보인다. 이곳 숯 가마터는 전체 모양이 주둥이가 있는 항아리 모양이었다. 옥류교 옆에는 제법 멋진 폭포가 있는데 안내판이 없다. 이름을 안 지은 모양이다.

▶ 청하암은 암자치고는 상당히 큰 건물이고 그렇게 높은 곳에 있지 않아 방문하기 쉽다

▶ 흑룡폭포는 가까이 접근할 수 없고 전망대에서 바라본다. 멋진 시설을 갖춘 전망대이다

이름이 붙여진 첫 번째 폭포에 도착했다. 흑룡폭포(홍룡폭포)란다. 흑룡이 하늘을 날아가는 듯하여 이렇게 부른다. 아래에는 소(沼, 물이 고인 곳)가 있고 2단으로 되어 있다. 전망대가 멋지게 마련되어 있는데 앞부분이 계곡을 향해 툭 튀어 나간 모양이고 바닥은 구멍이 숭숭 뚫린 철망으로 되어 있다. 구멍 사이로 계곡 바닥이 보이니까 가슴이 찌릿찌릿해진다. 벽은 유리로 되어 있다. 폭은 좁으나 엄청 길이가 긴 폭포인데 재약산이 뒤에 버티고 서 있어서 더욱 멋진 장관을 보여준다. 앗! 폭포가 흐르는 바위를 두 사람이 로프를 걸고 오르고 있다. 접근하는 길이 없는데 어디로 간 것일까? 등반을 전문으로 하는 분들인 것 같은데 처음부터 산길로 온 것이 아니라 계곡을 따라 접근한 듯하다. 세상에는 나처럼 겁이 많은 사람도 있지만 용감한 사람들도 그만큼 많은 모양이다.

▶ 계곡 등반가들이 로프를 걸고 흑룡폭포를 오르는 것을 보았다. 위에는 재약산이다

▶ 먼 곳에서 봐야 하는 흑룡폭포에 비해 층층폭포는 가까이에서 볼 수 있다

흑룡폭포를 지나고 오르는 길에도 폭포가 있는데 역시 이름이 없다. 어지간한 존재감을 보이지 않으면 이곳에서는 이름을 붙여주지 않는가 보다. 구룡폭포까지는 700m이고 거의 계단으로 간다. 계단을 싫어하는 분도 많지만, 안전을 고려하면 오히려 좋다. 구룡폭포는 건조기에는 물줄기가 없어지는 간헐폭포라고 하는데 여름이어서 제법 괜찮은 모습을 보여준다. '구룡교'를 지나서 층층폭포까지는 흙길이 없고 계단으로만 이어진다.

층층폭포는 높이가 30m이고 1층, 2층이 분명하게 나타나는 2단 폭포이다. 마지막에 나타나는 폭포인데 제일 멋지다. 흑룡폭포보다 길이는 짧으나 폭이 훨씬 더 넓고 바로 가까이에서 볼 수 있으며 폭포 아래쪽으로 내려가거나 계단을 더 올라가거나 해서 여러 방향에서 볼 수도 있다. 당연히 이곳에서 사진 작업을 많이 하게 된다. 인절미를 먹으면서 재약산으로 올라가는 계단을 쳐다본다. 여기서 멈추지 않고 재약산까지 다녀오는 분들도 많을 텐데.

층층폭포에서 시간을 많이 보내다가 발걸음을 되돌린다. 산 정상까지 갔다 오지 않아도 멋진 트레킹을 할 수 있었다. 내년에는 다른 분들을 권유해서 갈 수 있는 폭포까지 간 다음 돗자리를 펴고 계곡을 즐겨야겠다는 생각이 들었다. 구룡폭포를 지나서 등산길을 빠져나와 계곡으로 간다. 커다란 바위 뒤에 숨어 수영복만 입고 물놀이를 했다. 여름에는 이런 것이 신선놀음이다.

▶ 재약산으로 오르는 계단을 오르면 층층폭포를 여러 각도에서 볼 수 있다

7. 팔공산 가산(봉), 가산산성

　진남문 공영 주차장에 주차하고 진남문의 홍예문(무지개 모양으로 생긴 문)을 통과해 등산을 시작한다. 진남문은 성벽 위에 상당히 큰 누각이 있는데 영남 제일의 방호 시설이란 뜻으로 영남제일관방(嶺南第一關防) 글자가 적혀 있었다. 가산산성은 임진왜란과 병자호란을 겪은 후 외세의 침략에 대비해 숙종 재위 시기에 만들어진 산성이다. 6.25 전쟁 당시 마지막 보루로 낙동강을 지키는 치열한 격전지(가산산성 전투)였다고 한다. 조선 시대에 축성된 성이 1950년에 그 역할을 제대로 한 것이다. 이곳은 1917년 사적지로 지정되어 팔공산과 함께 지역 주민의 많은 사랑을 받고 있다.

　해원정사를 지나 등산로 입구에 이른다. 해원정사 앞에도 주차장이 있고 등산로 입구 도로 좌우에도 주차장이 있다. 주말이면 엄청난 관광객과 등산객들이 오는 모양이다. 평일 편하게 등산하고 싶으면 진남문(鎭南門)으로 향하지 말고 등산로 입구로 직진해서 이곳에 주차하고 바로 등산로로 오르면 되겠다. 그런데 왜 그냥 남문이라고 하지 않고 꼭 진남문이라고 하는지 모르겠다. 동문으로 향하는 숲길은 경사로 조금 힘이 들지만, 임도와 만나는 삼거리까지 이어진 길을 따라 오르면 오르막이 끝나면서 완만한 넓은 길을 걷게 된다. 키가 큰 참나무가 많은 길을 더 오르면 탁 트인 하늘과 함께 세계 최대 규모의 복수초 군락지를 만난다. 곳곳에 군락지가 있고 넓다는 것은 인정하겠는데, 세계 최대라고 한 것은 과장이 아닐까? 성경에 나오는 의심 많은 도마 같은 기분이 들어서 재빨리 인정하기로 한다. 하지만 복수초가 필 때 꼭 다시 오겠다고 결심한다. 지그재그 길을 진행하면 산성의 벽이 어렴풋이 보인다. 도착해 보니 산성 벽이 아니라 '수문 터'라고 적혀 있다. 수문 터는 성 안팎으로 물을 통과시키는 장치를 말한다. 이곳을 통과한 물이 남문까지 흘러갔다고 한다. 오른쪽으로 '동문'이 있다. 양쪽으로 펼쳐진 산성 벽이 웅장하다. 산성 모습으로는 가산산성 최고의 장면이다.

수문 터를 지나 올라가다 보면 산 한가운데 아주 너른 땅이 보인다. 강원도 목장의 느낌이 들기도 한다. 조선 시대 '칠곡 도호부'가 있던 자리라고 한다. 지금의 관공서가 900m에 있었다니. 남문에서 이곳까지 매일 출퇴근하던 관리는 정말 힘들었겠다는 엉뚱한 상상은 산행 후에 보기 좋게 깨져버렸다. 여기에 관공서가 있었고 주거지도 있었단다. 여기에 살았다는 것이다. 이 밖에도 가산산성에는 도호부 지역과 별도로 '산성 마을'이 있었다고 한다. 세금과 부역을 면제해 주고 농사를 지으며 살았단다. 도호부와 마을 근처에 작은 저수지가 2곳 있었다고 한다. 조상들의 지혜가 정말 대단했다고 고개를 끄덕일 수밖에 없다. 등산하다 보면 이렇게 산과 관계된 역사적인 사실이나 전설, 식물에 대해서 알게 되는데 학창 시절에 배우지 못했던 신기한 것들을 알게 될 때는 기쁘기도 하지만 흠칫 놀랄 때도 있다. 해발 900m 산지에 관공서가 있고 농사를 지으며 살아간 마을이 있었다니 어찌 놀라지 않을 수 있겠는가?

▶ 수문 터에서 양쪽으로 펼쳐진 산성의 모습은 대단한 절경이다. 새로 복원된 부분이 아니다

▶ 가산 바위를 옆에서 본 모습, 가산 바위는 상당히 넓어서 멋진 휴식 장소가 된다

산성 정문(중문)에서 가산 바위까지는 금방 갈 수 있다. 멀리서 떨어져 다가가면서 보는 '가산 바위'도 멋지고 계단을 오르기 전 당당한 모습도 대단하다. 계단 위로 올라가 배낭을 내려놓고 사진 작업을 한다. 30m 정도 높이의 바위 윗면은 20평 정도로 평평하게 넓은 곳이어서 많은 등산객이 점심을 먹기도 하고 앉아서 조망을 즐기기도 한다. 바위 아래로 산성과 능선들, 마을의 풍경이 잘 어울린다. 옆에 있던 등산객 한 분이 방향을 가리키며 달성의 비슬산, 합천 가야산, 구미 금오산, 제일 가까운 유학산 등의 위치를 알려주셨다.

가산 바위에서 가산(架山)봉으로 가야 하는데 숲길에서 만난 이정표에는 동문 쪽과 용바위 쪽, 유선대 쪽 표지만 있다. 동문은 처음 걸어온 곳이고 헤매더라도 일단 안 가본 용바위, 유선대 방향으로 가자고 생각하고 길을 이어간다. 언덕배기 모양의 산비탈 아래에 정상석 모양이 보인다. 앗싸! 이제부터 나의 산행에는 알바란 없는 거야. '이별이란 말은 없는 거야' 노랫말(최성원 작곡의 '이별이란 없는 거야')을 바꾸어 흥얼거려 본다. 오른쪽으로 선이 3번 굽어지면서 흘러내리도록 한 정상석 모양과 '가산' 글자가 참 예쁘다. 경치는 가산봉(902m)보다는 정상석 너머에 있는 한티재 방향 표지석 쪽이 훨씬 더 좋다.

▶ 가산 바위 위에서 내려온 길을 바라다본 경치, 산성을 따라 걷는 재미가 쏠쏠하다

▶ 가을 가산산성에는 쑥부쟁이가 군락을 이뤄 피어있는 장면을 볼 수 있다

▶ 방향을 몰라 걱정하다가 발견하게 된 가산 정상석, 구부러진 테두리와 글씨가 예술이다

▶ 바위 위에 축조된 유선대의 모습, 관리단체에서 정비를 조금 해줬으면 좋겠다

▶ 금줄만 둘러있고 무너진 산성이 방치되고 있어 안타까운 모습

▶ 한티재로 연결되는 이 부분도 절경이다. 유선대와 마찬가지로 정비가 필요하다

알바의 두려움도 사라져서 홀가분한 마음으로, 유선대와 용바위 쪽으로 걷는다. 유선대 벽 위에 나무가 한 그루 외롭게 서 있는 풍경이 예사롭지 않게 느껴진다. 유선대에서 아래쪽에 있는 용바위를 봤는데 어디를 봐도 용 모양이 떠오르지 않는다.

다시 동문으로 내려올 때는 한티재 방향으로 이어진 산성 길을 걷는다. 발아래로 펼쳐지는 풍경이 예술이다. 바위틈 사이에는 하얀 구절초가 가득하고 억새도 발그레한 꽃을 피우고 있다. 지루할 틈이 없고 계속 사진을 찍게 된다. 산행 중 제일 많은 시간을 소비한 것 같다. 한티재 건너 팔공산 봉우리도 훤하게 잘 보인다. 동문 쪽 이정표를 무시하고 한티재 방향으로 더 걸어본다. 허물어진 곳도 있고 금줄을 표시한 부분도 있는데, 표시만 해 두고 공사는 쉬고 있는 듯하다. 추측건대 '남한산성' 다음으로 제일 멋진 이 산성을 재빨리 복구했으면 좋겠다. 산성 길이 끝나는 곳까지 갔다가 다시 동문으로 올라온다. 산행 후에 알게 되었는데 '할아버지, 할머니 바위'를 거쳐 '치키봉'을 지나서 남문으로 갈 수 있었다. 이제 동문으로 하산한다. 아침에 왔던 길이라 느긋하게 주차장으로 걸었다.

▶ 일부러 심은 꽃이 아니라 들꽃이 자라는 곳이어서 더욱 정겹게 느껴진다

▶ 가산 정상석에서 바로 돌아가지 말고 한티재로 넘어가는 이 길을 조금 더 걷기를 추천한다

8. 대야산

　경북 문경과 충북 괴산에 걸쳐있는 산으로 기암괴석, 폭포, 소(沼)를 가진 수려한 경관으로 100대 명산에 들어가고 속리산 국립공원에 속한다. 대야산은 '큰 산'이라는 뜻으로 옛날 홍수가 났을 때, 봉우리가 대야만큼 남았다는 전설에서 이름이 지어졌다고 한다. 용추 계곡과 월영 계곡 등 시원한 계곡이 있어 여름 산행지로 유명하다. 오늘은 공영 주차장→용추폭포→월영대→밀재→대야산 정상으로 진행하고 하산도 같은 길로 되돌아오는 일정으로 계획한다.

　주차하고 산 쪽을 바라보면 바로 숲속을 통과하는 계단 길이 보인다. 등산 시작점을 찾는 데 어려움이 없어서 시작하기도 전에 즐겁다. 작은 고갯마루를 넘어가면 분지 모양의 지대가 나오는데 조망이 갑자기 트여서 다른 세상에 들어온 기분이 든다. '센과 치히로의 행방불명' 영화에서 센이 터널을 통과해서 다른 세상을 만나듯 말이다. 개망초가 하얗게 핀 길을 지나고 칡이 무궁화를 감싸안아서 자연적으로 덩굴 문이 된 곳을 통과하면 대야산장이 나온다. 여기서부터는 아스팔트 길이다. 몇 개의 식당을 지나면 안내판이 있는 등산로 입구가 등장한다. 계곡을 바라보며 그늘 속을 걸으니까, 마음이 차분해진다.

▶ 금영 노래방 화면에서 알게 된 용추폭포, 하트 모양으로 깊숙하게 파진 곳이 이채롭다

　대야산의 명물 용추폭포에 도착한다. 처음 이곳을 알게 된 것은 여행 정보가 아니라 노래 모임에서였다. 공직에 계셨던 어르신이 노래방에서 노래하는데, 움푹 파인 하트 모양의 바위에 짙은 녹색의 물이 고여있는 소가 배경 화면으로 나온 것이다. 캬! 죽여주는 곳인데? 이런 과정으로 대야산도 알게 되었다. 수많은 세월 동안 물에 닳아서 보이는 부분만 2m가 넘는 원통형의 홈이 파여 있는데 양쪽을 함께 보면 완전한 사랑 마크(하트)가 된다. 우리나라에는 용추폭포란 이름이 곳곳에 너무 많아서 도저히 헤아릴 수 없을 것 같다. 사람들의 생각은 비슷한지 서로 의논한 것도 아닌데(옛날엔 전화도 없었으니까), 같은 이름이 여러 곳에 있으니 말이다. 3단으로 이루어진 폭포는 아래로는 물놀이도 가능하고 굉장히 넓은 암반으로 되어 있어서 여름 성수기에는 많은 사람이 찾아온다. 사진 몇 장을 찍고 폭포 위를 지나 산행을 이어간다.

오솔길을 따라 10분 정도 걸어서 월영대(月影臺)에 이르렀다. 밝은 달이 높이 뜨는 밤이면 계곡에 흐르는 맑은 물 위에 어린 달빛이 아름답다고 이렇게 부른다. 월영대 삼거리를 지나서 정상까지는 쭉 오르막길만 걷게 된다. 데크 계단, 너덜길, 암릉 길, 흙길, 돌길, 밧줄 구간, 철봉 구간 종류별로 다 걸어본다고 생각하니, 빠뜨린 것이 없나 생각을 돌이켜보기도 한다.

월영대 지킴터를 지나 삼거리에 있는 데크로 된 쉼터는 지하철에 비유하면 환승센터 같은 곳이다. 경사가 급하나 거리가 짧은 피아골 코스와 조금 편한 길이지만 길이가 긴 밀재 코스로 나눠지는 분기점이기 때문이다. 오늘은 느긋하게 걸어보려고 용추폭포를 지날 때부터 조금 쉽다는 밀재로 가기로 마음먹었다.

그냥 정해진 길만 걸으면 조망이 없고 길옆에 있는 바위에 오르면 여러 장면을 볼 수 있다. 하지만 위험할 수도 있으니 최대한 조심해야 한다. 무리하지 않는 범위 안에서 바위에 올라 올라온 쪽과 옆으로 트인 곳, 올라야 할 방향으로 사진을 찍는다. 정상에 닿기 전 거의 1km 전부터 멋진 바위가 계속 나오고 오르락내리락 길이 진행되어서 산행이 많이 늦어진다. 멋진 바위가 많아도 이름이 적힌 안내판이 없으니 조금 아쉽다. 모두가 알고 있는 바위라면 대문 바위다. 30m나 되는 두 개의 바위 사이에 한 사람이 드나들 수 있는 틈이 위아래로 열려있다. 물론 대문 바위 옆에도 뒤에도 다른 큼직한 바위들이 붙어있다. 옆으로 갔다가 틈을 통과해서 뒤로 간 다음, 이번에는 틈을 통하지 않고 옆으로 돌아서 다시 앞으로 온다. 거기다가 자세를 낮추어서, 세로로 세워서, 풀 버전 파노라마로 각종 사진 작업을 빠짐없이 수행한다.

대문 바위를 지나고 정상으로 가는 계단 길에서도 계속 멈췄다 가다를 반복

▶ 매끈한 바위와 싱싱한 소나무가 만들어 내는 경치가 힘겹게 오른 보상을 해준다

▶ 대야산에는 건강해서 솔방울이 거의 없는, 튼튼하고 깨끗한 소나무를 볼 수 있다

한다. 밀재 방향의 아름다운 능선과 건너편 봉우리도 멋지고 가야 할 대야산 정상 모습도 역시 멋지다. 벌써 정상에 올라 이리저리 움직이는 등산객도 보인다.

정상(930.7m)에 올라 보니 오르면서는 볼 수 없었던 속리산의 산줄기가 선명하게 보여서 좋다. 안내판과 실제 조망을 번갈아 보며 왼쪽부터 확인하기 시작한다. 구병산, 천왕봉, 문장대, 묘봉이다. 속리산 앞쪽 산줄기 끝에는 오른쪽에 백악산이 위치한다. 시야를 왼쪽 밀재 방향으로 더 옮기면 신선암봉, 조령산(뾰족한 부분), 주흘산 등 문경, 괴산 쪽의 산들이 확인된다. 정상에서 점심을 먹고 산봉우리 멍도 때려보고, 주위 산객들의 모습도 구경하면서 편하게 휴식을 취한 다음, 피아골 코스의 경사가 겁나서 올라왔던 길을 따라 그대로 하산한다.

▶ 바위 능선을 연결한 데크마저 멋지게 보이는 대야산 정상으로 오르는 길의 모습

▶ 왼쪽으로는 속리산이 보이고 오른쪽으로는 뾰족한 조령산, 신선암봉 등이 조망된다

9. 비슬산 천왕봉

닭 볏을 닮은 모습으로 우뚝 솟아있다고 하여, 산 정상의 바위 모양이 신선이 비파를 타는 모습이라고 하여 '비슬(琵瑟)'이라는 이름이 붙은 산이다. 봄철 대견사 뒤편에 있는 진달래(참꽃) 군락지로 전국적으로도 널리 알려졌다. 코로나 이전에는 '참꽃 축제'도 열려서 어마어마한 사람들이 몰려와 장사진을 이루었다.

비슬산은 나에게 등산의 어려움과 기쁨을 동시에 느끼게 해준 산이다. 50대 중반 동네 형이 진달래가 가득 핀 곳을 구경시켜 주겠다고 해서 따라나섰는데 자연휴양림에서 아스팔트 길을 걷다가 너덜지대가 있는 산길로 계속 걷는데, 등산을 해본 경험이 거의 없는 상태라 거의 녹초가 된 적이 있다. 왜 따라나섰을까? 마음속으로 여러 번 후회하며, 쉬어가자고 계속 칭얼댔다. 헉헉거리며 겨우 올라왔으나 사찰 뒤의 능선에 선 순간 눈이 휘둥그레졌다. 절 앞에서도 전혀 보이지 않던 넓은 분지에 진달래가 발밑으로 지천으로 깔려있었다. 사람들도 계속 능선 길로 올라왔다. 우와! 우리 고장에 이렇게 멋진 곳이 있었구나, 그때부터 주말이나 공휴일이 되면 조금씩 산으로 향하게 되었다.

오늘은 70대 선배를 모시고 와서 '반딧불이 전기차'를 타고 오를 예정이다. 관광객과 등산객이 엄청 많이 온다는 뉴스를 들었기 때문에 일찍 도착하기로 했다. 8시쯤 공영 주차장에 도착했는데 벌써 사람들로 북적인다. 재빨리 줄을 섰다. 이리 꺾이고 저리 꺾인 줄은 좀처럼 줄어들지 않는다. 40분을 기다려 겨

▶ 진달래로 유명한 비슬산, 왼쪽으로 소프트아이스크림 모양의 강우레이더 관측소

우 발권하게 됐는데 전기차는 10시가 넘어서 출발한다고 한다. 우리는 그냥 9시 40분에 출발하는 셔틀버스를 타기로 했다. 또 한 시간을 기다려야 한다.

빈자리 없이 꽉 채운 버스가 고개를 올라간다. 아젤리아 관광호텔 주차장도 차로 가득하다. 진달래를 영어로 '아젤리아'라고 부르는 모양이다. 호텔 다음으로 휴양림 입구를 지나고 소재교와 소재사를 지나 구불구불한 아스팔트 산길로 간다. '금수암 전망대'를 지나는 길에는 노란 개나리도 줄지어 피어있다. 특별한 경치는 안 보이기에 그냥 대견사에 어서 도착하기를 바라면서 산들바람을 맞는다.

30분 정도 지나서 대견사 앞 주차장에 닿는다. 대견사(大見寺)는 설악산의 봉정암, 지리산의 법계사와 더불어 1,000m 이상의 높이에 자리 잡은 사찰 중 하나다. 810년에 창건했는데 고려 말기 몽골의 공격으로 폐허가 된 것을 1371

년에 중건하였고, 일제 강점기 시절에 조선총독부에 의해 강제 폐사(일본인의 기를 꺾는다는 허무맹랑한 명분)된 후, 100여 년 동안 방치되었다가 2014년 중건되었다. 크게 보고, 크게 느끼고, 크게 깨우친다는 뜻의 이름을 가지고 있다. 벼랑 아래에는 흘러내리듯 쌓인 천연기념물 암괴류(너덜지대, 너덜겅)가 있다.

대견사로 들어가지 않고 오른쪽 옆길로 오른다. 드디어 능선 길이다. 호랑이 등뼈 같은 능선 길을 많은 사람이 걷고 있고, 눈 아래로는 분홍의 바다가 출렁이고 있다. 올해는 작년과 다르게 진달래가 냉해를 입지 않아서 최고의 상태를 보여준다고 한다. 그냥 참꽃을 구경하러 온 것이 아니라 처음으로 '천왕봉'에 다녀오려는 계획이므로 대견사 위를 지나쳐 정자로 가지 않고 오른쪽 가장자리를 따라 내려간다. 콘 위에 올린 둥근 아이스크림 모양의 강우레이더 관측소도 보고 어른 키보다 더 큰 진달래를 배경으로 사진도 찍었다.

진달래와 철쭉은 다르다. 진달래는 먹을 수도 있고 약으로도 쓰어 '참꽃'이라고 하고 철쭉은 독이 있어 먹지 못하므로 '개꽃'이라고 한단다. 속칭 '깡촌'이라고 부를 만한 가난한 시골 동네에 살 때 친구들과 동네 뒷산에 올라가 참꽃을 많이 따 먹어 입 주위가 시퍼렇게 되었던 때가 생각난다. 그때는 뜻도 모르고 그냥 '창꽃'이라고 불렀다. 주위에 사람이 떨어져 있을 때 "나 보기가 역겨워 가실 때에는 죽어도 아니 눈물 흘리오리다." 김소월의 시가 아닌 마야의 노래로 불러본다. 동반한 70대 형님이 빙긋 웃는다. 뻔뻔스럽기도 하고 용감하기도 하다는 뜻이 담긴 표정이리라. 진달래는 '두견화'라는 이름도 가지고 있다. 소쩍새가 울 무렵 흐드러지게 피는 꽃이고 두견새의 입속과 색깔이 닮아서 조상님들이 이렇게 지었다.

▶ 정자로 가는 능선 길에 원뿔 모양으로 나란히 서 있는 바위가 진달래와 잘 어울린다

▶ 어릴 때 창꽃으로 불렀고 입 주위가 시퍼렇게 물든 것도 모르고 먹었던 진달래

진달래 군락지는 이제 끝이 나고 소나무와 바위와 진달래가 어우러진 소박한 길이 월광봉으로 이어진다. 산길 옆에 있는 바위에 올라서 능선을 바라보니 위에서 볼 때와 다르게 분지 모형이 더 멋지게 보인다. 성산 일출봉의 분화구와 백록담의 분화구를 보는 느낌이다. 이렇게 등산하며 군락지를 보니까 여러 방향에서 비슬산 참꽃을 구경할 수 있어서 좋다.

2014년 비슬산 최고봉의 이름이 대견봉에서 천왕봉(1,084m)으로 바뀌었다고 한다. 천왕봉이 높이가 조금 더 높기도 하고, 대견봉(1,035m)은 대견사 위의 능선 길과 정자에 이어져 있는 곳이라 당연히 '대견봉'이라는 이름이 맞는 것 같다. '천왕봉'은 대견사에서 멀리 떨어져 있으니, 대견사와 연결된 '대견봉'

▶ 월광봉으로 가다가 바위에 앉아 사진을 찍었다

▶ 군락지에서 정상으로 오르는 길에서 바라본 경치, 가운데 천왕봉이 웅장하게 보인다

▶ 껍질이 상당히 두꺼운, 오래된 소나무와 진달래가 어울린 경치가 계속 나타난다

▶ 정상으로 가는 쉼터 구간에서 바라본 대견사 방향의 경치, 비스듬한 붉은 양탄자가 멋지다

보다는 새 이름이 좋다. 그런데 전국에 '천왕봉'은 왜 이렇게 많은 것인지, '천황봉'도 많을 것 같은데? 등산하다 보면 이런 것들을 깨닫게 된다.

정상으로 가는 길은 억새를 헤치고 나아가는 좁은 길이다. 정상석 주위의 너른 바위에 서보면 구름과 눈높이를 거의 마주할 수 있다. 흘러가는 강물, 논과 마을, 나지막한 산줄기, 이 맛에 높은 곳에 오르는 것 아닌가? 진달래만 보고 갔던, 등산의 어려움과 즐거움을 동시에 맛본 첫 번째의 비슬산도 좋았지만, 빙 둘러 걸으며 군락지도 보고 월광봉(1,003m), 천왕봉을 모두 탐방한 오늘 산행은 성취감이 크게 느껴진다.

▶ 쉼터 구간에서 올라오면 바위 무리가 늘어선 울퉁불퉁한 구간이 나온다

▶ 정상에서 군락지로 내려와 다시 바라다본 천왕봉, 분홍의 잔치가 벌어지고 있다

10. 동대봉산 무장봉

억새로 유명한 산을 꼽아보라고 한다면 정선 민둥산, 창녕 하왕산, 합천과 산청의 황매산, 영남 알프스의 여러 산을 말할 수 있을 것이다. 이런 산들은 해발 고도가 제법 높아서 산을 자주 오르는 분이 아니라면 힘들 수도 있다. 무장봉은 산행 길이는 조금 길지만 그다지 험악한 구간이 없어서 위의 명산들보다는 분명히 쉽게 오를 수 있다. 10년 전만 하더라도 잘 모르는 분이 많았는데 알음알음 알려지면서 어느덧 가을이면 마을까지의 주차가 금지되고 셔틀버스로 접근하는 정도가 되었다. 경주국립공원에 속해서 등산길도 깨끗하게 정리되어 있다. 평일에 도착한 주차장이지만 제법 많은 차가 주차되어 있었다. 무장사지 제1 공영 주차장인데 내비에는 '드라마 선덕여왕촬영지 주차장'으로 입력해야 한다.

선덕여왕촬영지를 알리는 안내판을 보고 출발한다. 하천을 오른쪽에 두고 콘크리트 길을 걷다가 오른쪽으로 꺾어지는 다리를 건넌다. 길옆에 있는 밭에는 속이 꽉 찬 가을배추가 꽃보다 더 예뻐 보인다. 겉을 뜯어내고 노란 속잎을 된장과 고추장을 섞어서 찍어 먹는 맛있는 장면이 떠오른다. 벼도 이제 완연히 다 익어서 추수를 기다리고 있다. 진한 황금색이 물결치고 있다. 다른 계절도 좋겠지만 무장봉은 가을이 최고다.

주차장에서 15분 정도 걸어서 암곡 공원 지킴터에 도착한다. 게이트를 지나 계곡에 걸쳐진 나무다리를 건너 널찍한 임도를 걷는다. 등산이 아니라 건강과 힐링을 위한 산책길이라고 해야 한다. 계곡의 물소리도 들리고 돌다리로 계곡도 건너면서 편하게 걸으니까 이러다 마지막에 엄청 힘들게 하는 건 아닌지 모르겠다.

탐방센터에서 2.4km 지점에서 직진하지 않고 오른쪽에 있는 목교를 건너 산길로 올라간다. '무장사지(鍪藏寺址)'가 있는 곳이다. 오래전 절터인데, 신라 문무왕(김춘추)이 이곳에 무기를 묻었다고 하여(무기가 필요 없는 평화의 시대를 열겠다는 의지로) 무장사지로 불렸다. 검색해 보니 '투구를 감추다'라는 뜻의 처음 보는 한자가 무척 어렵다. 이곳에는 아미타불 조상(造像) 사적비(事蹟碑)와 삼층석탑 두 개의 문화재가 있다. 사적비는 많이 파손되어 비석 몸돌은

▶ 가을날 무장봉으로 가는 길에는 누런 벼가 익는 논과 배추가 자라는 밭을 볼 수 있다

▶ 산의 경치도 멋지지만 등산 초입에 볼 수 있는 농촌의 전원 풍경도 멋지다

▶ 무장사지에 있는 외로운 삼층석탑, 깔끔하고 단순한 아름다움이 있다

없고, 비석 받침과 머릿돌만 남아있다. 사적비 한 계단 아래에 있는 석탑은 깔끔하고 단순하다. 무너지고 깨져서 흩어져 있던 것을 다시 세운 것이라고 하는데 전혀 그런 흔적이 보이지 않아서 놀랐다.

무장사지에서 들렀다가 다시 돌아 나와서 등산을 이어간다. 경사진 길이 끝나고 정상 2km를 남겨 놓은 지점에 산지형 습지 '암곡 습지'가 자리하고 있다. 산 정상에 가까운 곳에 너른 습지가 있으니 많이 올라왔는데도 평지에 있는 느낌이 든다. 이제부터는 평탄한 능선 길이고 조망이 좋아 행복이 시작된다. 정상으로 가는 오름길은 두 갈래로 갈라져 있다, 새롭게 만든 굽어지는 오른쪽 길로 올라간다. 하얗게 피어오른 억새가 절정이다. 피기 전의 약간 빨간 모습보다도 피어서 홀씨처럼 흩날리는 것보다도 하얗게 빛나는 지금이 최고다. 억새밭 사이를 걷는 분들의 주홍색, 빨간색 등산복이 더욱 진하게 눈에 들어온다.

정상 데크 전망대에 이르렀다. 옆에는 너른 터에 동대봉산 무장봉(鍪藏峯)이라고 적힌 정상석이 우뚝 서 있는데 많은 분이 인증샷을 찍으려고 긴 줄을 서서 기다리고 있다. 이곳은 1990년대까지 목장으로 사용되었는데 목장이 없어지고 난 후, 이렇게 멋진 억새 군락지가 되어 등산 명소로 이어지게 되었단다. 억새 군락지는 130만㎡(약 44만 평)에 달하는 고위 평탄면에 펼쳐져 있다. 신생대 제3기 지각 운동으로 융기한 고도 50m 이상의 산 정상부의 넓고 평탄한 지형이라고 안내판이 알려준다.

내려올 때는 처음 오르지 않았던 길을 선택하고 최대한 가장자리에 붙은 길로 천천히 내려온다. 억새밭 아래로는 색색의 단풍으로 물든 나무들이 거대한 양탄자를 깔아놓은 듯하다. 앞에는 억새를 가운데에는 단풍 양탄자를 가장 먼

▶ 무장봉으로 오르는 길옆에 억새 군락지가 있다

▶ 해발 고도가 그렇게 높지 않은 곳인데 억새가 많고 단풍도 멋져서 놀라게 되는 동대봉산

곳에는 산줄기를 넣어 장관의 사진으로 만들어 본다. 사실, 사진이나 그림을 위한 장면으로는 광활한 억새밭보다 내려오는 이곳이 더 멋지다. 자세히 보니 먼 산줄기 너머로 동해(포항 구룡포 바다, 감포 바다)가 좁지만, 옆으로 길게 보인다. 경주에 와서 제주도 오름을 오른 기분이다. 제주도 동쪽에 있는 오름에 올라 성산 일출봉을 바라보는 느낌이랄까?

일찍 출발해서 시간이 넉넉하다. 왕산 저수지로 가보자. 대충 방향을 잡고 걸어가서 저수지로 내려갔다. 제법 넓은 저수지인데 서 있는 반대편은 저녁 햇살을 받아 빛나고 그늘이 있는 부분은 컴컴해서 같은 장소인데도 분위기가 확 다르게 나타난다. 화가 모네는 이런 작은 것들을 놓치고 싶지 않아서 같은 대상인 건초 더미와, 루앙 대성당과 수련을 그렇게 많이 그렸던 것일까? 밝은 부분만 강조해서, 어두운 부분과 합쳐서, 이런 식으로 저수지 풍경을 여러 장 찍었다.

▶ 때를 잘 맞춰 오면 동대봉산에서도 멋진 단풍을 볼 수 있다. 작은 습지와 어울린 경치

11. 이기대 해안 산책로

해파랑 건물(관광안내소 겸 카페)에서 오륙도 스카이워크로 향한다. 스카이워크 입구에서 조망할 수 있는 오륙도는 동쪽에서 보면 6개의 섬으로 보이고 서쪽에서 보면 5개의 섬으로 보인다. 방향보다는 오히려 밀물과 썰물일 때 그런 현상이 나타날 것 같은데 둘 다 신빙성이 없어 보이기는 피차 마찬가지다. 조용필의 "오륙도 돌아가는 연락선마다" 노랫말 부분이 나오는 '돌아와요 부산항에' 노래로 많이 들었던 곳이 바로 눈앞에 펼쳐진다. 육지에서 가까운 것부터 보면 방패섬, 솔섬, 수리섬, 송곳섬, 굴섬, 등대섬이며 가장 멀리 떨어진 등대섬은 처음에는 밭섬이라고 하였으나 등대가 세워진 이후로 이름이 바뀌게 되었다. 등대섬을 제외하고는 모두 무인도다. 왼쪽으로 보면 해운대와 마린 시티도 아득하지만 조망된다. 무료로 운영되는 스카이워크는 기상 상태가 좋은 날에만 개방된다. 미끄럼방지를 위한 패드가 부착된 덧신을 신고 입장한다. 길이는 그다지 길지 않으나 절벽 끝에서 바다 쪽으로 툭 튀어 나가 있어서(공중에 뜬 상태) 아래를 내려다보면 현기증이 난다.

▶ 해안 절벽에 난 이기대 산책로가 보이고 저 멀리 마린시티의 높은 빌딩이 조망된다

▶ 해안 산책로 표지판이 있는 곳으로 오면 등대섬과 스카이워크를 잘 볼 수 있다

스카이워크를 내려와 탐방로를 따라가면 '이기대 해안 산책로'라는 표지판이 나온다. '해파랑길의 시작점이기도 하다. 여기서는 바다와 등대섬 등을 좀 더 가까이 볼 수 있고 올려다보면 바다로 튀어나온 스카이워크가 잘 보인다. 파도가 바로 앞에 있는 바위를 쳐서 물보라를 일으키는 역동적인 모습도 볼 수 있다.

이제 처음에 봤던 해파랑 건물로 다시 올라간다. 벽이 커다란 투명 유리로 되어 있어 간식을 먹으면서도 계속 바다와 등대섬 쪽을 바라본다. 이곳은 가로등 위에도 흰색 갈매기 모형을 올려서 분위기를 더한다. 관리자의 센스에 박수를 보낸다.

산 쪽으로 올라온 '해맞이 공원'은 아주 큰 아파트 단지를 끼고 있어서인지 산책과 휴식을 위해서 제대로 꾸며놓았다. 꽃과 나무도 있고 가운데에는 물을 가두어 습지처럼 꾸며 놓았다. 한 바퀴만 천천히 돌아도 기분 전환이 될 것 같다. 공원에서 산으로 오르는 길에는 키 작은 코스모스가 촘촘하다. 흰색, 분홍색, 빨간색 꽃이 연한 초록색 줄기에서 고개를 쏙쏙 내밀고 있다. 노란 금계국도 있고 여름 내내 피어있는 배롱나무꽃도 예쁘다. 갈맷길 2-2 구간에 대한 안내판이 있는데 생뚱맞게도 뉴욕, 홍콩, 도쿄 이런 식의 방향 표시 기둥이 서 있었다.

해안 산책로는 전체적으로 어른 두 사람이 걷기에는 좁은 흙길도 있고 나무 데크로 된 계단이 많았다. 처음 부분이 숲속을 빠져나가는 길도 있고 해서 오후에 혼자서 걸으면 좀 무서울 것 같았다. 걷는 내내 푸른 바다와 해운대가 보인다. 30분 정도 걸으니까 이 코스의 인기 장소인 '농바위'가 나왔다. 줌으로 당겨 보지 않으면 절벽 위에 포개져 있는 모습이 장롱 모습이 아니라 공깃돌을 올려 놓은 듯이 보인다.

▶ 해맞이 공원으로 올라와 스카이워크와 등대섬을 바라본 경치, 한 폭의 예쁜 그림이 된다

▶ 스카이워크로 가는 능선과 바다로 튀어 나간 스카이워크가 조망되는 오륙도 해맞이 공원

▶ 이기대 해안 산책로의 매력은 바다로 내려가는 구간과 산으로 오르는 구간이 있다는 것

▶ 공깃돌을 올려놓은 듯한 농바위, 장롱을 포개놓은 듯하여 농바위란 이름을 얻었다

이기대 해안 산책로의 매력 중 또 한 가지가 있다면 바닷가로 내려갈 수 있다는 것이다. 먹을 것만 더 가지고 왔다면 바다를 보며 멍때려도 좋고 바위에 벌렁 누워 잠시 눈을 붙여도 좋겠다.

해맞이 공원에서 출발한 지 1시간 30분 정도 지나서 '어울마당'에 이른다. 이곳 휴게소는 음료수와 컵라면을 팔고 있다. 재난 영화로 유명한 오래된 영화 '해운대'의 촬영지이고 넓은 마당이 전망대 역할을 해서 광안 대교, 해운대, 마린 시티, 달맞이 고개를 또 한 번 쳐다보게 된다. 바닷가 쪽에는 낚시를 즐기는 분들도 계신다.

동생말(이기대 동쪽 산의 끝)에 도착하기 전, 회색 철로 된 구름다리가 나왔는데 제법 튼튼하고 당당한 모습이었다. 최종 목적지 동생말에 왔다. '낭만 가득한 이기대 동생말 전망대'라고 두 줄로 적혀 있고 이 글자들에 붙어있는 세 가닥의 굵은 묶음 쇠줄에 하트 모양이 여러 개 붙어있다. 이 조형물의 커다란 원 사이로 멀리 있는 광안 대교와 뒤에 있는 산이 들어가니, 오른쪽에 하얗게 빛나고 있는 마린 시티 고층 빌딩들과 장관을 이룬다.

이제는 큰 도로와 버스 정류장을 찾든지 택시를 잡아야 한다. 대충 어림잡아서 걸어가다가 한 청년을 만나서 길을 물었더니 분포고등학교 건너편으로 가는 길을 자세하게 알려주었다. 감사의 말을 두 번이나 전하고 차근차근 길을 걸어 버스 정류장을 찾았다.

정상석이 있는 등산이 아니지만 해안 길과 산길 모두를 걸을 수 있고 시원한 경관을 맛본 이 코스가 참 좋았다.

▶ 튼튼한 철근으로 만들어진 이기대 구름다리의 모습이 씩씩하게 보인다

▶ 동생말 전망대의 멋진 조형물 뒤로 광안대교와 가까워진 마린 시티의 빌딩들

12. 금오산

구미의 상징적인 산은 금오산(金烏山, 976m)이다. 대한민국 도립공원 1호로 지정된 산인 만큼 국립공원이 아니어도 구미분들은 어깨를 펴고 자랑해도 된다. 박정희 대통령으로 시작된 자연보호운동 발상지도 여기다. 경남 하동에도 금오산이 있는 걸 보면 다른 지방에도 같은 이름을 가진 산이 있을 것이다. 지리산처럼 금오산도 제법 넓어서 칠곡군과 김천시의 경계에 걸쳐 자리하고 있다. 황금빛 까마귀가 날아가는 것에서 이름이 유래했다는 설도 있으나 최남선의 학설이 더 신빙성이 있다. 곰은 웅(熊)이 아니라 '검' 또는 '금'에서 변한 말로서 임금의 뜻을 가진 말이다. 따라서 훌륭하고 위대하다는 뜻으로 붙여진 이름인 것 같다.

오늘은 시계 방향으로 빙 돌아서 내려올 예정이어서 케이블카를 탄다. 앞으로는 도선굴이 보이고 반대 방향을 보면 남아공의 테이블 마운틴을 닮은 천생산이 보인다. 케이블카의 좋은 점은 높은 돌계단을 걷지 않고 곧장 해운사(海雲寺)로 갈 수 있는 것이다. 사천왕문을 지나면 바로 절이다. 산속에 싸여있어도 햇빛이 잘 들어오는 절묘한 곳이다. 해운사의 여러 건물은 범종루를 제외하고 모두 돌계단 위에 세워져 있어 높고 웅장하다. 대웅전을 비롯한 건물들의 단청이 무척 깨끗하고 화려하다. 해운사 대웅전 뒤쪽 바위 벼랑에 있는 도선굴이 조망된다.

해운사를 나와 돌길을 걸어가면 대혜폭포(大惠瀑布)가 나온다. 금오산 유일의 수자원으로 큰 은혜를 베푼다는 뜻이다. 금오산 400m 지점에 있고 폭포의 높이는 27m이다. 금오산 정상부 분지에서 시작하여 긴 계곡을 따라 흐르다가 떨어지는 폭포다. 지난번에 왔을 때는 물이 별로 없었는데 여름이라 확실히 다르다. 물소리가 금오산을 울린다고 해서 명금폭포(鳴金瀑布)라고도 불렸다. 폭포 옆으로 이어진 벼랑에는 해운사를 창건한 도선 스님이 득도했다는 도선굴이 있다. 사람이 판 것이 아닌 천연동굴이다. 암벽에 뚫린 큰 구멍이 있어 대혈(大穴)로 불리다가 신라 말기, 풍수 대가인 도선 선사가 여기서 득도했다고 해서 도선굴이라고 알려졌다. 비탈면의 바위를 깎아 굴로 가는 길을 만들었다.

▶ 첫 번째 조망터에서 바라본 경치, 금오지, 금오랜드, 구미시가 넓게 펼쳐진다

폭포를 지나 깔끔하게 단장된 나무계단을 오른다. 얼마 가지 않아 넓은 바위와 소나무가 있는 멋진 조망터에서 숨을 고른다. 저수지와 금오랜드가 눈에 들어온다. 마애석불 삼거리로 오는 길에 목련을 닮은 함박꽃을 발견했다. 10여 년간의 등산으로 새로운 취미가 생겼다. 꽃 이름을 살펴보는 것이다. 지난번에는 '공조팝나무'를, 이번에는 하얀 꽃잎 속에 빨간 꽃술이 있는 함박꽃을 만났다. 큰 나무에 비해 그다지 많이 달린 꽃은 아니지만 새하얀 색이라 눈에 잘 띈다. 사람으로 치면 고결하고 품위 있는, 교양 있는 분이다.

오늘은 오형 돌탑을 보려고 마애석불 쪽으로 간다. 죽은 손자를 위해 어떤 할아버지가 10년에 걸쳐서 쌓은 돌탑이다. 손주는 태어날 때부터 심한 장애로 인해 말하지도 걷지도 못했다. 자식을 대신하여 손주를 길렀는데 정성에도 불구하고 손주는 10살이 되던 해 세상을 떠나고 말았다. 할아버지는 손주가 좋은 곳으로 가기를 바라며 돌탑을 쌓았고 금오산의 '오' 자와 손주 이름(형석)의 '형' 자를 붙여서 돌탑 이름을 만들었다.

▶ 정향나무꽃이라고 나오는데 확실한 자신이 없다. 정상 도착 전에 이 나무가 많다

▶ 고귀한 품격을 자랑하는 함박꽃, 진한 초록 잎 사이로 핀 하얀 꽃이 대단하다

▶ 손주를 위한 할아버지의 지극한 사랑 표현인 오형 돌탑, 전망 장소, 휴식처로도 그만이다

▶ 큰 바위의 모서리에 있는 마애석불, 부조로 된 것이나 입체감이 상당하다

마애석불 0.5km를 알리는 푯말 아래에 오형 돌탑을 알려주는 비공식 안내판이 붙어있다. 돌탑 속에 작은 부처가 앉아 있는 탑도 있고 꼭대기를 각각 다른 모양으로 만들었다. 돌탑의 기반은 넓적한 바위 지대이지만 끝은 아찔한 낭떠러지다. 정상을 제외하고는 이곳 전망이 최고다.

돌탑의 멋진 경관과 이야기의 감동이 가시지 않은 채 마애석불로 왔다. 거대한 암석에 새겨진 높이 5.5m의 큰 입상이다. 고려시대에 제작된 것이니 역사도 깊다. 암벽 모서리의 튀어나온 부분을 좌우로 나누어 부조지만 입체감이 상당한 특이한 마애불상이다. 불상을 예술적인 측면에서만 바라보는 산객에게 지금까지 멋지다는 마애불상은 별로 없었다. 경주 금오봉에 있는 칠불암이 좋았다고 기억한다. 두 손을 모두 내리고 있는데 왼손은 손바닥을 밖으로 펼치고 있다. 중생들의 소원을 들어준다는 뜻이리라. 상당한 크기에 조화로운 모습이 마음에 들었다. 불상 아래에는 불두화(부처의 머리를 닮은 하얀 꽃). 작약, 금낭화 등 여러 꽃이 피어있어 더욱 환상적인 장면을 연출한다.

석불에서 약사암으로 가는 길은 때 묻지 않은 깊은 산속의 느낌이라 마음이 차분해진다. 계단도 별로 없고 마지막 부분을 제외하고는 데크길도 없다. 거대한 암벽 무리 아래에 있는 약사암을 새로운 길로 걸어서 도착하니 느낌이 또 다르다. 암벽 밑 벼랑 끝에 지지대를 만들어 세운 사찰이다. 출렁다리에 연결된 범종루가 더 신비한 모습인데 출입을 금하고 있다. 예전에는 다리를 건너 범종루에 가서 쉬기도 했는데. 약사암은 신라시대 의상대사가 창건한 곳이다.

정상은 약사암보다 50m 높지만 올라가는 길은 가파르고 굽어져서 시간이 생각보다 많이 걸린다. 정상석은 2개다. 옛날 미군기지였다가 시민의 품으로

▶ 약사암 범종루, 암자가 있는 절벽 앞 또 다른 절벽에 놓여 있어 고고한 자세로 보인다

▶ 금오산에는 두 개의 정상석이 있는데 이 정상석은 군부대 위에 새로 세운 것이다

돌아온 곳인데 정상 복원 사업을 하면서 10m 위에 또 하나를 세운 것이다. 두 번째 현월봉(顯月峰, 976m) 정상석에서 뒤로 다시 조금만 걸어가면 약사암을 멋지게 볼 수 있는 조망 장소가 나온다. 깎아지른 암봉 아래, 절벽 위에 자리 잡은 약사암의 모습은 입이 떡 벌어지는 경관이다.

　내려오는 길은 할딱고개를 천천히 웃으면서 내려온다. 제법 높은 산을 시계 방향으로 빙 둘러보았다. 오형 돌탑과 마애석불을 보지 않고 약사암과 현월봉 정상만 가본 분들에게는 꼭 다시 가보라고 권한다.

▶ 정상석 뒤쪽에서 내려다본 약사암, 금오산 등산에서 보는 최고의 경치다

13. 금정산

바다가 있는 항구도시 부산이지만 매력적인 산들도 무척 많다. 그중에서 으뜸인 산이 금정산이다. 산성고개 근처에 차를 세웠는데 알고 보니 시내버스도 정차하는 곳이었다. 이정표는 오른쪽인데(동문 방향) 사람들은 왼쪽 계단으로 오른다. 금정산 안내도 옆에 서 있는 분에게 얼른 달려가 동문을 거쳐 고당봉으로 갈 거라고 했더니 길을 건너가면 된다고 하셨다. 결론은 모두 같았다. 금방 두 길이 만났다. 이후에도 몇 번 갈림길은 더 나왔는데 그냥 직진하는 방향으로 걸었다.

10분 정도 걸었을까. 동문이 나타났다. 임진왜란 이후에 왜구의 재침을 막기 위해 산 능선을 따라 사방에 성문을 만들고 성문을 따라 17km에 달하는 성벽을 만들었다. 동문은 바로 이 금정산성을 축조할 때 지은 것이다. 숙종 29년(1703년) 지어졌고 일제 강점기 시기에 허물어졌다가 1972년 현재의 모습으로 복원하였다. 여러 차례 보수공사를 거쳐 지금에 이른다. 동래읍성에서 가장 근접하기 쉽고 415m의 잘록한 고개에 위치하여 전망이 뛰어나다. 4대 관문 중 으뜸이라고 한다.

동문을 지나서 걷는 길에는 약수터도 있고 '갈맷길' 구간 표식도 눈에 띈다. 숲길, 성곽길로 갈라질 때는 시야가 트이는 성곽길을 선택했다. 제4망루, 세모 모양의 의상봉, 무명봉과 무명릿지가 보이는 나무 울타리가 있는 곳은 멋진 전망대 역할을 하고 있었다. 멀리서 봐도 크고 멋진 암반이 연결된 곳인데 왜 무

▶ 산성 길에서 내려다본 무명릿지에 있는 바위, 암벽 등반가들이 무척 좋아하는 곳이다

▶ 무명릿지, 제4망루, 의상봉, 부채바위 구간이 모두 보인다

명이란 이름을 쓸까. 70년대 김부갑이란 분이 바위 능선을 개척했는데 바위 능선이 너무 아름다워서 쉽게 이름을 붙일 수 없었다. 그 사실이 그대로(무명, 이름을 붙일 수 없음) 이름이 되어버렸다. 지역의 이야기나 모양의 특징을 따서 분명한 이름을 지었으면 좋겠다. 데크길 만드는 것만이 등산객을 위한 것이 아니다.

부산 시내(오른쪽)와 산성 마을과 상계봉 능선(왼쪽)을 조망하며 걷는 산성길은 금정산 등산의 백미다. 뒤를 돌아보면 부채바위(부챗살처럼 죽 이어진 바위 무리)가 보인다. 둘레길과 성곽길이 합쳐지는 곳에는 제4망루와 의상봉이 나란하게 보인다. 제4망루에서는 고당봉과 의상봉으로 가는 길로 또다시 나눠진다. 높은 나무가 없고, 억새가 있는 넓은 광장 끝에 제4망루가 있다. 바람이 많이 부는 곳인데 누각이 있으니 쉬어가기에 참 좋은 곳이다. 김유신 장군의 훈련 장소도 있다.

산성고개에서 한 시간 정도를 걸어서 의상봉(義湘峰, 647m)에 도착한다. 의상봉에 오르면 앞으로 가야 할 원효봉과 고당봉이 한꺼번에 보인다. 아래쪽 무명봉과 무명릿지(Ridge, 암벽 등반코스)도 멋지게 나타난다. 산성 망루 넘어 남쪽으로 산성고개와 대륙봉으로 이어지는 구간이 시원하고 오른쪽으로는 양산을 가로지르는 낙동강 하류까지 보인다.

의상봉에서 20분간을 걸어 원효봉에 왔다. 이름에 관한 여러 가지 설이 있다. 해골바가지 모양을 한 바위가 놓여 있어서, 근처에 원효암이라는 암자(庵子)가 있어서 원효라는 이름을 넣었다는 것이다. 한 표를 던지고 싶은 의견은 으뜸의 새벽(元曉)이라는 이름이다. 동해에서 떠오르는 햇빛을 받아 화려한 자

▶ 돌을 밟고 걷는 산성 길을 걷는 재미가 있는 금정산 등산, 숲길보다 조망이 훨씬 더 좋다

▶ 의상봉에서 바라본 등산 진행 방향, 원효봉과 왼쪽 저 멀리 고당봉이 보인다

▶ 의상봉에서 부산 시내를 바라본 경치, 무명릿지 뒤로 부산의 아파트가 꽉 몰려있다

▶ 의상봉에서 걸어 올라온 방향의 경치, 가운데 부채바위 무리가 보인다

태를 뽐내는 모습에서 이름을 만들었다는 것이다.

원효봉에서 1km 정도로 고도를 낮추어 북쪽으로 걸으면 금정산성 북문에 도착한다. 고당봉, 범어사로 갈리는 삼거리 지점인데 사람들이 엄청나다. 피크닉 장소로도 이용되고 화장실도 있다. 등산문화탐방지원센터, 세심정(洗心井, 약수터) 등 부대 시설도 잘 갖추고 있다.

점심을 먹고 숨을 고른 후에 고당봉으로 향한다. 옛날에 마실 수 있었다고 적혀 있는 고당샘은 지금은 마실 수 없다. 제일 유명한 금샘(金井) 외에도 많은 약수터가 있는 모양이다. 정상에 올랐다가 내려올 때 금샘에 들르기로 한다.

정상으로 오르는 길은 데크길이다. 정상 오르기 직전에는 고당 할미를 모시

▶ 금정산성 북문에서 걸어가야 할 고당봉 방향의 경치, 굽은 성곽이 멋지다

는 고모당(姑母堂)이 있다. 정상석에 너무 많은 사람이 몰려있어 그곳을 피해 살짝 옆쪽으로 가서 바위에 앉았다. 경남 양산 신도시와 황산공원, 그 옆을 유유히 굽어가는 낙동강, 금정산에 있는 철근 전선 탑까지도 멋지게 보인다. 고당봉(姑堂峰, 801.5m)이 금정산의 최고봉인 만큼 광안대교까지 확인할 수 있다.

고당샘으로 다시 내려와 오른쪽에 있는 금샘으로 간다. 호젓한 숲길을 혼자 걷는 재미가 좋다. 금샘은 고당봉 동남쪽 8부 능선에 돌출한 바위 무더기 중 남쪽에 솟아있고 물이 고여있는 정수리 부분을 말한다. 9m 높이의 바위에 둘레가 3m인 구멍이 파여 있어서 빗물이 고이는 곳인데 샘물에 빗대어 만든 이름이다.

단순히 바위에 파인 구멍이지만 역사, 문화적으로 매우 중요하다. 2013년 부산광역시 기념물로 지정되었다. 물이 항상 가득하고 가뭄에도 마르지 않으며 황금빛을 띤다고 옛 문헌(신증동국여지승람)에 적혀 있다. 한 마리의 금빛 물고기가 오색구름을 타고 하늘에서 내려와 황금빛 우물에서 놀았다는 기록도 있다. 금정산은 바로 '금빛 우물이 있는 산'이란 뜻이고 범천(梵天)의 고기, 즉 하늘의 물고기를 넣어 '범어사(梵魚寺)' 이름을 만들었다. 금샘 바위에 오르려면 약간의 체력과 순발력이 필요하다. 어떤 분은 사진을 부탁하고 올랐고 어떤 분은 겁이 나서 아래에서 밀어주려고 해도 포기했다. 금샘 주위에 멋진 바위가 많아서 고당봉 정상석 부근보다 사진을 더 많이 찍었다. 북문으로 내려갈 길도 나타나고 건너편 사기봉과 어우러진 경치가 좋았다.

▶ 금샘에서 내려다본 경치, 내려가야 할 길이 잘 보인다

▶ 가운데 금샘이 있다. 금정산, 범어사라는 이름이 모두 금샘과 관련이 있다

　범어사로 가는 길은 콧노래가 나온다. 흙길, 반들반들한 돌길도 있으나 양쪽
으로 멋진 바위도 있고 계곡도 있어서 푸근한 느낌이 든다. 나뭇잎이 흔들리는
소리, 물소리, 새소리가 마음을 가볍게 하는 모양이다. 한참 내려와서 금강암이
라 적힌 바위에서 휴식을 취한다. 금강암 입구인가 보다. 금강암으로 가서 내원
암을 거쳐 금샘으로 가는 등산로가 있다는 것을 새롭게 알게 되었다. 범어사에
다시 오게 되면 이 길로 가볍게 금샘까지만 올랐다 내려올 것이다. 큰 돌 사이
로 흐르는 물이 예뻐서 양말을 벗고 발을 담갔다. 금정산은 범어사와 함께 부산
의 보물임을 느꼈다.

14. 가야산

　1972년 국립공원 9호로 지정된, 합천과 성주에 걸쳐있는 가야산은 예전부터 조선 8경의 하나로 알려졌으며 주봉인 상왕봉은 소의 머리를 닮았다고 '우두봉'으로도 불렀다고 한다. 가야산은 팔만대장경을 품고 있는 세계문화유산인 해인사로 많은 사람에게 알려져 있다.

　성주군 수륜면 백운동 주차장에 주차한다. 주차료도 없고 상당히 넓다. 평일이기도 하지만 강력한 태풍이 지나고 이틀이 지난 후라서 주차장은 텅텅 비어 있다. 탐방지원센터로 향하는 길바닥에 큼직하게 써 놓은 글자가 외로운 등산객을 반겨준다. 왼쪽으로 가는 험한 길 만물상 코스, 오른쪽으로 가는 조금 편한 길 용기골 코스, 과연 국립공원이다. 어디에서 이런 등산 안내를 쉽게 받을 수 있을까? 탐방센터로 다가가니까 여직원이 어디로 가는지를 묻는다. '용기골'이라고 답하니 아무 반응 없이 사무실로 다시 들어간다. 처음엔 몰랐는데 '만물상' 코스로 갈 때는 예약을 해야 한다고 한다. 예전에 만물상 코스로 갈 때도 그냥 통과한 것 같은데? 어려운 만물상 코스로 올랐다가 너무 힘들어서 서성재까지 가지도 않고 '상아덤'에서 많이 놀다가 내려온 적이 있었는데, 이번에는 정보도 자세하게 읽고 두 번째 도전으로 마음을 단단히 먹고 온 것이다.

▶ 비가 많이 내려서 계곡의 물이 세차게 흘러내린다. 사진을 찍고 잠시 물멍을 때렸다

▶ 서성재에서 조금 더 올라오면 이정표가 나타나고 상왕봉으로 오르는 길이 확실해진다

계곡을 끼고 걷는 코스라 물소리가 세차게 들린다. 폭풍과 함께 비가 많이 내려서 계곡물이 엄청날 뿐만 아니라 차가운 물보라가 만든 운무가 바위와 계곡을 덮어서 꿈속 장면을 만들고 있다. 계곡을 건너는 다리가 '백운교'를 시작으로 계속 나왔다. 반달곰 출현을 조심하라는 현수막도 있고 엄청난 크기의 돌탑도 있다. 일본의 산을 오를 때 등산객들이 배낭에 '풍경'을 달아서 딸랑거리며 걷는 모습을 본 적이 있다. 그때 사서 가지고 온 풍경(딸랑거리는 소리를 듣고 곰이 피해감)을 어디에 뒀는지 찾아야겠다고 생각했다.

산길을 걸어 올라가는데 태풍으로 꺾인 나뭇가지와 잎들이 등산길에 많이 떨어져 있어 걷기가 불편하다. 그래도 이틀 지나서 온 게 다행이다. 아마 어제 왔었다면 '입산 통제'로 되돌아가야 했을지도 모른다.

백운암지(白雲菴址) 절터가 나왔다. 그런데 주위에 탑이나 받침돌 하나도 없다. 삼거리인 서성재로 오르는 길만 남았다. 슬슬 지겨워지는 느낌이다. 딱 한라산 성판악 코스를 오를 때, '진달래 대피소'가 빨리 나오기를 바라며 터덜터덜 걸었던 분위기다. '고생 끝에 낙이 온다. 힘을 내자.' 혼자 마음속으로 중얼거린다.

야호! 드디어 서성재에 도착했다. 탐방지원센터와 만물상 방면, 칠불봉과 상왕봉으로 가는 표지판이 우뚝 서 있다. 처음에 빡센 만물상 코스로 왔다가 이곳까지 오지도 못한 생각이 떠올라 서성저(고개)에 부끄러웠다. 배낭에서 하얀 절편과 약밥을 꺼내고 이온 음료도 한 병 꺼낸다. 참기름이 살짝 발린 절편 한 개를 물어보니, 고소한 냄새와 식감이 좋아 행복의 웃음이 나온다. 그리스의 '산토리니' 마을 색깔의 음료수를 벌컥벌컥 마시고 조금 단단한 약밥도 맛있게 먹었다.

　힘을 얻어 본격적으로 고도를 올리는 오르막을 걷는다. 칠불봉 방향으로 조망이 조금씩 열리고 나무 사이로 풍경도 보인다. 만물상만 멋진 것이 아니었다. 오른쪽으로 동성봉 능선도 유려하게 흘러내린다. '계단 지옥'이라는 말을 별로 좋아하지 않는다. 오히려 계단을 좋아한다. 사실, 계단이 없으면 울퉁불퉁하고 미끄러운 바위 위를 밧줄 잡고 끌어당기거나, 네발걸음으로 올라야 하는 등 어려움이 많아진다. 신발이나 옷이 더러워지지 않는 점도 있다. 물론 모든 등산 구간에 해당하는 것은 아니지만 말이다.

　바위들이 몰려있는 구역에 있는 수령이 오래된 소나무는 사람으로 비유하면 장인(匠人)이나 현자(賢者)의 모습을 보는 것 같다. 겹겹이 쌓인 두꺼운 껍질과 굵지만 조금 굽어 있는 줄기에 솔방울이 별로 없는 깨끗한 모습이 숭고하다고 할까? 고결하다고 표현할까? 쉽게 말하면 너무 멋지다는 것이다. 칠불봉으로 오르는 계단 주위에는 이런 소나무들이 제법 많다. 한 그루의 고사목도 엄청난 존재감을 나타낸다.

　칠불봉(七佛峰, 1,433m)에 도착한다. 조망이 더할 나위 없이 좋다. 앞쪽으로 가야산의 또 다른 멋쟁이 '남산제일봉'이 어깨를 쭉 펴고 있다. 산줄기 사이의 평평한 구간은 비슷한 높이의 나무들로 이루어져 폭신한 솜이불을 펼쳐놓은 느낌이다. 여기서 보이는 상왕봉까지는 겨우 300m다. 상왕봉 입구에서는 해인사로 내려갈 수도 있다.

▶ 칠불봉에서 바라본 경치, 바로 앞 왼쪽에 상왕봉이 있어 느긋하게 쉬며 주위를 둘러본다

▶ 상왕봉 정상석 바로 아래에 있는 우비정, 소 콧구멍 샘이라고 표현한 것이 재미있다

▶ 서성재에서 만물상으로 가는 길에도 멋진 조망터가 있고 대단한 바위 무리가 있다

▶ 큰 바위들이 모여 있는 계단을 내려와 바라본 칠불봉, 상왕봉, 동성봉의 모습

등산 최종 목적지 상왕봉에 왔다. 정상석에 한자로 가야산(伽倻山) 우두봉(牛頭峰)이라고 두 줄로 적혀 있고 한자보다는 작은 글자로 그 옆줄에 상왕봉(1,430m)이라고 적혀 있다. 거창에도 우두산이 있는데. 그런데, 어라! 상왕봉이 칠불봉보다 3m가 낮다. '칠불봉에서 보는 경관이 상왕봉에서 보는 것보다 더 좋지만, 봉우리가 좁아서 상왕봉을 정상으로 한 것 아닐까'라는 생각이 들었다. 하긴 어디가 주봉이든 큰일이 일어날 것도 아니고

상왕봉 옆에는 자그마한 구덩이가 있는데 과장을 해서 작은 연못이라고 부르고 있다. 정확하게는 '우비정(牛鼻井)'이다. 우두산에 있는 소 콧구멍 샘, 이름을 잘 지은 것 같고, 정상석에 한글로 '우두봉'이라고 적힌 것에 고개가 끄덕여진다. 바위로 된 꼭대기에 샘이 있는 것이다. 안내로 보면 잘 마르지도 않는다고 한다. 지금은 비가 온 뒤라 수량이 끝까지 꽉 차 있어 절정의 모습을 보여 준다.

하산하는 갈림길로 내려와 서성재로 바로 가지 않고 해인사 탐방로로 방향을 튼다. 칠불봉에서 이쪽에 있는 멋진 봉우리를 눈으로 찍어두었다. 이 봉우리는 '봉천대'로 확인되었는데 이곳으로 오면서 올려다보는 칠불봉과 상왕봉의 모습은 더욱 넓고 웅장해 보였다. 봉천대 주위에도 경사가 있지만 엄청나게 넓은 바위들이 있어 사진 찍기에 좋았다. 내년에는 해인사에서 시작하여 상왕봉을 오르고 싶다.

더 머무르고 싶었으나 또 다른 멋쟁이 만물상을 봐야 하기에 다음 기회를 약속하고 서성재로 간다. 서성재에서 만물상으로 올라가는 구간에도 가끔 조망이 트여 상왕봉을 바라볼 수 있다. 조망이 트이는 곳이면 어김없이 등산길에서 옆

▶ 왼쪽에는 봉천대가 있고 상왕봉, 칠불봉, 동성봉이 차례대로 조망된다

▶ 만물상 코스로 내려온 것이 좋은 선택이었다. 상왕봉에서 멀리 떨어진 능선도 멋지다

으로 나와 살펴보다가 길을 잃기도 했다. 하지만 금세 찾을 수 있었다.

만물상의 슈퍼스타, '상아덤'이다. 달에 사는 미인 상아와 바위 무리를 칭하는 덤이 합쳐진 말로 가야산 여신 정견모주(正見母主)와 하늘의 신 이비가지(夷毘訶之)가 노닐던 전설을 담고 있다는 곳이다. '신증동국여지승람'에 의하면 최치원이 지은 석이정전(釋利貞傳)에 이 이야기가 들어있다고 한다. 송창식이 만든 '상아의 노래'도 혹시 여자 이름 '상아'겠지만, 달에 사는 미인 이름과 연결 지어 만든 것은 아닐까?

상아덤의 바위 무리는 정말 대단한 슈퍼스타였다. 강아지 머리 모양처럼 보이는 주인공 바위도 있고(너무나 커서 좀 이상하지만 어쨌든 모양은 비슷했음), 위아래로는 길게 트여있으나 폭이 좁은 틈을 통과해서 절벽 앞에 서서 보면 앞쪽의 거대한 산들도 웅장한 모습으로 나타난다. 처음에 여기 왔을 때의 감흥을 재음미하며 바위 광장 여기저기를 신나게 돌아다녔다.

내려오는 길에도 역시 '반달가슴곰 출현 주의' 현수막이 있고 슬로우 탐방 구간(잠시 쉬며 숨을 고르는 곳) 안내판도 있다. 처음에 왔을 때 저것을 보고 앉아 쉬었지, 죽기 싫어서.

용기골로 올라 서성재를 지나고, 칠불봉, 상왕봉을 보고 내려와 봉천대까지 구경한 후 다시 서성재를 거쳐 만물상을 만끽하고 주차장으로 원점 회귀하는 산행이었다. 거의 6시간을 걸었지만, 계획한 것보다 더 많이, 구석구석 거의 혼자 가야산을 독차지한 산행이어서 어깨가 으쓱 올라갔다.

15. 감암산

　뭐 감암산? 감악산 아니야? 발음하기 어려운 이 산은 산꾼들에겐 알려져 있으나, 대부분은 모르는 산이다. 철쭉과 억새로 유명한 황매산의 아들 격인 산으로 근처의 모산재(767m)와 형제인 산으로 합천에 있다.

　대기 마을 회관 옆에 있는, 5대 정도만 주차할 수 있는 곳에 주차하고, 정자를 지나는 길로 접어든다. 얼마 지나지 않아 묵방사와 828고지로 향하는 갈림길이 나온다. 계곡을 건너 오르는 묵방사 방향을 선택한다.

▶ 마석산과 함께 차츰 전국적으로 인기가 오르고 있는 감암산, 황매산의 아들 격인 산

계곡을 낀 임도를 오르면 묵방사가 나타나고 사찰 위로 누룩덤이 멀리 보인다. 묵방교를 옆으로 두고 바윗돌에 적힌 방향표를 보고 계속 등산을 진행하면 제일 위쪽에 응진전이 있고 응진전 담벼락을 따라 산으로 접어든다. 들꽃을 바라보며 천천히 걸어가니 오른쪽에 무덤이 있고 가야 할 산줄기가 분명하게 나타난다. 무덤을 지나면 임도는 끝이 나고 본격적인 산길이 이어진다.

물소리를 들으며 걷는 계곡 길과 흙길, 너덜길을 걸어 고개 느낌이 나는 곳을 오른다. 이제부터 멋진 전망이 나올 것이라는 기대를 걸고 마지막 마사토로 된 길을 오르자 겹쳐있는 거대한 바위 두 개가 나타났다. 사람들이 '암수 바위'라고 부르는 곳이다. 이름을 알고 연상하면 그렇게 보이지만 그냥 처음 본다면 크기에 압도당해 그냥 멋지다는 생각 이외엔 다른 생각을 못 할 것 같다.

곧장 정상으로 오르지 않고 왼쪽으로 틀어 있는 반대 방향의 봉우리로 조금 올라가 본다. 고도가 높아지면서 조망은 점점 더 좋아지고 올라온 계곡도 내려다보인다. 부산 금정산에 있는 '금샘' 같은 조그만 구멍도 있는데 물은 마르고 없다. 올라갈 감암산 정상도 멋지고 그 옆으로 배경을 이루는 먼 산들도 파노라마로 펼쳐진다. 아직 기암괴석의 잔치는 시작도 안 했는데 기대로 가슴이 두근거린다.

산봉우리를 내려와 암수 바위를 거쳐서 다시 숲속 길을 향한다. 황매산 방향으로도 이어지는 능선이다. 700m쯤 걸은 지점에 이정표가 서 있다. 서서히 기운이 솟는다. 5분 정도 더 걸어서 전망이 좋은 두 번째 암봉에 왔다. 계단 옆으로 바닥 바위에 꽂힌 듯한 '촛대바위'가 대단한 존재감을 자랑한다.

정상과 연결된 세 번째 봉우리를 지나 감암산(甘闇山) 정상(834m)에 왔다.

조망되는 주변 산들을 찍은 안내판이 있는데 산 이름이 없어 정확하게 알 수는 없다. 왼쪽에 보이는 촛대바위와 오른쪽 가운데에 솟아있는 부암산 정도만 알 수 있다. 이곳에서 점심을 먹고 숨을 고른다.

기암들의 잔치 시작점 828봉에 도착했다. 직진하면 황매산 초소 방향이다. 오른쪽으로 내려간다. 765봉에 서면 왼쪽으로 모산재가, 오른쪽으로는 슈퍼스타 누룩덤이 다 들어온다. 이 봉우리를 지나면서 기암들의 잔치가 벌어진다.

송이버섯을 얹어놓은 바위, 신발 바위도 나온다. 누룩덤으로 가는 능선이 고래 등처럼 펼쳐져 있다. 내려가는 중간에 있는 감암산 두 번째 스타는 '칠성 바위'다. 내 멋대로 순위를 매겨서 2위로 밀려난 칠성 바위이지만 역시 멋지다. 칠성 바위에 오르기 전에, 옆에서 봐야 7개의 바위를 확인할 수 있다. 그 산에 오르면 다른 산은 잘 보이지만 정작 그 산은 보이지 않는 것처럼 말이다.

▶ 감암산이 전국의 산꾼에게 소문이 퍼지게 된 것은 바로 이 누룩덤 때문이다

▶ 누룩덤에 올라 바위틈을 통과한 후, 조금 더 걸어서 위로 보면 나타나는 강아지 바위

누룩덤도 마찬가지로 멀리 떨어져서 보아야, 누룩 덩어리가 쌓여있는 모습이 잘 보인다. 계단이 시작되는 바로 앞에서도 느낄 수 없고, 등산 시작을 묵방사로 하지 않으면, 이곳으로 올라와도 옆에서는 보이지 않는다. 누룩덤은 계단과 나무다리가 설치되어 보기와는 다르게 쉽게 오를 수 있다. 예전에 이런 도움 없이 올랐다는 분들의 이야기를 들은 적이 있는데 대단하다는 생각이 든다. 거대한 두 바위 사이의 틈을 지나면 확 트인 조망터가 나온다. 바람도 막아주고 반대쪽에서 햇살도 잘 비친다. 여기서 한참을 쉬어가도 그만이겠다. 바로 내려가지 않고 사진 작업에 착수했다. 왼쪽으로 다시 방향을 틀고 밧줄을 잡고 바위 위를 올라간다. 세상에서 제일 큰, 웃는 강아지가 떡 버티고 있다. 눈꼬리가 처진 모양이 너무 귀여운데 크기는 어마어마하니 안 보신 분들에게 어떻게 설명해야 좋을까? 감암산은 이 누룩덤 하나만으로도 와볼 가치가 있다. 거기다가 황매산 평전과 모산재, 근처의 저수지, 계곡까지 어울린 장관을 보여준다. 부탁받은 것도 아니지만 지인들에게 계속해서 감암산을 알릴 것이다. 이곳에서 받은 감동을 작은 수고로 보답하고 싶은 마음이랄까?

아직 끝이 아니다. 하트 바위, 엄지척 바위, 거북 바위 등 유명 바위들이 줄줄이 등장한다. 하트 바위의 가운데 부분은 사람들이 올라갔는지 반질반질한 느낌이고 엄지척 바위는 젖꼭지의 느낌도 난다. 거북 바위는 반대편으로 등산을 시작한 분들이 처음 만나는 기암이 된다. 계곡을 보고 있는 거북이가 너무 커서 거북이 이름이 적합하지 않다고 느낄지도 모르겠다.

▶ 누룩덤을 내려오면 또 하나의 명물 하트 바위가 산객들을 보고 웃어준다

▶ 하트 바위 부근에서 본 경치, 이제 마을이 보이고 고도가 많이 낮아졌음을 실감하게 된다

묵방사로 시작하여 이렇게 내려오는 코스를 잘 선택한 것 같다. 치고 오르면서 보는 것보다 점심을 먹고 난 후, 후반부에 하이라이트 구간이 있는 것이 더 좋을 것 같은데, 산행 후기를 보면 오히려 치고 오르면서 보는 분들이 더 많은 것 같다.

이 멋진 산이 곧 유명해지길 기대해 본다. 황매산만 보고 훌쩍 가지 말고 합천에서 하룻밤 보낸 다음에 꼭 보고 가면 좋겠다.

▶ 반대쪽은 바위산이고 이 방향은 전형적인 나무로 우거진 산이다. 능선은 더 예쁘다

▶ 살짝 단풍이 드는 나무와 억새가 가을을 예고하고 있다. 다채로움을 보여주는 감암산

▶ 저수지와 대기 마을이 보이고 왼쪽으로는 황매산으로 이어지는 능선이다

16. 베틀산

　구미시 해평면에 있는 베틀산은 370m의 높지 않은 산이다. 3개의 봉우리가 있는데 베틀산이 가운데에 있고 양쪽에 좌베틀산과 우베틀산이 자리 잡고 있다. 이 중에서 가장 높은 봉우리는 좌 베틀산이다.

　이 산 이름에 관한 전설은 세 가지나 되는데, 목화를 우리나라에 들여온 문익점의 손자(문영)가 해평면에서 이 산의 모양을 딴 베틀을 만들었다는 것이 첫 번째 전설이다. 두 번째는 과거를 보러 가던 어떤 선비가 이곳에서 베를 짜는 소리를 들었다는 이야기에서 만들어진 것이다. 마지막으로 임진왜란 때, 전쟁을 피해 이 산으로 숨어든 사람들이 베틀산의 동굴에서 베를 짰다고 하여 이렇게 이름이 지어졌다는 것이다.

　베틀산은 100대 명산에는 들어있지 않지만 '상어가 있는 산'이라는 입소문을 타고 등산객들이 찾고 있는 곳이다.

　도요암에서 1km 정도 숲길을 걸어가니 삼거리가 나온다. 우베틀산으로 가는 경사가 급하고 다시 돌아와야 하기에 암자에는 가지 않기로 한다. 산행 정보를 보고 좌베틀산 중턱에 '상어굴'이 있다는 것은 분명하게 알고 왔다. 베틀산으로 바로 오르는 왼쪽으로 향한다.

　삼거리에서 조금 올라오니 베틀산(324m) 정상이다. 정상석은 없고 파란 아크릴판에 하얀 글씨로 적힌 정상표식이 있다. 조망이 트이지 않는 곳이어서 정상 표식이 들어간 사진을 한 장 찍고는 곧장 좌베틀산으로 간다. 흙길이고 경사

▶ 등산 입구에 도착하기 전에 베틀산의 마루금이 예뻐서 차를 멈추고 사진을 찍었다

▶ 정상석을 대신하는 아크릴판, 깨져있어서 안타까웠다. 예쁜 정상석이 세워졌으면 한다

가 있다. 가파르게 내려갔다가 다시 오르는 길을 걷는다. 약 1km의 거리다.

좌베틀산에는 제법 큰 정상석이 있다. 제일 높은 주봉이어서인가? 이제는 오늘의 주인공 '상어굴'을 찾아야 한다. 약 500m의 내리막길인데 지금까지의 등산길 중 제일 가파른 길인 것 같다.

자갈과 모래로 이루어진 암석이 비와 바람의 풍화와 침식 작용으로 굴처럼 파여 있는데 푹 들어간 모양이 길게 이어져 있다. 파인 높이보다 이어진 길이가 100m는 될 것 같아서 놀랐다. 이곳이 바로 '상어굴'이구나. 굴이라고 하지만 수십 미터 안쪽으로 깊숙이 들어가는 것이 아니고 2~5m 정도로 파인 부분이 옆으로 이어진 모양이다. 굴 벽이나 위쪽에는 암석에 박혀 있던 크고 작은 자갈

▶ 이 부분만 보면 상어의 느낌보다 해골의 느낌이 훨씬 더 강하다

▶ 회색과 흰색이 섞인 색으로 빛나는 상어굴의 벽과 오른쪽 연둣빛 나무가 잘 어울린다

▶ 절벽의 약한 부분이 떨어지고 파이는 타포니 현상으로 생기는 구멍. 상당히 큰 오른쪽 구멍

▶ 절벽 위쪽의 검은 부분과 아래쪽을 다 합쳐서 봐야 큰 상어 한 마리로 보인다

▶ 상어 모양으로 연상되지 않아도 좋다. 굴속을 이리저리 살피면서 신나게 사진을 찍었다

돌이 빠지면서 생긴 숭숭 뚫린 구멍이 많다. 자세히 보면 완주의 기차산 해골 바위처럼 구멍이 큰 게 아니고 작아서, 국물을 우려내고 남은 사골 뼈처럼 보인다. 진안의 마이산에서 타포니 지형을 본 적이 있는데 이곳은 연한 노란빛(미색)이나 흰색(햇볕을 받아 밝게 빛나는 부분)이라서 더 멋지게 보인다.

멋있는 것은 인정하겠고 '상어굴'의 상어는 어디에 있는 거야? 지형을 보면서 마음대로 짜맞추어 본다. 아래쪽 파인 부분은 밝고 위쪽은 어두운데, 전체 모습을 거대한 상어 한 마리로 연결한 것이다. 삐죽이 튀어나온 큰 바위를 못 찾는다면 큰 상어 한 마리로 연결 지을 수 없을 것 같다.

소문대로 대단하다는 것을 느끼며 상어굴을 독차지하고 사진 작업을 한다.

▶ 동화사로 내려오는 길에 모란과 아직 다 떨어지지 않은 왕벚꽃을 보았다

숭숭 뚫린 구멍 부분을 강조해서 찍고 굴 전체가 나타나도록 찍기도 했다. 나름 이곳에서 많은 사진을 찍었는데 아직 아마추어를 벗어나려면 더 노력이 필요하다. 다른 분의 산행 기록을 보니 큰 구멍을 카메라 앞에 두고 밖을 내다보도록 찍으면 구멍이 카페의 창 역할을 하며 예쁜 사진을 만들 수 있었다.

상어굴에서 80m 내려오면 '작은 상어굴'이 나온다. 상어가 한 마리만 있으면 엄청 외롭지. '작은 상어야, 큰 상어랑 베틀산에서 잘 놀아.' 4~5년 전쯤인가, '상어 가족'이라는 유아 동요가 크게 인기를 끌었던 때가 있었다. 집에 외손자와 외손녀가 오면 한 번씩은 어김없이 틀었다. '아기 상어 뚜루루뚜루'로 시작하는데 간단한 가사와 중독성 있는 멜로디가 있어 지금도 부를 수 있다.

작은 상어굴에서 240m가량 내려오면 동화사 앞에 이른다. 이제부터는 임도를 걸어 주차장으로 간다. 베틀산! 너도 감암산처럼 조금만 기다리렴, 곧 인기가 좍좍 올라갈 거니까.

17. 백운산

삼양교에 주차한 후, 운전하고 왔던 길 아래로 200m 정도 내려간다. 아랫부분은 시멘트로 윗부분은 돌로 차곡차곡 쌓인 벽을 오른쪽에 두고 걸으면 회색의 커다란 철책과 벽 사이에 조그만 틈이 있는데 이곳이 등산로 입구다. 나무에 시그널이 여러 개 걸려있으니 의심 없이 올라간다.

입구는 걱정과는 달리 쉽게 찾았는데 처음부터 빡센 길이다. 정확한 길도 보이지 않는다. 그래도 무조건 경사를 오르면 된다. 처음 200m 정도의 어려움을

▶ 나뭇잎보다 더 진한 옥색 물빛을 보여주는 호박소, 떨어지는 폭포도 박력이 있다

이겨내니까, 시그널(등산 표식)도 나타나고 경사도에도 적응이 되었다. 늘 '백운산'을 바라봤던 반대쪽 밀양 얼음골 케이블카 정상역이 보인다. 블로그에서 봤던 '백운산 1.05km, 삼양 마을 0.4km' 이정표도 나오고 밧줄 구간도 나온다.

호랑이가 엎드려 있는 암릉 부분 살짝 아래로 걷고 있다. 비스듬히 올려다보면 호랑이 머리와 몸통 부분이 그려진다. 걷고 있는 오른쪽으로는 저 멀리 가지산이 보인다. 움푹 들어간 계곡은 '용수골'이다. 영남 알프스의 산 중에 제일 높은 산이 가지산인데 이곳에서 보면 그 높이를 실감할 수 있다.

철재 계단이다. 암릉 지대를 가로지르며 설치되어 있는데 조망 장소로도 그만이다. 이다음부터는 암릉 구간이 있는 바위 능선을 걷고 밧줄을 잡고 올랐다 내려갔다를 반복한다. 호랑이 등 부분을 걷는다고 생각되는 구간부터는 곳곳이 쉼터가 되고 조망도 멋지다. 밀양 케이블카 건물과 마을이 있는 계곡은 계속 보인다. 또다시 몇 걸음을 걸어서 가지산과 용수골 방향으로 사진을 찍는다.

암릉 구간이 끝나가려는 지점에서 길이 끊긴 듯 보인다. 밧줄을 잡고 내려가야 하는 절벽 구간이다. 하지만 발 디딜 곳은 적소에 있어서 안전하게 내려올 수가 있다. 이제 백운산까지는 0.65km가 남았다. 이정표에서 500m 정도 걸으면 암릉 구간은 끝이 나고 숲길을 걷는다.

백운산 정상(850m)이다. 물개 모양의 매끈한 정상석 뒤로 얼음골과 마을이 보인다. 이곳에서 점심을 먹는다. 지금까지의 등산 과정 중 처음으로 두 분을 만났다. 처음 시작할 때 너무 힘들었다고 하소연하니 백운산 등산은 그 고비를 넘기면 괜찮다고 하시며 격려를 해주신다. 가지산 방향으로 내려간다. 가지산 '제일 농원 주차장' 이정표 방향(주차한 삼양교 방향)이다. 이정표에는 계속 '제

▶ 등산 초입에서 오르는 것도 힘들지만, 경사가 급한 철계단을 오를 때에도 다리가 떨렸다

▶ 왼쪽을 보면 호랑이의 몸통이 보인다. 케이블카 역에서 많이 봐서 연상이 되었을 것이다

▶ 청도에서 밀양을 거쳐 배내고개로 넘어가는 고속도로, 넓게 펼쳐진 얼음골 사과 과수원

▶ 오른쪽 뾰족한 시설물이 보이는 곳이 얼음골 케이블카 정상역, 왼쪽 아래는 얼음골이다

일 농원'으로 표시된다. 그다음 이정표에는 '주차장'이라고 되어 있는데 어떤 분이 매직으로 '제일 농원 길 좋음'이라고 추가로 써 놓았다.

백운산의 작은 스타 '주먹 바위'로 간다. 모양이 손가락을 움켜쥔 주먹을 닮았다는 것일 뿐 크기는 어마어마하다. '주먹 바위'를 모델로 사진을 많이 찍었다. 백운산에 들어오면 완전한 호랑이는 보이지 않게 되니까.

주차장으로 내려가는 길은 경사가 있는 흙길이다. 미끄러지지 않도록 조심하면서 내려간다. 사람들의 말소리가 들려서 얼른 가보니 밤나무가 많은 넓은 터가 있고 옆으로 계곡물이 멋지게 흐른다. 가족끼리 그냥 산책으로 올라온 것 같다. 배낭을 내리고 양말도 벗고 계곡물에 발을 담가 본다. 화끈거리던 발이 어느새 시원해진다.

등산으로 피로를 푸는 제일 쉬운 방법은 등산 후 집에 왔을 때 차가운 물로 종아리와 발을 씻는 것이다. 정확하게는 샤워기로 종아리에 물을 3분 정도 흘러내리게 하는 것이다. 겨울이어도 맨 처음에는 차가운 물로 발의 열기를 없애는 것이다. 그다음에는 미지근한 물, 뜨거운 물로 씻어도 좋고 온몸을 씻어도 좋다.

주차장이 얼마 남지 않았다고 한다. 피서 장소로 엄청 좋은 곳이라 마음속에 담아 둔다. 얼음골 케이블카 상부 역에 설 때마다 이 산 '백운산'은 등산이 가능한지, 어떻게 오르는지 궁금했는데 오늘 이렇게 무사히 등산을 마무리한다. 솔직히 처음에는 이 산 이름도 몰랐다. 인터넷 문명이 없었다면 아마 꿈을 이루지 못했을 것이다.

아! 그리고 재밌는 사실 하나. 그것은 우리나라에서 '백운산'이란 산 이름이

▶ 팔공산 가산 정상석과 모양이 흡사한 백운산 정상석, 새카만 색이 진해서 훨씬 더 예쁘다

▶ 백운산의 작은 스타인 주먹 바위, 바위 뒤에 소나무 한 그루가 바위에 기대어 자란다

▶ 여름 등산에서 자주 보게 되어 알게 된 며느리밥풀꽃, 종류도 상당히 많다

제일 많다는 것이다. 하긴 산 위에 흰 구름이 있는 경치가 어찌 장관이지 않겠는가. 여기는 그 수많은 '백운산' 중에서 '호박소' 위에 있는, 가지산에 인접해 있는, 얼음골 케이블카에서 바라보면 능선이 호랑이로 보이는 밀양에 있는 백운산이다.

18. 통영 수우도, 은박산

동네 산악회 버스를 타고 수우도에 간다. 수우도는 유명한 사량도의 서쪽에 있는 섬이다. 동백섬이라 불릴 만큼 동백나무가 많고 숲이 우거진 모양이 소처럼 생겼다고 해서 수우도라고 이름이 지어졌는데 지역 사람들은 '시우섬'이라고 부르기도 한단다. 은박산을 오르며 보는 경치가 좋다고 등산 선배가 자주 추천했던 곳인데, 코로나가 물러간 2023년 처음으로 여러 산객과 등산하게 되었다. 통영에서 출발하는 배로 가는 것이 아니라 사천(삼천포)에서 출발하는 배로 간다. 지역으로는 통영에 소속되어 있으나 생활권은 가까운 사천이 되는 모양이다. 삼천포 수협 활어 위판장에 가까운 주차장에 내리니까 언덕에 있는 지붕이 파란 풍차가 눈에 띈다. '청널 공원'에 있는 전망대라고 나온다. 그 아래로는 창선 대교와 남해 지역으로 이어주는 삼천포대교가 있고 바다를 건너가는 사천의 명물 '케이블카'가 보인다. 작은 항구 마을인데 제법 멋진 곳이다. 삼천포 여행을 한 적이 없는데, 나중에 기회를 만들어봐야겠다.

11시가 넘어서 삼천포 해운의 일신호를 타고 섬으로 간다. 모두 모처럼 만의 단체 산행이어서 기쁜 표정이 넘친다. 3년 동안 코로나로 크게 시달리다가 이제야 조금 회복되는 분위기이다. 파도가 쳐서 배가 조금 일렁이지만 40분 정도 (12km)가 걸린다고 하니 참을 만하다. 거기다 와룡산 앞쪽에 있는 삼천포 화력 발전소도 보이고 무엇보다 멋진 사량도가 계속 보여서 지루하지 않다.

항구에서 내려 오른쪽 마을 방향으로 가는 길에 등산 안내도가 있었다. 시계 방향으로 한 바퀴 돌아오는 코스다. 그렇게 큰 섬인 것도 아니고 일행이 함께 가니까 지도만 슬쩍 보고 즐겁게 걷는다. 방파제 뒤로 사량도가 배에서 볼 때보다 더 크게 서 있다. 마을 길 끝에서 산길을 타고 등산을 시작한다. 산길에는 애기동백이 피어있다. 심은 지 얼마 되지 않은 나무들이다. 사실 이 나무는 산다화(山茶花)라고 불러야 하는데 동백나무보다 키가 좀 작다고 해서인지 대부분 그냥 애기동백으로 부른다. 일본에 가면 이 나무가 집이나 숙소의 담벼락 역할을 하는 울타리로 된 곳이 많다. 녹색의 잎이 반들반들한 것을 보면 찻잎과 비슷하다는 것을 느낄 수 있다. 육지의 가로수 벚꽃들은 지고 있는데 산속의 벚꽃은 지금이 한창인 모양이다. 진달래도 아직은 꽃잎이 모두 떨어지지 않았다. 처음부터 마음을 쏙 빼놓아서 사진 찍기에 바쁘다.

데크 계단이나 돌계단이 없는 자연 친화적인 길을 걷고 숲속의 그늘을 걸어가니까 코로나로 우울하고 불안했던 마음이 사라졌다. 고개를 넘어 고래 바위 능선으로 간다. 능선 위에서는 펼쳐진 바다와 매바위가 보인다. 고래 바위는 능선에서는 모양을 확인할 수 없고 신선대에 오르면(멀리 떨어져서 봐야) 고래처럼 보인다고 한다. 고래 바위 정상석에서 사진을 찍는 분이 너무 많아서 인증샷을 포기하고 신선대로 이동한다. 고래 바위 갈림길부터는 제법 경사가 있다. 길 옆으로는 작은 동백꽃이 나무에 자박자박 피어있다. 동백꽃은 원래 겨울인 1~2월에 많이 핀다고 하는데 수우도는 3월 말에서 4월 사이에 피는 것 같다.

▶ 거대한 고래 등을 떠올리게 하는 고래 바위, 고래 바위로 착각한 매 바위는 바다 쪽에 있다

신선대에 올라 고래 바위 쪽을 바라보니 앞으로 쭉 밀고 나온 능선 전체가 어마어마한 고래 모양으로 보인다. 처음에는 능선 앞에 있는 매 바위를 고래 바위로 착각했었다. 우리네 삶도 때때로 마음의 거리를 두고 차분하게 자신의 상태를 바라볼 필요가 있다. 욕심과 고집과 편견으로 상처를 받고 남에게도 상처를 주는 경우가 많지 않을까? 객관적인 시각으로 바라보려면 처한 상황이나 장면에서 떨어져서 살펴봐야 상대를 이해할 수 있고 자기의 잘못도 깨달을 수가 있을 것이다.

▶ 동백꽃과 산벚꽃, 진한 푸른색의 바다. 솟아오른 쪽에 해골 바위가 있을 것으로 착각했다

▶ 동백꽃과 벚꽃이 어울린 등산길은 행복 그 자체였다. 깨끗한 섬이 마음을 치유해 주었다

신선대에서 수우도 주 능선으로 돌아와 백두봉으로 향한다. 수우도 등산은 이렇게 목적지로 갔다가 다시 돌아 나와서 진행하는 곳이 많다고 한다. 바다 쪽으로 삐죽하게 뻗어나간 곳에 갔다가 다시 산으로 가야 하기 때문이다. 주 능선과 백두봉 갈림길이 만나는 부근에서 점심을 먹는다. 막걸리도 있고 봄나물의 최고봉 두릅에 부추김치까지 각각 가져온 다양한 반찬에 점심은 진수성찬이 된다.

음식으로 힘을 얻어 백두봉을 향하여 내려간다. 백두봉은 위에서 내려다보면 군인들이 쓰는 철모 모양이다. 백두봉 능선에서 수우도 주 능선 방향을 바라보면 지나온 신선대와 고래 바위, 매 바위, 그 뒤로 사량도가 한꺼번에 다 들어와서 절경을 이룬다. 로프를 잡고 내려가서 동백나무 숲을 통과하면 최대의 난코스가 기다리고 있다. 가느다란 밧줄 하나를 잡고 백두봉을 올라야 한다. 살짝 가슴이 쿵쾅거리기도 했지만 가볍게 백두봉에 올랐다. 이제는 막힘이 전혀 없는 조망이다. 가야 할 은박산 능선도 사량도에서 멀리 떨어진 섬들까지 파노라마로 펼쳐져 있다. 계곡 아래로는 하얀 산벚꽃과 연두색의 버드나무들이 파란 바다와 어울려 최고의 경관을 보여준다.

▶ 왼쪽 고래 바위 절벽을 넘어 작게 보이는 매 바위, 길게 뻗은 푸른빛의 사량도

▶ 백두봉 능선에서 바라본 왼쪽의 고래바위, 가운데 작은 매 바위, 뒤로 사량도가 보인다

내려온 경사만큼 갈림길까지 치고 올라간다. 아마도 이 코스가 은박산 산행의 제일 힘든 구간이 될 것 같다. 점심을 먹었던 곳에 와서 털썩 주저앉았다. 발바닥도 화끈거리고 다 올라왔다는 안도감에 긴장이 풀려버렸다. 물을 들이키며 숨을 고른다. 그래도 일행 중에서 제일 먼저 백두봉으로 내려갔다가 다시 주 능선으로 올라왔다. 몇 년 전만 해도 '국민 약골'이라는 별명이었는데 오랜 산행이 '산 다람쥐'로 만들어 준 것이다.

오를재에서 은박산으로 가는 능선 길에는 바람이 불어 하얀 산벚꽃이 꽃비가 되어 떨어진다. "하늘과 땅 사이에 꽃비가 내리던 날" 옛날 '도시 아이들'이 불렀던 '선녀와 나무꾼'을 부른다. "신났다 신났어!" 동네 산객님들이 모두 껄껄 웃는다. "수우도 완전 최고입니다." 한껏 높인 소리에 일행 모두가 인정한다. 날씨까지 최고이니 분명한 사실이다.

▶ 백두봉에 올라 걸어온 능선을 찍었다. 신선대에서 내려오다 다시 오르는 선이 최고다

▶ 백두봉에서 사량도 방향을 바라본 경치, 매 바위가 이제는 한가운데에 있다

　은박산(196m) 정상석은 납작하게 얹혀있고 그 뒤로 돌탑이 있다. 돌탑 옆으로 나가면 바다와 사량도, 지나온 능선들이 조망된다. 산벚꽃과 연둣빛과 초록빛의 나무들이 호빵처럼 볼록볼록하게 되어 있고 빈틈이 안 보여서 대형 양탄자를 펼쳐놓은 것 같다. 고래 바위에서 못 찍었던 인증샷을 찍고 다른 분들에게도 모두 찍어주었다.

　마을에 가까워지는 길에 처음으로 밧줄 울타리가 있다. 안전을 위한 시설이라기보다는 등산길을 안내해 주는 역할이다. 섬 등산길은 이곳처럼 되도록 시설물을 설치하지 않았으면 좋겠다. 밧줄 구간이 끝나니까 수령이 50~100년은 된 듯한 굵은 동백나무 숲이 나왔다. 붉은 꽃들이 통째로 많이 떨어져 있다. 이곳을 보고 이 섬을 '동백섬'이라고 부르는 모양이다. 이미자의 '동백 아가씨' 노래를 만든 분(백영호 작곡가)이 수우도에 왔다가 동백에 감동이 되어 만들었다는 이야기가 있는데, 내 생각에는 오히려 한산도 작사가가 와서 노랫말을 만든 것이 아닌가 생각된다. 빨간 동백꽃의 꽃말은 애타는 사랑이고 흰 꽃은 누구보다 그대를 사랑한다는 뜻이다. 분홍 꽃은 '비밀스러운 사랑'이다. 색깔에 따라서도 꽃말이 다르니 더 예뻐할 수밖에 없다.

　시골 밭 사이로 난 굽은 길을 걷는데 벚꽃, 복숭아꽃, 조팝나무의 흰 꽃이 어우러져 있다. 이원수가 만든 동요, 고향의 봄 중에서 '복숭아꽃, 살구꽃, 아기 진달래(중략), 울긋불긋 꽃 대궐' 부분이 떠오른다. 시인의 감성에 감탄하며 공감한다. 선착장 부근의 쉼터에 오니 할머니 한 분이 낙지와 멍게 등을 팔고 계셨다. 소주에 안주로 해산물을 초고추장에 찍어서 먹는 분들이 많다. 부끄럽지만 나는 굴, 멍게, 산낙지를 못 먹는다. 술을 좋아하는 분들은 오히려 이런 것들

▶ 은박산 정상에서 지나온 길을 바라본 경치, 연한 연둣빛의 나무들과 산벚꽃이 잘 어울린다

을 잘 드시는데, 술 좋아하는 시골 친구들은 이런 나를 이상하다고 말한 적도 많았다.

배를 기다리며 쉬다가 산행 최대의 실수를 발견했다. 수우도의 명물 '해골 바위'를 놓쳐버린 것이다. 당연히 갈 것으로 생각했는데, 해골 바위로 가는 안내판이 없다고 한다. 조금 위험한 곳이 있어 등산길을 나타내지 않고 안내판도 제거한 모양이다. 몽돌 해변 갈림길 정도에서 나오는 것으로 기대했는데 아니란다. 이제는 다시 돌아갈 수도 없다. 아쉽지만 꼭 다시 오기로 마음먹는다.

19. 비진도 망산, 선유봉

비진도는 소매물도로 가는 뱃길에 있는 작은 섬으로 두 개의 산봉우리가 연결되어 하나의 섬을 이루고 있다. 마을도 내항 마을과 외항 마을, 두 개의 마을로 되어 있고 통영에서 출발한 배가 정박하는 항구도 내항과 외항 두 곳이 있다. 하지만 주민들은 거의 다 내항 마을에서 살고 있다. 비진도라는 이름은 섬의 풍경이 좋아 '진귀한 보배에 비할 만하다.'라는 뜻이다. 섬의 형태가 모래시계처럼 가운데가 쑥 들어가고 위아래로 두 개의 섬이 이어진 모양인데 위쪽을 안섬(내섬) 아래쪽을 바깥섬(외섬)이라고 부른다. 내섬의 백사장이 있는 곳은 해수욕장이고 몽돌이 많은 해변은 길 건너 바로 옆에 있다. 오후에 통영항 여객선 터미널에서 출발하여 외항에 내린다. 민박집에서 하룻밤을 보내고 다음 날 느긋하게 등산할 계획이다. 외항에 내려 숙소에 전화하니까 주인 할아버지 사장님이 경운기를 몰고 왔다. 경운기 뒤에 타고 시원한 바닷바람을 온몸으로 느끼며 숙소로 오는 기분이 최고다.

다음 날 아침 민박집에서 차려준 아침밥을 먹고 등산에 필요한 것만 작은 배낭에 넣어 문을 나선다. 섬을 연결하는 목(550m의 길)을 걷는다고 생각하니 모세의 기적에 나오는 길을 걷는 느낌이다. '비진도 산호길'이라 적힌 아치문을 통과하여 산을 오른다. 한쪽은 철망으로, 다른 쪽은 돌담이 쌓인 평평한 돌이 깔린 길을 걷는다. 철망과 돌담 너머는 모두 밭이다. 처음부터 너무 예쁜 길이 나오는 느낌이다. 다음으로 마음에 들었던 길은 대나무 숲을 통과하는 길이었다.

▶ 모래가 바람에 날려가지 않도록 하려고 세운 나무 울타리로 보인다

▶ 안섬과 바깥섬을 연결하는 모래시계의 잘록한 부분처럼 보이는 길, 둥글게 생긴 안섬

망부석 전망대에 왔다. 앞에 나무들이 가려져 있지만 그래도 주변의 섬들이 조망된다. 망산의 최고봉 선유봉을 등산하려고 결정한 것은 바로 여기에서 보는(안섬과 바깥섬을 연결하는 길, 내섬이 아래로 내려다보이는 경치) 한 장면에 반해서다. 조금 더 오르면 그 장면을 볼 수 있겠지. 날씨도 좋으니까 더욱 기대가 부푼다.

오르막과 계단을 30분쯤 걸어 '미인 전망대'에 도착했다. 이름도 적절하게 잘 지었다. 최고의 장면은 망부석 전망대가 아닌 바로 이곳에서 찍은 것이었다. 와! 허풍이 아니고 바로 그 장면이 나오는구나. 내가 오른 바깥 섬의 산 아랫부분을 살짝 넣고 바다를 가로지르는 하얀 길과 옹기종기 집이 있는 안섬을 넣어 원하던 장면을 예쁘게 찍는다. 몇 번을 봐도 질리지 않는 경치다.

미인 전망대에서 흔들바위로 가는 길은 힘든 오르막이다. 오른쪽으로 크게 굽어지는 길에서 '흔들바위'를 만났는데 하늘로 올라간 선녀가 홀로 남은 어머니의 식사가 걱정되어 땅으로 내려보낸 밥공기 모양을 닮았다고 한다. 그럼 '밥공기 바위'라고 해야 더 좋지 않을까?

▶ 하늘에 올라간 선녀가 홀로 남은 어머니를 위해 내려보냈다는 밥그릇을 닮은 흔들바위

▶ 왼쪽 절벽 전체는 노루여 전망대이고 오른쪽 뾰족한 바위가 '슬핑이치'다

정상에는 정상석이 없고 '선유봉, 312m' 이정표로 위치를 대신한다. 나무에 가려 조망도 없다. 머뭇거림 없이 바로 내려간다. 내려가는 길에 '비진도 전망대'와 '노루여 전망대'를 만난다. 바위 절벽이 바다와 맞닿는 곳이 마치 허우적거리는 노루의 발처럼 생겨서 이런 이름이 붙었다.

노루여 전망대와 연결되는 뾰족한 봉우리는 '슬핑이치'라고 하는데 이해를 쉽게 하기 위해서는 '슬핑이 치'라고 하는 게 좋다. '슬핑이'는 눈보라가 치면 바다로 쑥 나간 기암괴석이 은백색이 된다는 형용사이고 '치'는 풍화와 침식 작용으로 만들어진 단애(斷崖, 경사가 매우 심한 절벽)의 다른 이름이기 때문이다. 이 봉우리를 '갈치 바위'라고도 부르는데, 모양이 갈치를 닮았다는 게 아니고, 태풍이 불 때마다 파도가 이 바위를 넘나들면서 소나무 가지에 갈치를 걸쳐놓는다고 붙여진 이름이다.

'슬핑이'된 멋진 모습을 남기려고 사진을 여러 번 찍었다. 봉우리에서 내려오는 길에는 후박나무 군락지가 있는데 수령이 오래되어 나무들의 모습이 멋지다. 시계 방향으로 감아 돌아가니 '비진암'이 나왔다. 왼쪽은 대나무가 오른쪽은 높은 돌담이 있는 사잇길을 기분 좋게 통과한다.

비진암을 지나면 동백나무들이 우리도 있다고 시위하듯 서 있다. 수령이 적어도 백 년은 넘었을 것 같은 줄기의 굵기가 어마어마한 나무들이다. 잎을 보고 동백나무라고 알게 되지 쳐다보지 않는다면 도저히 동백나무라고 말하지 못할 것 같다. 등산을 시작하는 곳부터 끝날 때까지 다채로운 모습으로 육지에서 온 등산객을 환영해 준 비진도, 이름처럼 너무 아름다웠다.

▶ 바다 가까이에는 동글동글하고 매끈한 돌이 많고 그 뒤로 모래가 깔려있다

▶ 사람들이 모여 있는 곳이 보건소 건물, 오른쪽 해바라기가 그려진 곳은 묵었던 민박집

▶ 주민의 허락을 얻어 2층 장독대에서 찍어본 비진도 안섬, 붉은 지붕이 예쁘다

▶ 노을이 지고 있는 비진도 안섬, 소나무 앞에 보건소가 있고 경운기 옆에 민박집이 있다

20. 와룡산

전국의 명산 중에 '백운산' 다음으로 많은 산 이름이 와룡산이 아닌가 생각한다. 기억하는 것만으로는 경남 사천(삼천포), 충북 제천, 경기 이천, 그리고 대구에 있는 산이다. 달성군 다사읍과 달서구의 이곡동, 용산동, 신당동 그리고 서구의 상리동에 걸쳐있는 산으로 299.6m의 낮은 산이다. 용이 누워있는 모습과 비슷하다고 하여 이름 지어진 산인데 산의 형태를 더 정확하게 표현하면 용이 일직선으로 누워있는 모양이 아니라 몸통을 휙 감아서 똬리를(물동이를 머리에 일 때 받치던 왕골잎 등으로 만든 받침대) 틀고 있는 모습이다. 그래서 머리 부분(용두봉, 龍頭峰)과 꼬리 부분(용미봉, 龍尾峰)이 제법 가깝게 있다. 즉, 다사읍 쪽의 용두봉에서 시작하여 산의 중앙부(와룡산, 臥龍山)와 상리봉이 말발굽 모양으로 휘어져 있는 것이다. 팔공산, 비슬산 등 대구 근교의 산들은 모두 대구 분지를 향해 뻗어있으나 오직 와룡산만이 시내를 등지고 돌아누워 있는 형태를 보인다. 그래서 풍수지리에 밝으신 분들은 역산(逆山)이라고 부른다고 한다.

1991년 초등학생 다섯 명이 도롱뇽을 잡으러 갔다가 실종되는 사건이 이 산에서 발생한다. 소위 '개구리 소년' 사건으로 전국이 발칵 뒤집히게 된 사건이다. 초등 교사 재직 2년 차에 일어난 사건이라 매우 충격이었고 그때의 상황들을 똑똑하게 기억하고 있다. 수많은 인력이 투입되어 학생들의 시신을 찾고 범인을 찾으려고 했으나 아직도 미궁으로 남아있는 안타까운 일이 벌어진 곳이

▶ 초록 나뭇잎 사이로 새하얀 아카시아가 포도송이처럼 주렁주렁 매달려 있다

▶ 와룡산으로 연결된 금호강 하류에 있는 하얀 와룡대교와 아파트 단지가 보인다

다. 그러다가 2002년, 성산고교 신축 공사장 뒤쪽 산 중턱에서 아이들의 유골들이 발견된다. 첨단 과학을 동원해서 죽음의 원인과 가해자를 찾으려고 애쓰고 있지만 아직도 뚜렷한 단서는 발견되지 않고 있는 현실이다.

와룡산을 등산하겠다고 생각한 것은 경부고속도로를 달릴 때, 산 끝부분에 보이는 흰색(벚꽃)과 산 아랫부분에 있는 붉은색(영산홍)이 강렬했기 때문이었고 처음에는 이 산이 와룡산인지도 몰랐다. 검색하고 등산 정보를 모으면서 이 산의 매력이 차츰차츰 마음에 들어오기 시작했다.

오늘은 세 번째의 와룡산 등산이다. 벌써 4월 11일이라 벚꽃과 진달래는 볼 수 없겠지만 차를 몰면서 이미 붉은 영산홍의 바다를 올려다봤기에 기대로 가득하다. 서대구 톨게이트를 지나 서대구IC 영업소(한국도로공사) 주차장에 차를 세우고 연두색 철문을 통과하여 등산을 시작한다.

와룡산의 유래에 대한 이야기를 떠올려본다. 옛날 산 아래에 옥연(玉淵)이 있어 용이 이곳에서 놀다가 하늘로 올라가곤 했단다. 어느 날 용이 여느 때처럼 못에서 놀다가 하늘로 오르려고 하는데 한 여자가 이 모습을 보고 놀라서 "산이 움직인다."라고 외쳤단다. 이 소리를 들은 용은 승천하지 못하고 땅으로 다시 떨어져서 와룡산이 되었다고 한다. 말굽자석처럼 생긴 산 모양을 보고 옛 선인들이 멋지게 상상력을 발휘한 것이리라.

시멘트 계단과 숲길을 걸어 영산홍 군락지 하단부에 도착한다. 산허리를 휘감아 돌아가서 경치를 본 다음 전망대로 올라갈 것이다. 팔공산이 대구를 감싸고 있고 금호대교를 통과하는 금호강의 물줄기가 완만하게 꺾여가는 경치가 그만이다. 발걸음을 옮겨 전망대에 올라서니 금호강 하류와 와룡대교가 멋지게 어울린다. 동서로는 경부고속도로가 남북으로는 중앙고속도로가 시원하게 뻗어 있고 장난감처럼 보이는 차들이 줄지어 달리고 있다.

와룡산은 봄에 오는 것이 제일 좋을 것 같다. 꽃 잔치가 벌어지는 곳이니까 말이다. 벚꽃 터널이 용미봉 바로 아래에 있고, 금호강으로 흘러내리는 능선에는 영산홍 군락지가 있으며 영산홍 군락지에서 용미봉으로 오르는 가파른 계단 길옆에는 진달래 군락지가 있다. 그것뿐이 아니다. 영산홍을 보고 진달래 군락지로 가기 전에도 연분홍의 전통 철쭉(소백산 등지에서 보는 고결한 철쭉)이 많다. 산길 옆에는 멋진 소나무도 제법 있어서 오르는 길이 전혀 지루하지 않다. 엄청나게 큰 두 개의 돌탑을 지나면 연분홍의 철쭉이 무리를 지어 있다. 전통 철쭉은 가까이 다가가면 연한 분홍빛이나 빛을 받아서 먼 곳에서 보면 하얗게 반짝인다.

엄청난 규모의 군락지에 있는 진달래는 모두 꽃이 진 상태지만 계단 길옆에 겹벚꽃 두 그루가 화려한 모습을 뽐내고 있다. 꽃이 없어도 좋다. 가다가 돌아보면 연둣빛의 나무들과 강과 고속도로와 산들이 어울린 파노라마를 막힘없이 계속 볼 수 있기 때문이다.

▶ 앞에 철쭉이 있고 경부선 고속도로가 시원하게 달리고 금호강이 흐르는 멋진 경치

▶ 와룡산을 철쭉으로 단장해 준 대구광역시 서구청 관계자들을 크게 칭찬하고 싶다

▶ 두류 공원에 있는 이랜드 타워와 대구 시내, 앞산이 한눈에 조망되는 와룡산

　용미봉에 도착했다. 작년에 없던 흔들 그네와 데크와 벤치가 있다. 좋아하는 큰 복숭아나무에는 아직 복사꽃들이 조금 남아있다. 서구청에서 영산홍 전망대 등에 많은 정성을 쏟은 모양이다. 용미봉에서 할아버지봉(283m)으로 오르는 사이에 벚꽃 터널이 있는데 이곳에도 멋진 입구 조형물을 세워 놓았다. '가르뱅이 마을'로 갈 수도 있는 갈림길이다. 거침없이 할아버지봉으로 오르는데 깨끗한 야자 매트가 반짝인다. 와룡산의 꼬리 부분(용미봉)에서 등산을 시작하면 올랐다 내려갔다를 반복하게 되는 재미를 느끼게 된다. 오르막이 힘들면 산허리를 돌아서 쉽게 다음 봉우리로 갈 수도 있다.

▶ 아래에는 철쭉 군락지, 등산길에는 전통 철쭉 군락지, 바로 앞에는 진달래 군락지가 있다

▶ 상리봉 전망대로 오르는 길에는 진한 분홍색의 철쭉이 자란다. 오른쪽은 용두봉 가는 길

철탑 근처에 있는 손자봉(263m)으로 가는 도중에 무덤을 만났는데 할미꽃이 소복하게 피어있다. 자주색 꽃은 조금 남아있고 오히려 흰 털로 덮인 머리카락 모양(부챗살 모양)이 더 많다. 흰 머리카락 모양이나 굽은 줄기를 보고 '할미꽃'이라고 부르게 되었을 것이다. 큰아들에게 구박받고 쫓겨난 할머니가 굶주림에 죽게 되고 뒤늦게 알게 된 손녀가 할머니를 안고 울다가 양지바른 곳에 묻었는데 나중에 이곳에서 꽃이 피게 되었다는 이야기를 만든 조상들의 현명함에는 고개를 끄덕일 수밖에 없다. 손자봉에서는 대구 서구와 팔공산, 환성산 등이 조망된다. 꽃구경으로 만족한 까닭에 돌아서려 하다가 해맞이 장소로 유명한 상리봉 전망대까지 가보기로 한다.

계단을 살짝 내려서니 두류공원에 있는 타워가 보이고 가야 할 상리봉 뒤로 비슬산이 자리하고 있는 모습이 보인다. 갈림길에 이르면 오른쪽으로는 '용두봉'으로 가는 길이 있고 왼쪽으로 상리봉 전망대(255.6m)로 가는 깨끗한 계단 길이 있다. 야호! 이곳에는 붉은빛이 아닌 진한 분홍색과 연한 보라색이 섞인 나지막한 철쭉들이 양옆으로 예쁘게 피어있다. 헬기장도 있는 상리봉 전망대에는 제법 넓은 데크와 조형물들이 멋지게 마련되어 있다. 손전등만 준비한다면 대구의 야경을 보러 이곳으로 와도 좋을 것이다. 서구청의 노력 덕분에 앞으로 와룡산이 팔공산 다음으로 유명한 등산 코스가 될 것 같다.

▶ 상당히 넓은 공간을 자랑하는 상리봉 전망대, 해맞이 행사를 개최하기에 부족함이 없다

전망대를 내려와 손자봉을 넘은 다음에는 할아버지봉으로 오르지 않고 산허리를 돌아 벚꽃 터널 쪽으로 편하게 간다. 벚꽃 터널 끝부분에서도 용미봉으로 가지 않고 계속 편한 길로 돌아가면 진달래 군락지 출발 삼거리가 나온다. 편한 길도 좋지만 다른 길을 걸어서 하산할 수 있어서 기분이 더 좋다. 이번에는 '가르뱅이 마을'로 걸어 내려간다. 정자와 운동 시설이 있는 곳에는 새빨간 영산홍과 분홍색 철쭉이 양옆으로 활짝 피어있다. 서대구 영업소는 고속도로 바로 옆에 있으니 다른 지역 분들도 쉽게 차로 올 수 있고, 등산길을 헤맬 걱정도 전혀 없고 쉬운 코스여서, 와룡산은 금방 유명해질 것이다.

21. 청량산

옛날부터 산세가 수려하여 '작은 금강산'으로 불리는 청량산(淸凉山)은 '수산'으로 불리다가 조선 시대에 지금의 이름으로 바뀌었다. 높이 870m로 태백산맥의 줄기인 중앙산맥에 솟아있다. 최고봉인 장인봉을 비롯하여 선학봉, 자란봉, 향로봉, 연화봉, 연적봉, 탁필봉, 자소봉, 금탑봉, 경일봉, 탁립봉, 축융봉 12봉우리가(육육봉) 연꽃처럼 청량사를 둘러싸고 있다. 축융봉만 청량사 앞쪽에 있고 나머지 봉우리들은 모두 청량사 뒤쪽에 있다. 어떻게 보면 낙타의 등처럼 생긴 봉우리이다. 봉우리마다 어풍대, 밀성대, 원효대 등 여러 대(臺)가 있다. 퇴적암의 한 종류인 역암층이 많은 것으로 보아 약 1억 년 전에는 호수나 바다였던 곳이 융기한 것으로 추정된다. 산이 아름답고 다양한 지형을 가지고 있어 여러 전설과 선인들에 관련된 이야기를 많이 품고 있다. 특히 이황은 흰 기러기와 자신만이 청량산을 알고 있는데 복사꽃이 떠내려가 어부들이 알지도 모르겠다고 칭송했다.

등산은 일주문을 지나 청량산 휴게소 아래에 있는 입석 주차장에서 시작한다. 설악산 계곡(천불동, 주전골) 단풍에는 미치지 못하나 산속 단풍으로는 설악산에 뒤질 것이 없을 정도로 단풍이 멋지다. 주차장에서 난 좁은 돌길을 오르면 건너편 축융봉이 서서히 조망된다.

▶ 응진전 삼거리를 지나 올라온 곳에서 만난 향로봉, 등산길의 바위와 어울린 경치

▶ 응진전 뒤에 있는 줄 단풍으로 감겨있는 금탑봉에 속한 봉우리들이 대단하다

응진전 삼거리에 이르면 경일봉과 응진전으로 가는 길로 나뉜다. 응진전에 도착하기 전에도 청량사를 조망할 수 있는 전망 장소가 있다. 향로봉, 연화봉, 연적봉, 탁필봉, 자소봉, 금탑봉에 포근하게 둘러싸인 청량사의 풍경에 감탄만을 내뱉는다. 응진전 바로 뒤 금탑봉에 속한 원통 모양의 암석들이 대단하다. 빨간 줄 단풍이 암석에 붙어있고 파란 하늘이 비치니 한 폭의 멋진 그림이 된다. 응진전 뒤 큰 암봉 위에 작은 바위가 있는데 동풍석(動風石)이라고 한다. 저절로 움직인다는 전설의 바위다. 옛날 어떤 스님이 이곳에 절을 지으려고 했는데 암봉 위에 바위가 있어서 암봉 위에 올라가 아래로 떨어뜨렸다. 그런데 다음 날 떨어졌던 바위가 다시 제자리에 옮겨져 있어 그 스님은 절을 짓지 못했다고 한다. 어느 바위인지 요리조리 살펴보아도 정확하게 알 수는 없었다.

최치원이 마시고 현명해졌다는 총명수를 보고 어풍대(御風臺)로 간다. 어풍대는 금탑봉의 여러 층 중 가운데에 위치하는데, 고대 중국의 '열어구(列御寇)'란 사람이 바람을 타고 와서 보름 동안 놀다가 돌아갔다고 해서 이런 이름을 가지게 되었다. 이곳에서 바라보는 청량사는 더 봉우리에 감싸인 상태라 더욱 포근하게 느껴진다. 능선으로 오르는 길은 흙길, 돌길이 많고 큰 바위가 드문드문 솟아난 길이라 운치가 더 있다. 청량산에는 많은 절과 암자가 있었으나 이제는 내청량사(청량사)와 외청량사(응진전)만 남았다.

▶ 왼쪽에 연화봉, 사찰 위에 뾰족한 연적봉과 탁필봉, 바로 옆 오른쪽에 자소봉이 보인다

▶ 멋진 봉우리와 단풍에 포근하게 안긴 청량사의 모습이 노송과 어우러진 경치

▶ 신라시대의 명필 김생이 글씨를 연마했다고 알려진 김생굴

▶ 연화봉과 향로봉 아래 청량사 5층 석탑이 하얗게 빛나고 있다

신라시대의 명필 김생이 글씨를 연마했다는 '김생굴'에 왔다. 움푹 파인 두 개의 구멍 앞에는 제법 넓은 터가 있다. 김생이 글씨를 연습한 지 9년, 세상으로 내려갈 준비를 하고 있을 때, 한 여인이 다가와 어두운 굴에서 서로의 솜씨(길쌈, 붓글씨)를 겨뤄보자고 했다. 결과는 김생의 패배, 그 후 김생은 1년 더 이곳에서 글씨를 연마하고 세상으로 내려갔다고 한다. 옛날 사람들의 이야기 구성 능력에 박수를 보낸다.

자소봉(873.7m)으로 오르는 철계단이 상당히 가파르다. 일명 '보살봉'으로 불리는데 청량사 바로 뒤편에 있는 봉우리다. 정상석이 있는 곳에서 왼쪽으로 붙어있는 세모 모양으로 뾰족한 바위에 정상석을 세우지 못해서 좀 평평한 곳에 있는 둥근 바위에 봉우리 이름을 새겨 놓은 것 같다.

▶ 거대한 남근석으로 보이는 도착하기 전의 탁필봉 모습

▶ 연적봉에서 올라온 방향을 바라본 경치, 뾰족하게 보이는 자소봉, 앞에 있는 탁필봉

자소봉을 내려와 조금 진행하면 탁필봉(855.6m)이 나온다. 올라가는 입구에서 보면 거대한 남근석으로 보인다. 붓끝을 닮았다고 필봉으로 부르다가 주세붕이 중국 여산에 있는 탁필봉과 비슷하다고 탁필봉으로 고쳤다. 올라갈 수는 없다.

탁필봉을 지나면 연적봉(846. 2m)이 나온다. 벼루에 물을 따르는 연적(물그릇)을 닮았다고 붙여진 이름이다. 좁은 암봉 정상에 다섯 그루의 소나무가 자란다. 가운데 척박한 곳에서 자라는 두 그루는 고사목이 되었다. 소나무 다섯 그루의 어울림은 멋지다. 연적봉에서 바라보는 탁필봉과 자소봉은 일직선으로 놓여 있다. 자소봉이 조금 더 높고 탁필봉보다 더 뾰족하게 보인다.

작은 오르내림을 반복해서 걸어가면 자란봉과 선학봉을 연결하는 하늘다리가 조그맣게 보인다. 입석 주차장에서 응진전으로 오르는 길보다 새빨간 단풍이 더 많고 멋지다. 산속 단풍을 즐길 수 있는 곳이 청량산이라고 계속 자랑할 것이다. 자란봉으로 향하는 마지막 계단은 경사도 심하지만 길이도 상당하다. 자란봉에는 정상석이 없다.

▶ 등산로 반대편에 있는 축융봉은 청량사를 품고 있는 다른 봉우리를 멋지게 조망할 수 있다

▶ 자란봉과 선학봉을 연결하는 하늘 다리가 작게 보인다. 맨 오른쪽이 장인봉이다

▶ 국내에서 산속에 설치된, 가장 길고 가장 높은 곳에 있는 청량산 하늘다리

▶ 차량 정체로 시달리지 않고 가을 산의 단풍을 즐기려면 청량산으로 가야 한다

하늘다리는 산속에 설치된 현수교로는 국내에서 가장 길고 가장 높은 곳에 있다. 길이 90m, 높이 70m, 바닥의 폭은 1.2m이다. 철책과 줄은 연두색이고 통로의 손잡이 역할과 안전봉의 역할을 하는 관은 주황색인데 단풍이 든 봉우리의 모습과 의외로 잘 어울린다.

하늘다리를 지나 한 차례 오르내림을 하고 나면 이번에는 엄청난 경사의 철계단이 나타난다. 코가 높으신 분들은 코가 정말로 닿을 듯한 경사다. 이 철계단을 오르면 최고봉 장인봉(丈人峯, 870m)에 도착한다. 그런데 뭔가 이상하다. 자소봉이 873.7m로 적혀 있었는데 왜 장인봉이 최고봉일까? 정상석이 놓인 기준으로 보면 장인봉이 높다는 것인가. 정상석에서는 나무가 가려서 조망이 안 되고 정상석 뒤로 조금 더 나아가야 봉화와 안동 간 국도가 보이고, 전망이 트인다.

이제는 좁은 내리막길을 걸어 두들 마을로 간다. '두들'은 언덕이라는 사투리다. 서너 채의 집만 보이고 빈집이 있고 경작하지 않아 풀로 덮인 밭도 보인다. 작은 마을이 곧 사라질 것 같다. 다행히 산객들을 위한 작은 시골 카페는 있다. 산비탈에 거대한 느티나무가 있는 집은 상당히 멋있었다.

두들 마을에서 아스팔트 길로 내려와 선학정을 거쳐 입석 주차장에 도착했다. 길옆에 있는 가로수도 예쁘게 단풍이 들어서 황홀한 단풍 터널을 만들어 주었다. 사진을 많이 찍고 천천히 쉬면서 진행했기에 6시간이 걸렸지만 전혀 피곤하지 않은 등산이었다.

22. 사량도 지리산

섬 이름을 부를 때 입의 근육을 잘 사용해야 한다. 직접 가보기 전에는 '사량도'라고 잘못 불렀다. 많은 분이 '량' 소리를 정확하게 내지 않고 나처럼 '사량도'라고 부른다. 윗섬(상도, 지리산이 있는 곳)과 아랫섬(하도, 칠현산이 있는 곳) 사이의 해협이 마치 뱀처럼 생겼다고 해서 이름이 지어진 것 같다. 섬 모양이 뱀처럼 생겨서 유래했다는 설도 있다. 윗섬, 아랫섬, 수우도를 포함 9개의 섬으로 이루어져 있고 섬 전체가 200~300m의 구릉성 산지다. 제주도를 제외한 섬 가운데 제일 좋아하는 곳이다, 벌써 세 번째 방문이다. 첫 번째는 혼자 사량도에 와서 산행했고 두 번째는 아랫섬에 있는 칠현산(349m)을 올랐고 이번에는 동네 산악회에 참가해서 왔다. 사량도(蛇梁島)는 옛날 박도(撲島)라 불렸다. 파도가 세게 부딪치는 섬이라는 뜻이다. 신증동국여지승람에는 상박도 둘레가 24리, 하박도 둘레가 50리로 나오고 남해 한가운데에 있다고 적혀 있다.

산악회 버스는 통영 가오치항으로 향한다. 여기서 사량도까지가 제일 시간이 적게 걸린다. 40분 정도가 걸렸다. 상도와 하도를 잇는 하얀색의 멋진 다리 사량대교를 지나 사량도 돈지항에 닿는다. 혼자서 산행했을 때는 항구에서 버스를 타고 가서 옥녀봉으로 올랐는데 오늘은 곧바로 지리산으로 오르는 반대 방향이다. 새로운 방향으로 걷게 되어서 기분이 더 좋다.

산행 들머리는 돈지 마을이다. 시작부터 가차 없는 오르막이다. 그래도 40명 정도가 함께 오르니까 걱정은 전혀 없다. 사량도 윗섬은 등산 코스가 많은

데, 항구에 가까운 돈지 마을에서 지리산과 옥녀봉으로 이어지는 종주 코스가 가장 인기가 있다. 약 6.5km의 길이인데 험한 봉우리가 많아서 4시간 정도가 걸린다.

지리산은 처음 왔을 때 지리망산(智異望山, 내륙의 지리산을 바라보는 산)이었는데 지리산(池里山)으로 이름이 바뀌었다. 돈지리(敦池里)의 돈지 마을과 내지(內池) 마을의 경계를 이루고 있는 산이어서 발음은 같으나 다른 한자의 이름을 갖게 되었다. 섬에 있는 산 가운데 남해 금산, 거제 계룡산과 함께 산림청 선정 100대 명산에 들어가는 산이다. 정상석이 있는 곳에서 조금 쉬어간다. 다도해의 바다 경치가 맑은 날씨로 빛나고 하늘의 구름도 멋지다. 막힘이 전혀 없는 파노라마 경치다. 아랫섬의 칠현산과 산 아래의 마을도 너무나 예쁘다. 산악회 인생 선배들에게 아랫섬의 칠현산도 등산했다고 자랑을 마구 하고 꼭 가보라고 권했다.

▶ 산행 들머리에서 바라본 경치, 농가도와 수우도가 예쁘게 조망된다

▶ 달 바위에 올라서 바라본 경치, 굽은 해안선과 마을이 한 폭의 그림이 된다

▶ 지리산이 조망된다고 지리망산으로 불렸다가 바뀐 사량도 지리산, 399.8m

▶ 달 바위에서 옥녀봉으로 가는 구간은 가파르고 험난한 길이지만 절경이 계속 이어진다

달 바위(400m)에 오르려 할 때는 갈림길이 나온다. 위험 구간과 우회 구간이다. 당연히 위험 구간을 선택한다. 계단과 옆에는 낭떠러지인 칼바위 능선을 지나면 달 바위가 나온다. 암릉 구간에 있는 대표적인 봉우리인데 정상석이 있는 곳은 공간이 좁다. 난간에 기대어 섰다가 차례를 기다려 인증 사진을 찍거나 주변을 바라본다. 계속 가야 할 가마봉, 옥녀봉, 금평항까지 이어지는 아름다운 능선과 사량대교를 볼 수 있다. 왼쪽으로는 수우도가 보이고 그 뒤로 남해가 펼쳐진다. 뒤에는 잔잔한 바다를 품은 아침에 도착했던 돈지항이다. 달 바위부터 옥녀봉까지는 끝까지 바위 구간이다. 하늘에서 보면 낙타의 등처럼 보인다.

가마봉으로 가는 길은 처음에는 계단이었다가 중간 부분에는 계단이 없는 암벽이고 양쪽에 안전봉만 있다. 위쪽으로는 직벽 계단이다. 가마봉까지 500m에 불과한데 돌아가는 구간이라 상당히 길게 느껴진다. 옛날 사량도 윗섬에는 과거에 낙상 사고가 자주 일어났다. 이렇게 데크를 설치해도 아찔하게 느껴지는데 그냥 올랐다고 하니 그럴 수밖에 없었을 것 같다.

향봉과 연지봉을 연결하는 두 개의 출렁다리도 사고 예방을 위해 설치한 것이다. 39m, 22m의 하늘 다리다. 허공에 걸린 다리 위에 서면 공포감과 해방감이 동시에 몰려온다. 아래는 천 길 낭떠러지이고 사방으로 경치가 조망된다. 이 험한 곳에 다리를 놓아준 모든 분에게 감사한다.

▶ 가마봉으로 가는 가파른 데크 계단 길, 이런 길이 설치되어 어려운 길을 피할 수 있다

▶ 가마봉에서 바라본 한려해상국립공원의 바다, 하늘에는 뭉게구름이 멋지게 떠 있다

　　마지막 옥녀봉(304m)으로 가는 길은 가마봉으로 오르는 계단보다 더 가파르다. 오르는 계단의 한 발 앞 계단을 보고 걸어야 공포감이 생기지 않는다. 전국에 옥녀봉이란 이름을 가진 봉우리가 많은데 이곳은 안타까운 이야기가 있는 곳이다. 아버지의 잘못된 욕망으로 옥녀봉에서 몸을 던진 소녀의 가슴 아픈 이야기가 있는 봉우리여서 그렇다.

　　옥녀봉에서 진촌으로 내려가는 길에는 바위를 머리 위에 두고 통과해야 하는 구간이 있다. 바위 아래 길은 숲길로 변한다. 공포의 계단 길은 끝났고 너덜 길과 평범한 계단 길이라 조금은 맘이 놓인다. 이제는 사량대교가 명물의 역할을 담당한다. 왼쪽에 바위와 산, 숲을 넣고 오른쪽에 사량대교를 넣으면 멋진 그림이 완성된다. 배경을 살짝살짝 바꿔가며 찍어도 모두 멋진 사진이 된다. 확실히 안전한 등산과 멋진 사진 작업을 위해서는 날씨가 따라줘야 한다. 지난 두 번의 사량도 산행도 좋았는데 오늘은 최고의 날이 되었다. 다시 오기를 잘했다.

▶ 옥녀봉으로 가는 길도 상당히 가파르게 보이지만 사량대교와 바다, 칠현산이 반겨준다

▶ 가슴 아픈 전설을 간직한 사량도 옥녀봉, 우리나라에는 옥녀봉이란 이름을 가진 산이 많다

▶ 사량도의 안쪽을 바라본 경치, 짙은 파란색이 예술이다. 양식장 시설도 많이 보인다

▶ 옥녀봉에서 진촌으로 내려가는 길에는 계속해서 사량대교가 보인다

▶ 왼쪽에 바위나 등산길, 나무를 넣고 오른쪽에 사량대교를 배치한 사진은 모두 예쁘다

23. 남해 금산

　평일 아침 일찍 출발해서 보리암에서 입구에 있는 '복곡 제2 주차장'에 무사히 도착했다. 관광객들도 많이 오는 곳이기에 일찍 오지 않으면 아래에 있는 주차장에 주차하고 걸어서 올라가야 한다. 표를 사서 보리암으로 걷는다. 야자 매트가 깔린 정비가 잘 된 길인데 벌써 많은 관광객이 합류했다. 오늘은 보리암으로 가지 않고 오른쪽으로 돌아서 산으로 간다. 보리암을 한 바퀴 도는 트레킹이다. 분명한 등산길이 없어도 괜찮다. 대략 방향을 예측하고 걸으면 된다. 사실 보리암 바로 뒤에도 멋진 바위가 많다. 구름이 많이 끼어 구름바다(운해)를 이룬다. 일부러 보려고 해도 잘 볼 수 없는 환상적인 장면이 연출된다. 복권 당첨이다. 울퉁불퉁한 바위, 산 아래의 보리암, 운해, 마루금이 이루는 경치에 입꼬리가 자꾸 올라간다.

▶ 보리암 입구에서 산으로 오르는 길에 바라본 경치, 운해 사이로 보이는 두모 마을

▶ '유홍문 상금산', 홍문을 통과해야 금산에 오를 수 있다는 말

▶ '남해 금산' 정상석 위에 있는 봉수대, 국내에서 가장 오래된 봉수대이다

▶ 운해가 낀 뒤편에 '보리암'이 보이고 암자 뒤에 우뚝 솟아있는 '대장암'이 멋지다

이리저리 돌아다니다가 '남해 금산(錦山, 705m)' 정상석에 도착한다. 너무 쉽게 정상에 올랐다. 사실 차를 몰고 와서 빙 둘러왔기에 쉽게 왔지만, 해발 높이가 700m가 넘는 높은 산이다. 이성계가 보리암 근처에서 기도한 후 왕이 되었고 그 후에 보은(報恩)의 의미로 비단으로 둘러싼 산, 금산이란 이름을 내려주었다. 정상석에서 살짝 오르면 망대가 나온다. 고려시대부터 사용되어 내려온, 가장 오래된 봉수대인데 차곡차곡 쌓아 올린 둥근 모양이 예쁘다. 전망대 역할도 하는 곳이니 이곳에서 보는 경치도 물론 절경이다. 정상 부근에는 어마어마한 바위의 무리가 있는데 '상금산 유홍문(上錦山 由虹門)' 한자가 적힌 바위에 눈길이 간다. "홍문을 통과해야만 금산 정상에 오를 수 있다."라는 뜻이다.

정상에서 내려오는 길에도 여러 바위 무리가 있어 이리저리 돌아보다가 '남해 금산'의 또 다른 작은 정상석을 발견했다. 아마도 망대 옆에 있는 커다란 정상석이 세워지기 전에 세워놓은 정상석으로 보인다. 여러 번 온 보람이 생겼다. 부소암으로 갈 예정인데 항상 감탄하게 하는 '줄사철나무'를 만난다. 정원 가장자리에 많이 있는 회양목과 비슷하게 생긴 나무인데 존재감이 대단하다. 수령이 150년 이상이란다. 높이가 3.8m 정도인데 딱 하나의 줄기로 바위에 딱 붙어 자라는 것이 신기하다. 회양목의 가느다란 줄기를 생각하면 사철나무의 수령에 수긍이 간다.

단군성전은 들르지 않고 금산에서 제일 좋아하는 '부소암'으로 간다. 처음 왔을 때, 사람의 뇌를 닮은 바위에 완전히 반하고 말았다. 크기도 웬만한 바위는 저리 가라고 할 만큼 크다. 진시황의 아들 부소가 이곳으로 유배되어 머물다 갔다는 전설이 있는 곳이다. 사실 뇌를 닮은 바위 아래의 작은 암자도 '부소암'

▶ 한자가 새겨진 바위에 하나의 줄기로 뻗어 오르는 줄사철나무, 수령이 150년 이상이다

▶ 남해 금산 등산에서 제일 좋아하는, 사람의 뇌를 닮은 부소암, 그리고 암자

이어서 바위가 있는 장소를 모두 합쳐서 부소대(법왕대)로 불러야 한다. 부소대 암벽 한 모퉁이에 작은 암자가 붙어있는 것이다. 부소암을 시계 반대 방향으로 빙 돌아 구경하고 암자에 들어갔다. 돌담에서 바라보는 경치가 짜릿하다. 특히 화장실 건물에서 보는 금산의 바위군이 멋지게 잘 보인다. 작은 암자의 단청이 암벽과 대조되어 더 화려하게 보였다.

욕심이 끝이 없다. 부소암을 한 바퀴 빙 돌고 난 다음, 아래에 있는 전망대로 간다. 데크길로 내려가는 편한 길이다. '300리 아름다운 바닷길, 한려해상국립공원'이란 글자와 함께 왼쪽부터 아주 작은 세모로 보이는 소치도, 두모 마을, 정면의 작은 섬 노도, 남해의 또 다른 명산 설흘산, 호구산이 표시되어 있다. 운해가 조금 걷혀서 하나하나 손가락으로 꼽으며 확인할 수 있었다. 부소암과 전망대에서 거의 40분을 구경한 것 같다. 본전을 다 뽑은 셈이다.

▶ 부소암 아래에 있는 전망대에서 바라본 두모 마을, 운해는 조금 약해졌다

　이제는 상사바위로 간다. 세 번째 금산에 오지만 상사바위에 가보는 것은 이번이 처음이다. 동네 산악회, 친구들과 같이 왔을 때는 원하는 만큼 자세하게 둘러보지 못해서 혼자 다시 온 것이다. 상사자(相思者, 상사병에 걸린 사람)가 이 바위에 오르는 것을 금했다고 해서 이름이 지어졌다. 세상을 떠날 위험이 있다는 것이다. 상사바위는 너무 높아 땅이 보이지 않는다고 해서 사신암(捨身巖)이라고 부르기도 한다. 남자가 여자보다 상사병에 더 잘 걸리는 모양이다. 상사병에 걸린 남자가 사랑하는 여자와 함께 이곳에 와서 병이 나았다는 이야기, 부잣집 딸을 사랑하다가 죽었다는 머슴 이야기가 안내판에 자세하게 쓰여 있다. 상사바위 근처에 움푹 들어간 곳은 물이 고여있다. 구정암(九井巖)이라고 부른다. 여기에 꼭 오려고 했던 이유는 보리암 방향으로 멋진 경치를 찍기 위해서였다. 앞에는 매우 큰 도깨비방망이(남근석)가 있고 6층 건물의 절벽 빌라(보리암)가 있는 경치는 최고다. 하지만 물안개가 끼여 완전한 모습을 잘 보여주지 않는다. 실망이다. 시간이 흐르면 구름 커튼이 걷힐 거라는 예상과 다르게 물안개는 점점 더 짙어진다. 30분이 지나도 걷히지 않아서 투덜대며 보리암으로 걷는다.

▶ 두 개의 무지개를 닮은 바위인데 마음이 검은지 자꾸 커다란 해골로 보인다

▶ 쌍홍문 안에서 밖을 보고 찍은 사진, 굴의 벽을 액자로 생각하고 찍으면 된다

좌선대, 제석봉을 지나 쌍홍문으로 간다. 금산산장에 도착했다. 빛바랜 연두색 기와와 테두리를 붉은색 기와로 단장한 산장의 모습이 멋지다. 산장도 역시 가파른 절벽에 붙어있다. 깨끗한 탁자 가운데 파라솔이 걸려있는 곳에서 내려다보는 경치가 좋다. 라면을 먹어보려 하다가 살펴보니 컵라면뿐이어서 포기했다.

두 개의 무지개를 닮은 바위라고 쌍홍문으로 부르는데 실제로는 엄청난 크기의 섬찟한 해골로 보인다. 굴을 통과하는 재미가 좋다. 굴의 벽을 액자로 찍으면 바깥 경치가 더욱 예쁘게 나타난다. 굴을 빠져나오면 장군봉이 반겨준다. 쌍홍문 위에, 보리암 아래에 있는 대장봉과 형리암은 먼 곳에서 바라보면 괜찮은데 이곳에서는 별로다. 물건을 옮기기 위한 지저분한 삭도와 철망이 눈에 거슬려서 그렇다. 깨끗하게 정비를 했으면 좋겠다.

보리암은 관광객들로 엄청나게 붐빈다. 삼층석탑과 해수관음보살상이 있는 곳은 유명한 기도 장소여서 훨씬 더 복잡하다. 탑대(塔帶)에서 산을 바라보면 해수관음, 보리암 건물과 함께 우뚝 솟은 대장봉과 왼쪽으로 봉긋한 화엄봉이 나란하게 서 있다. 눈길을 더 아래로 내리면 조금 전 오래 머물렀던 상사바위도 확인된다. 가성비 최고의 등산이 금산 등산이 아닐까. 큰 고생 없이 멋진 경관을 보고 신기한 곳들도 많이 볼 수 있으니까 말이다.

24. 팔공산

등잔 밑이 어둡다. 대구시에 살면서 다른 지역의 산은 많이 가면서 우리 고장의 대표적인 산을 제대로 맛보지 못했으니 말이다. 1980년 도립공원으로 지정되었고 2023년 12월 31일 국립공원 제23호로 지정되었다. 김유신 장군이 통일을 구상하며 수행했던 곳이고 왕건과 견훤이 치열하게 전투(공산성 전투)를 벌인 곳이다.

대구에는 공산성 전투에서 유래된 이름이 너무나 많다. 다른 지역 사람이 알게 되면 분명 좋아할 것 같아 몇 가지를 소개한다. 먼저 산 이름이다. 원래 '공산'이었는데 '팔공산'으로 바뀐다. 고려군이 후백제군에게 대패해 신숭겸 등 여덟 명의 장수를 잃었다고 해서 바뀐 것이다. 왕건이 후퇴하면서 부하들에게 "경계에 게으름이 없도록 하라."라고 당부한 곳이 무태(無怠)란 이름을 갖게 되었다. 신숭겸이 포위된 임금(왕건)을 살리기 위해 자신이 임금의 옷으로 갈아입고 왕건을 병졸로 변신하게 했다. 이 기묘한 지혜를 짜낸 곳이 지묘동(智妙洞)이다. 임금으로 변신한 신숭겸이 죽고 군사들을 뿔뿔이 흩어지게 한 곳이 파군재(破軍岾)이다. 죽음에서 벗어나 안도의 한숨을 쉰 곳이 동구의 안심(安心), 왕건의 도망을 도와주던 새벽달이 빛난 곳은 반야월(半夜月)이 되었다. 왕건이 견훤에게 일시적으로 패했으나 백성을 잘 다스려 마지막에는 승자의 지위를 차지하게 되었다. 대구 지역의 왕건 관련 지명은 승자의 이야기로 지금까지 전해져 내려올 수 있었다.

산꾼(등산에 능통한 사람이나 약초꾼을 재밌게 표현한 말)은 차를 타고 산 중턱에서 시작하는 등산을 '거저먹는 등산'이라고 한다. 오늘은 군위 하늘 정원에서 시작하는 '거저먹는 등산'을 하려고 한다. 수태골이나 동화사에서 비로봉, 동봉, 염불봉을 모두 오르는 체력이 안 되기 때문이다. 동산계곡을 지나 황금 전각으로 유명한 오은사 옆을 오른다. '원효 구도의 길'로 오르는 등산 안내도 옆에는 주차장이 새롭게 마련되어 있다.

하늘 정원 주차장에 도착하면 데크길 바로 앞에 '원효 구도의 길' 커다란 안내판이 세워져 있다. 하늘 정원까지 하늘 계단을 밟고 오른다. 정원에 도착하기 전에 청운대, 원효굴, 오도암으로 가는 갈림길이 있다. 오늘은 팔공산의 세 봉우리를 다녀와야 하기에 모두 패스한다.

군부대 벽에는 멋진 문장('등산은 인내의 예술이다.' 등)과 군위의 명소 그림(삼국유사로 유명한 인각사, 한밭 마을 등)이 있다. 하늘 정원은 6,000m^2의 넓은 곳이다. '하늘정'이라는 정자와 벤치가 있고 조금 더 오르면 전망대가 있다. 전망대에서는 청운대(靑雲臺)가 잘 보인다. 청운대 아래에 오도암(悟道庵)이 있다. 옛날에는 청운대를 오도봉이라고 불렀다.

▶ 하늘 정원 전망대에서 본 청운대 절벽. 원효굴, 오도암이 모두 저쪽에 있다

▶ 항상 태극기가 걸려있는 팔공산 동봉, 비로봉 근처에는 송신탑이 많다

군부대 옆 울타리를 따라 데크길로 걷는다. 정면으로 방송국 송신탑이 8개나 있는 비로봉이 조망된다. 사월에는 길옆으로 많은 들꽃이 고개를 내민다. 눈길이 자꾸 가서 사진을 찍느라 시간이 지체된다. 갑자기 반대편에서 하늘 정원으로 오던 두 사람이 혹시 염소를 못 봤느냐고 묻는다. 이상하다. 검은 염소를 방목하다가 필요하면 잡아가는 모양이다. 데크길에서 까만 염소똥을 보긴 했는데. 아저씨가 큰 고생 없이 염소를 잡아갔으면 좋겠다.

연분홍색의 철쭉(연달래, 산철쭉)이 대단하다. 소백산 철쭉이 대단하다고 해서 갔다가 실망한 적이 있는데 이곳에서 보상받는 기분이다. 황매산에서 자주 보는 빨간 계통이 아니라 전통 철쭉이어서 더 고귀하게 보인다. 나무도 상당히 크다. 송신탑으로 올라가는 길을 벗어나 산으로 들어가 봤다. 철쭉이 터널을 만들고 있는 곳도 있었다. 전통 철쭉 자체를 많이 보려면 소백산이 아니라 팔공산 비로봉과 동봉으로 오라고 하고 싶다.

다시 아스팔트 길을 걸어서 팔공산의 정상 비로봉(毘盧峰, 1,192.8m)에 도착한다. 송신탑 아래 정상석이 있어 조망은 별로다. 얼른 정상석을 찍고 아래로 내려온다. 이제 서봉으로 갈 수 있는 갈림길에 왔다. 여기서 잠시 멈춰야 한다. 예전에 온 적이 있지만 팔공산의 자랑이 있는 것을 몰랐다. 20m 정도 높이의 바위가 갈라진 곳에 엄청난 철쭉나무가 자란다. 최소 100년은 넘은 것 같다. 줄기가 통통하고 굵기 때문이다. 바위에 붙어 사는 데 철쭉꽃이 대단하다. 뒤에 송신탑이 있어 사진이 멋지게 찍히지 않지만, 이리저리 주위를 돌면서 철쭉나무를 찍었다. 카톡으로 친구에게 보내니 어디에서 찍었는지 묻는다. 다음에 커피 한 잔 사면 가르쳐준다고 답했다. "큭! 대구에 사는 너도 나와 똑같네."

▶ 팔공산의 명물, 바위 사이에서 자라는 전통 철쭉, 굵은 줄기로 보아 수령이 상당하다

▶ 시기가 딱 맞아떨어져서 활짝 핀 연분홍 철쭉을 보게 된다. 입이 쩍 벌어지는 장면이다

▶ 소백산보다 훨씬 많고 터널을 만들어 주기까지 하는 팔공산 철쭉

▶ 초심릿지 맨 위에서 바라본 팔공산 암벽, 오른쪽에 가보지 못한 서봉이 보인다

이제 자랑거리도 한 개 얻어서 즐겁게 철쭉 터널을 걷는다. 동봉으로 오는 길에 석조약사여래입상이 있다. 높이가 6m에 이른다. 자세히 보면 시골 아낙네의 느낌이 난다. 오른손은 내리고 왼손은 가슴에 얹고 있다. 새끼손가락이 나머지 손가락보다 큰 게 특이하다. 높은 돋을새김(高浮彫)으로 조각되어 입체감이 상당하다. 반쯤 뜬 두 눈은 가늘고 길어서 전형적인 한국 사람의 눈매다. 몸에 비해 얼굴은 좀 크게 제작되어 있다. 통일신라시대의 작품으로 추정되는데, 이곳에 오는 분들은 꼼꼼히 살펴보기를 권한다.

동봉에는 태극기가 걸려있다. 관공서에서 하는 일이 아닌데 더러워지면 태극기를 교체하는 분에게 감사하고 싶다. 동봉(미타봉, 1,155m)에서는 못 가본 서봉(삼성봉, 1,150m)과 오른쪽 송신탑이 있는 비로봉이 멋지게 조망된다. 정상석이 있는 곳은 상당히 넓어서 식사하거나 쉬어가기에도 좋은 곳이다. 서봉에 아직 가보지 못해서 다음에 집사람과 가볍게 올 때 가보려고 계획한다. 동봉에서 진행할 방향을 바라보면 갓봉(갓바위)까지 길게 능선이 펼쳐진다. 이제 곧 이 능선 길은 편한 길로 바뀔 것이다. 국립공원으로 지정되었으니, 위험과 불편함이 없는 등산로를 만들고 팔공산의 멋진 모습을 보여줘야 한다.

조망이 좋은 초심릿지 상단부에도 들르고 미타릿지 암봉까지 가본다. 상당히 위험한 곳이라 암벽 등반가들이 오르는 곳이다. 관리공단에서 동봉에서 초심릿지와 미타릿지로 내려가는 길을 만들어줬으면 좋겠다. 이곳에서 동봉의 비스듬한 면을 보면 경치가 그만이다. 맨 윗부분의 사자바위부터 릿지의 암벽 무리가 만드는 경치다.

염불봉(1,036m)까지 암릉으로 계속 걷는다. 말등바위도 대단한데 올라갈 수 없다. 양쪽으로 철쭉나무가 높은 터널을 만든다. 아래에서 하늘을 보고 찍으면 철쭉 빌딩이 된다. 개인적으로 가산산성과 동봉에서 갓봉까지 이어지는 능선이 팔공산의 하이라이트라고 생각한다.

염불봉에는 손등 바위, 부처 발등 바위로 불리는 재밌는 바위가 옆에 놓여 있고, 낭떠러지 끝에는 베개 바위가 있다. 아래에 염불암(念佛庵, 840m)이라는 암자가 있어서 봉우리 이름으로 지은 것 같다. 동화사 암자 중 가장 높은 곳에 있는 암자가 염불암이다.

하늘 정원에서 시작했으나 등산길을 벗어나기도 하고 암릉을 타고 이곳저곳을 살펴보느라 시간이 많이 흘렀다. 하지만 가까운 곳에 있는 국립공원으로 지정된 팔공산의 멋진 모습을 제대로 살필 수 있어서 좋았다. 앞으로 계속 팔공산 등산을 해보라고 할 것 같다.

▶ 염불봉에 있는 손등 바위, 처음에는 발등으로 보였다. 왼쪽에 동봉, 오른쪽은 비로봉

▶ 염불봉 끝에 있는 베개 바위, 이불도 없이 위태롭게 홀로 앉아서 시내를 바라본다

25. 보현산

10년 넘게 등산하다 보니 이제 슬슬 게을러지고 높은 산에 오르는 날은 걱정이 된다. 처음 산에 빠졌을 때의 호기로움은 완전히 사라졌다. 오늘은 집에서 좀 가까운 영천 보현산에 다녀오려고 한다. 여행 블로그에 올라온 천문대와 억새가 멋진 사진을 봤다. 구불구불한 6.5km의 산악구간을 운전한다. 아마 별빛마을에서 천문대로 오려면 상당히 많은 시간을 걸어야 할 것이다.

모자산(母子山)이라고도 불렸다는 보현산(普賢山, 1,126.5m)은 태백산맥의 줄기인 중앙산맥 중앙에 위치하고 이 산이 하나의 맥을 이루고 있어서 보현산맥(普賢山脈)이라고 부르기도 한다. 보현산 동봉 일대에는 천문대가 있다. 옛날 영천은 말을 기르기로 유명했는데 이 천문대가 생김으로써 별(Star)로 유명한 고장이 되었다. 1.8m 반사망원경과 태양 플레어 망원경이 있어서 국내 광학천문관측의 중심이 되고 있다. 행성과 은하의 생성과 진화를 연구하고 있다고 한다.

▶ 감성 넘치는 보현산 천문대 광고판, 등산로에는 투구꽃이 많이 보인다

도착한 천문대 주차장은 고도가 1,000m이다. '천수누림길'을 걸어 시루봉으로 오를 것이다. 천수누림길은 별빛 마을에서 출발하면 11km가 되는 길이다. 이곳에서는 구간 중 1km만 걷고도 높은 봉우리에 도착한다. 데크길 고도가 높고 나무 그늘이 있어 시원하다. 길에 스피커가 설치되어 잔잔한 음악이 흐른다. 길 양쪽으로는 가을 들꽃이 예쁘다. 여름 들꽃 '현호색, 玄胡索' 설명 안내판이 멋지다. 확실한 공부가 됐다. 덩이줄기가 검은빛을 띤다고 해서, 주산지가 중국의 북쪽 지방(하북성, 흑룡강성)이어서, 새싹이 돋을 때 매듭 모양이 생겨서 '현(검은) 호(오랑캐) 색(꼬인)'이 되었다는 것이다. 가을이라 길에는 현호색 대신 투구꽃이 많다. 들꽃 관찰을 위해 보현산을 찾는 분도 많다고 한다. 등산로가 자연 탐방로가 되는 곳이다. 안전봉이 없는 긴 뱀 모양의 데크길은 흙길보다 훨씬 편하다.

육각형 별 모양의 전망대에 도착했다. 2층으로 된 정자인데 올라가서 보는 경치가 그만이다. 그렇다면 더 높은 시루봉에서 보는 경치는 이보다 더 좋은 셈이다. 슬쩍 보고는 바로 내려온다. 100m 정도를 오르니 시루봉(1,124m)이다. 혼자 걸어왔는데 천문대를 거쳐서 온 분들로 봉우리에는 사람이 많았다. 봉우리는 패러글라이딩 출발점을 겸하고 있다. 영천 시내 방향, 별빛 마을 방향, 기상 레이더 기지 방향 등 파노라마 뷰가 절경이다. 쑥부쟁이와 억새가 봉우리 주변에 많아서 멋진 사진을 찍을 수 있다.

▶ 별 모양의 전망대에서 시루봉으로 오르는 등산로, 정상에는 벌써 많은 사람이 있다

▶ 정상에서 천문대 쪽으로 바라본 경관, 왼쪽 저 멀리 기상 레이더 시설이 보인다

▶ 정상에서 별빛 마을 방향으로 찍은 사진, 은빛 억새가 아니어도 예쁘다

▶ 시루봉에서 천문대로 가는 길, 앞에 '태양망원경동', 맨 위에 있는 1.8m 망원경동

시루봉에서 천문대로 오는 길에는 철쭉 군락지가 있다. 안내판이 있는 걸 보면 현호색도 많은 곳인 모양이다. 천문대의 둥근 돔들이 멋지다. 태양망원경동이 제일 먼저 나오고 천문대 중앙광장을 지나 제일 높은 곳에 있는 1.8m 망원경동을 바라본다. 1.8m 망원경동을 지나면 보현산(普賢山, 1,126.5m) 정상석이 있다. 시루봉보다 2m 더 높은 곳이다. 정상석 아래에 연구동과 전시관 건물이 있다. 햇빛이 더 강해졌는데 억새가 은빛 물결을 자랑하고 정상석 부근에 있는 빨간 열매가 있는 나무도 너무 예뻤다. 10명 정도는 쉴 수 있는 공간이 있어 그늘에 앉아 쉬면서 경치를 바라보았다. 주변 지인들에게 쉬우면서도 볼 게 많은 보현산 자랑을 많이 해야겠다고 생각했다. 철쭉이 필 무렵이나 여름에 다시 와서 들꽃을 찾아봐야겠다. 가까운 곳에 이런 곳이 있다니, 작은 보물을 발견한 기분이다.

▶ 보현산 정상에서 바라본 천문대와 시루봉

▶ 1.8m 망원경동 뒤에서 산맥을 바라본 경치, 지리산에서 보는 능선과 비슷하다

26. 성인봉

　3박 4일 일정으로 아내와 함께 울릉도에 왔다. 오늘은 여행 2일 차, 제일 중요한 코스로 여기는 성인봉 등산하는 날이다. 걱정하는 아내에게 아이도 오를 수 있다고 살짝 거짓말을 했다. KBS 중계소에서 시작해서 원점 회귀하는 코스를 잡았다. 차를 울릉 중계소 주차장에 세웠다. 제법 넓은 곳이다. 깨끗한 화장실도 있고 근처에는 호박 막걸리, 울릉 심층수, 아메리카노를 파는 성인봉 쉼터가 있었다.

　간단한 도시락과 음료수를 넣은 작은 배낭만 메고 오른다. 사진을 많이 찍어서 등산을 시작할 때부터(50대 중반) 등산 스틱을 쓰지 않았다. 트렁크를 열어늘 보관만 하고 있던 스틱을 아내에게 건넸다. '성인봉 가는 길'이라 크게 적힌 표지판이 예쁘고 반갑다. 얼마 가지 않아 바로 조망이 터진다. 산봉우리 사이에 있는 마을, 울릉도 바다, 오른쪽 높은 봉우리에는 독도 전망대가 있는 풍경이다.

　성인봉은 10km 내외의 섬에 있지만 1,000m에 가까운 높이(정확하게는 986m)라 깜짝 놀랐다. 산 중턱에 있는 중계소 주차장에서 등산을 시작해서 편하지만, 수면과 같은 높이에서 출발하는 다른 코스는 시간이 많이 소요되고 힘들 것이다.

▶ 성인봉 등산에서 만나는 절경은 초반에 나온다. 오른쪽으로 독도 전망대가 보인다

▶ 성인봉 등산길에는 고비가 무척 많아서 원시의 느낌이 강하다

초반 30분 정도는 계속 오르막이다. 원시림 사이로 지나는 숲길이 매력적이다. 제주도 한라산의 등산길과는 또 다른 분위기다. 특히 눈을 사로잡았던 것은 흔히들 고비라고 부르는 '일색 고사리'가 무척 많다. 산새 소리도 들리고 마가목과 대나무가 제법 많았다. 봄에는 산나물이 많이 나올 것 같다. 성인봉 2.67km 표지판이 있는 곳부터 좁은 길인데 고비가 지천으로 깔려있어 감탄이 절로 나왔다. 뱀이 나올 듯한 분위기였지만 걱정을 금세 내려놓았다. 울릉도는 '삼무오다(三無伍多)'로 유명하다. 뱀, 도둑, 공해가 없고 미인, 돌, 물, 바람, 향나무가 많다는 것을 떠올렸기 때문이다. 제주도는 '삼다(三多)'로 돌, 바람, 여자가 많다. 고비 천국의 숲길에서 한쪽 팔을 들어 디스코를 추는 듯한 모습의 아내를 넣어 사진을 찍었다.

숲길을 걷고 목교를 지나니 붉은색 출렁다리가 나왔다. 초록 일색인 곳에 있어서 멋진 대조를 이룬다. 성인봉 1.6km 안내판을 지나서 팔각정에 도착했다. 숲 사이 공간으로 저동항이 살짝 보인다. 뾰족한 촛대바위는 금세 확인이 가능하다. 촛대바위 옆에 유명한 '행남 해안산책로'가 있는데 내일 가볼 곳이다. 수평선 끝에 독도가 아주 작은 세모로 보인다. 눈을 게슴츠레하게 뜨고 집중해야 나타난다.

성인봉 0.81km, 안평전 2.1km, 도동 3km 표지가 있는 곳은 삼거리다. 고지가 얼마 남지 않았다. 힘들어하는 아내가 쉬어가자고 한다. 등산화를 신고 스틱을 잡고 올라서인지 예상보다는 잘 걷고 있다. 10분 정도 쉬다가 다시 올라간다.

▶ 저동항이 보이고 촛대바위가 살짝 보인다. 행남 해안산책로는 촛대바위 근처에 있다

▶ 성인봉 정상석에서는 기대만큼의 경치를 보여주지 못한다

성인봉 100m 앞에는 나리분지로 가는 표시도 있다. 비행장이 생긴다면 비행기를 타고 울릉도에 와서 나리분지에서 시작하는 코스로 오르고 싶다. '聖人峯'이라 적힌 삐죽한 정상석이 예술 작품이다. 지금껏 본 우리나라 정상석 가운데 제일 멋진 정상석이라는 생각이 들었다. 하지만 전망 뷰는 별로였다. 정상석에서 조금 더 뒤로 가야 바다를 볼 수 있는데 처음 오를 때 봤던 '독도 전망대'가 보였던 곳보다 경치는 훨씬 미치지 못했다.

전망대에는 다른 등산객도 올 것이고 공간이 그리 넓지 않아서 조금 아래로 내려와 점심을 먹는다. 이제 성인봉 등산을 끝냈으니, 내일부턴 편한 여행만이 남았다고 아내에게 말했다. 렌트카로 다니니까 운전만 조심하면 된다. 3박 4일이라 울릉도의 명소는 거의 빠짐없이 볼 수 있을 것이다.

4부

전라도

1. 변산반도 쇠뿔바위봉

유동 마을에 있는 유동 쉼터에 주차하고 등산을 시작한다. '어수대 탐방로'라는 이정표가 있어 등산로 입구를 쉽게 찾을 수 있다. 어수대로 가는 길에 작은 굿당이 있다. 과학이 이렇게 발달한 시대에 샤머니즘이 있다는 것은 '사람은 연약한 존재라는 입증이 아닐까'라고 생각했다. 굿당 옆 밭에서 산을 바라보니 '병풍바위'가 좍 펼쳐져 있다. 우리나라 곳곳에 병풍바위라고 불리는 곳이 많은데, 이곳이 제일 넓고 큰 것 같다. 한라산 윗세오름을 오르다가 본 병풍바위보다 훨씬 크다. 얼마 가지 않아 어수대가 나타난다. 우리나라의 으뜸 물, 부안댐이 시작되는 곳이다. 권력의 최고 자리 임금에게 쓰는 말을 붙인 것이 재미있다. 바로 옆에는 황진이보다는 덜 알려진 '매창'의 시가 예쁜 바윗돌에 새겨져 있다.

천년 옛 절에 님은 간데없고

어수대 빈터만 남아있네.

지난 일 물어볼 사람도 없으니

바람에 학이나 불러볼까나

　어수대는 겨울 찬바람에 살짝 얼어 있었고, 주위에는 작고 아담한 돌탑들이 여러 개 있어서, 소나무와 함께 멋진 풍경을 보여주고 있다. 900m 정도 산을 오르니 쇠뿔바위와 청림 마을로 안내하는 이정표가 나타났다. 처음 가는 산일 때, 혼자 등산할 때는 고개에서 만나는 이정표가 너무나 반갑고 고맙다. 이제부

▶ 으뜸 물 부안댐이 시작되는 곳 어수대, 고인 물은 살짝 얼어 있었다. 오른쪽 매창의 시

터는 경사가 있지만 처음 시작할 때보다 경사도가 낮고 조망도 멋지게 트여서 산행의 즐거움을 느끼며 걷게 된다. 옆으로 병풍바위가 보이고 뾰족하게 보이는 것이 쇠뿔봉인 듯하다. 진행 방향에서 오른쪽을 보면 변산반도의 바다도 살짝 보인다. 왼쪽으로는 주차한 유동 마을과 그 위로 뾰족한 '울금바위'도 잘 보인다. 마을 길을 따라서 내려다보면 '가느골 저수지'도 제법 잘 보인다. 쇠뿔바위로 가는 길에는 바위들이 깍두기 김치를 담글 때 무를 잘게 썰어서 모아놓은 것처럼 보여서 신기했다. 2월 중순이 다가오는 시기인데 바람도 불지 않고 살짝 따뜻한 느낌이 드는 날씨다. 겨울 산행이 위험하다고 하지만 춥지도 않고 땀도 나지 않는 이런 날을 선택하면 겨울 산의 매력을 편안하게 맛볼 수 있다. 비룡상천봉과 와우봉 위의 능선 길을 걷는 듯한데 표지석이 없어서 정확하게 알 수가 없다. 흐린 구름 사이로 햇살의 조명 쇼가 펼쳐지는 능선 맞은편의 풍경은 기가 막힌다. 나뭇잎을 모두 떨어내고 앙상한 가지들만 있는 나무들 사이에서 짙은 녹색 조릿대(산죽)가 청량함을 자랑한다.

▶ 가운데에 보이는 늠름한 쇠뿔봉, 쇠뿔봉으로 오르는 길이 없어서 안타까웠다

▶ 쇠뿔봉으로 내려오는 능선 길에 보초를 서고 있는 듯한 바위가 있어 신기했다

▶ 비룡상천봉과 와우봉 능선으로 걷는 길은 조망이 계속 트여서 지겹지 않다

▶ 고래등바위에서 바라본 쇠뿔봉, 쇠뿔봉으로는 오를 수 없으니, 이곳이 하이라이트가 된다

드디어 고래등바위에 도착했다. 살짝 경사진 모양으로 머리 부분은 동쇠뿔봉을 향하고 있다. 흰수염고래나 범고래처럼 바위 옆부분에는 주름들이 보인다. 50m는 넘을 듯한 엄청난 길이의 바위다. 그런데 이상하다. 왜 앞에 있는 바위가 동쇠뿔봉이고 전망대가 있는 곳이 서쇠뿔봉일까? 혹시 반대로 표현한 것은 아닐까? 이 고래등바위 옆에는 작은 골짜기를 두고 또 하나의 고래등바위가 있다. 새끼 고래가 어미 고래 옆을 헤엄치고 있는 모양새다. 오른쪽을 올려다보면 전망대가 있는 서쇠뿔봉이다. 전망대의 데크가 타이타닉 영화의 뱃머리 모양으로 보인다. 욕심은 많지만, 게으른 자는 왜 동쇠뿔봉에 가는 길은 없느냐고 불평을 내뱉는다. 할 수 없이 다시 돌아와 전망대로 간다.

그런데 하늘에 시커멓고 엄청난 크기의 새들이 날아다니는 게 보인다. 1m가 넘는 크기의 매 종류인 것 같다. 압도적 크기의 매 여러 마리들이 날고 있어서 섬뜩한 느낌마저 든다. 전망대 입구에는 강아지 같기도 하고 사람이 서 있는 것 같기도 한 바위가 오뚝 서 있는데, 꼭 쇠뿔바위를 지키는 문지기 같다는 생각이 들어 피식 웃어보았다. 전망대에 오르면 오른쪽으로 둥근 아이스크림 모양의 건물이 서 있는 의상봉이 나타난다. 처음엔 천문대인 줄 알았는데 군사시설이고 당연히 올라갈 수 없다고 한다. 변산에서 가장 높은 봉우리라고 한다. 산행을 즐긴 후 작은 고민에 빠진다. 차가 있는 유동 마을로 원점 회귀를 할 것인가, 청림 마을로 내려가 차도를 3km 걸을 것인가? 얼마간 망설이다 날씨 좋은 오늘은 게으른 등산가에서 벗어나고 싶어서 용기를 냈다. 가파른 데크 계단과 산길을 걸어 내려오는데 엄청난 크기와 높이를 자랑하는 봉우리가 나타났다. 어수대 쪽보다 1km 짧아서 이곳으로 내려왔는데 저 봉우리를 넘어야 한다는 말인가? 걱정되고 겁도 났다. 아니겠지, 우회하는 길이 있을 거야. 낙엽을 밟으며 살짝 앞으로 나가니 왼쪽으로 좁은 길이 있었다. 살짝 두려움을 몰고 온 이 봉우리는 바로 '지장봉'이었다. 지장봉에 붙어있는 하늘로 나는 거북바위가 매력을 더한다. 아래에서 위로, 조금씩 지장봉 아래로 접근해서 청림 마을을 내려다본다.

앞으로의 갈 길 걱정보다 원점 회귀하지 않고 이쪽으로 내려오길 잘했다는 생각이 든다. 지장봉에서 바라보는 쇠뿔봉도 고래등바위에서 바라보는 것만큼 대단하다. 새재 삼거리를 거쳐 청림 마을에 도착했다. 마을 길을 걸으며 내려온 곳을 바라보니 두 개의 쇠뿔봉이 보인다. 마을 사람이 보는 방향에서 동, 서 쇠뿔봉 이름이 정해졌구나. 차도 양쪽으로 제법 큰 벚나무 가로수가 늘어서서 아스팔트 길을 걷는 게으른 산객에게 응원의 박수를 보내고 있었다. 푸르름이 부족한 겨울 산행이어도 만족한 등산이었다.

▶ 쇠뿔봉 전망대에서 바라본 경치, 오른쪽 저 멀리 의상봉 군사시설 관측 기지가 보인다

2. 내변산 직소폭포

　부안 지역에 사는 분이 아니고 다른 지역에 사는 분이 내변산을 등산하고자 한다면 내변산 주차장과 내소사 주차장은 다른 곳이고 등산의 목적지가 달라짐을 알아야 할 것 같다. 물론 체력이 좋아서 계속 코스를 이어서 산행한다면 문제가 되지 않지만 말이다. 아니다, 그렇다 하더라도 시작하는 곳과 산행이 끝나는 곳이 다르니까 차를 가지러 택시를 타야 한다는 것을 숙지해야만 할 것이다.

　처음 떠나기 전에 여러 정보를 봤는데 대부분 산행의 즐거움과 뛰어남을 많이 언급하는 데 비해 산행 기점과 종료까지의 여러 정보가 부족했다. 그래서 다른 지역 사람으로서 체력과 시간에 맞는 내변산 등산 일정을 잡기가 조금 어려웠다. 특히 산행의 첫날은 무려 집에서 4시간 정도 차를 몰아 주차장에 도착해야 하니까 말이다.

　이런 여러 사정을 고려해서 첫날은 내변산 주차장에 차를 세우고 짧게 등산하는 일정으로 잡아보았다. 변산국립공원은 우리나라 유일의 반도형 국립공원으로 내소사, 직소폭포, 관음봉, 쇠뿔바위봉 등 산악지역인 내변산과 채석강, 적벽강, 고사포해변 등 바닷가 지역인 외변산으로 이뤄져 다양한 자연경관을 만날 수 있는 곳이다. 주차장에서 '변산국립공원'이라는 간판부터 바로 등산이 시작되는데, 몇 걸음도 채 가지 않아 변산바람꽃 다리가 나타난다. 왼쪽의 이 다리로 등산하면 세봉, 관음봉으로 올라갈 수 있다. 물론 시계 방향으로 돌아서 내변산 주차장으로 하산할 수 있다. 눈 속에서도 피는 노란 복수초처럼 2월 추운 겨울에 피는 하얀 바람꽃의 이름을 따서 다리 이름을 만들었다. 이 코스에는 이렇듯 미선나무 다리, 직소보 다리 등 작은 목재 다리마다 예쁜 이름을 지어놓았다. 기회가 또 주어진다면 변산바람꽃을 꼭 보고 싶다.

등산로 왼쪽으로 작은 냇물을 보면서 걸어가면 자생식물관찰원과 실상사가 나온다. 선인봉 아래 지어진 실상사를 살짝 보고 난 후 산행을 계속하면 직소폭포와 변산바람꽃 사진이 붙어있는 내변산 자연관찰로 이정표가 나타난다. 이것을 보니 변산바람꽃이 얼마나 고결한 꽃인지 알 수 있었고 찾아보고 싶은 마음이 더욱 커진다.

직소폭포의 기대가 커지면서 즐겁게 조금 더 걸으면 겨울인데 짙은 초록 나무가 늘어서 있다. 꽝꽝나무라고 한다. 소리를 흉내 낸 말을 붙인 이름이 재밌다. 잎이 불에 탈 때 "꽝꽝" 소리가 난다고 하여 지어진 이름이다. 사계절 푸른 잎을 가진 작은 키의 나무로 추운 겨울에도 잎을 달고 살아야 하기에 주로 바닷가 옆 산기슭에서 자란다. 부안 지역은 꽝꽝나무 무리가 자생할 수 있는 북방한계선으로 식물분포학상 가치가 높아 천연기념물로 지정되었다. 대구 도동에는 야생 측백수림이 이곳과 비슷하게 천연기념물로 지정되어 있다. 딱딱한 돌산 절벽에 제법 큰 푸른 측백나무가 무리 지어 있는 것이 신기했는데, 이 꽝꽝나무는 키는 작으나 대단히 짙은 푸른 잎이 멋지다. 부안은 꽝꽝나무와 함께 우리나라 특산식물인 미선나무, 크리스마스의 상징으로 자주 표현되는 호랑가시나무도 천연기념물로 지정되어 보호받고 있다고 한다. 미선나무는 열매 모양이 미선(尾扇, 물고기나 새들의 꼬리 모양을 본떠 만든 부채)을 닮아 이름이 붙여진 나무로 햇살이 잘 드는 산기슭에서 자라며, 꽃은 흰색이나 연분홍색이라고 한다. 크리스마스를 지나 새해 2월인데도 호랑가시나무는 끝부분에 날카로운 가시를 가진 짙은 녹색 잎과 새빨간 열매로 묘한 매력을 뽐내고 있다. 산행하다 보면 멋지고 신기한 나무나 예쁜 꽃들을 만나게 되는데, 식물학자는 아니더라도 적당하게 이름이나 특징들을 알면, 다음에 만났을 때 반갑고 기쁜 마음이 들 때가 있다. 골치 아프게 뭘 그런 것까지라고 할 것이 아니라 새로운 기쁨을 위해, 이름만이라도 조사해 보는 수고를 아끼지 않았으면 좋겠다.

식물 공부를 조금 하고 올라오니 봉래구곡이라는 안내판이 보인다. 제1곡 대소(大沼)부터 제2곡 직소폭포(直沼瀑布), 제4곡 선녀탕(仙女湯) 등 9개의 곡(曲)이 굽이굽이 흐른다고 하여 봉래구곡이라고 한다. 이곳은 제5곡 봉래곡(蓬萊曲) 앞이다. 봉래곡 너른 바위 위에는 봉래구곡(蓬萊九曲)이라는 글자가 크게 새겨져 있는데, 명산대천을 유람하며 바위에 글씨 새기기를 즐긴 동초 김석곤의 글씨라고 한다. 봉래구곡 외에도 내장산, 칠보산, 모악산 등의 바위에 그의 글씨가 새겨져 있다고 한다. 요즘이라면 자연보호를 안 한 분이라고 손가락질을 당할지도 모르겠다. 또 다른 분은 봉래구곡 글자 바로 옆에 소금강(小金剛)이란 글자를 새겨 놓았다. 작은 금강산이라는 뜻인 것 같다.

봉래 계곡을 지나면 부안군 주민들의 비상 식수를 위해 인공으로 만든 직소보가 나타난다. 햇살을 받은 윤슬에 눈이 부신다. 시멘트로 쌓은 작은 댐 안에 고인 진한 남색의 봇물이 옅은 갈색의 나뭇가지 사이에서 대단한 존재감을 나타낸다. 봇물에 눈을 떼지 못하고 계속 야자 매트가 깔린 산길을 걸어간다. 바람이 없는 이런 따뜻한 겨울 날씨에 기쁘게 걸을 수 있는 복을 누리다니 정말 복 받은 사람이라는 생각이 든다. 어린 시절에는 가난한 부모님 원망도 많이 하고 신에게 불평도 많이 했는데, 이젠 뭐든지 감사해야 이 행복들이 날아가지 않을 것 같다.

그런데 바로 앞에 '선녀탕'이란 팻말이 보인다. 생각이 조금만 더 길었다면 못 보고 지나쳤을 것 같다. 이것도 감사해야 한다. 하하하! 선녀탕의 물은 파란색이 아니라 연두색과 녹색이 섞인 색이었다. 선녀가 저 바위 옆에 옷을 놓아뒀다가 나무꾼과 살게 되었나 보다. 선녀탕 아래로 움직임도 보이지 않을 정도로 잔잔하게 흘러가는 물은 너무도 투명해서 바닥의 돌들이 깨끗하게 보였다. 저 물들이 직소보에 모이게 된다.

▶ 선인봉 아래에 있는 실상사를 오른쪽에 두고 걷는 편안한 길이 마음을 치유한다

▶ 직소보에 모인 물은 짙은 녹색을 띤다. 가운데 우뚝 솟은 봉우리는 내일 등산할 관음봉

▶ 직소보를 왼쪽으로 크게 굽어 돌아가는 길이 보이고 그 위에 있는 봉우리가 멋지다

▶ 나지막한 폭포의 물이 고여 이루어지는 선녀탕, 물결이 전혀 없고 투명하다

▶ 직소폭포와 선녀탕 사이에는 두 개의 큰 소가 있는데 안경 모양으로 보인다

▶ 얼었을 거라고 예상했던 직소폭포, 수량은 적었으나 물이 흐르고 있다. 약 30m 높이다

선녀탕을 보고 경사면을 오르면 직소폭포를 내려다보는 전망대가 나온다. 겨울이라 폭포 물이 얼었거나 없을 것으로 짐작했는데 수량은 적지만 얼지도 않았고 흘러내리고 있다. 직소폭포로 내려가는 길로 접어든다. 용의 두 눈 모양의 소(沼)에 고인 쪽빛 물이 신비롭다. 직소폭포는 약 30m의 높이로 채석강과 함께 변산반도국립공원을 대표하는 명소이다. 육중한 암벽 단애 사이로 하얀 물거품을 일으키며 쉴 새 없이 쏟아지는 물이 제법 깊은 둥근 소를 이룬다. 경관이 좋아서 조선 후기의 화가 강세황은 그림으로, 순국 지사 송병선은 '변산기'라는 글로 직소폭포와 관계된 작품을 남겼다. 여기서 내소사로, 관음봉으로 계속 산행할 수도 있으나 늦게 시작한 등산이어서 원점 회귀를 하려고 발걸음을 옮긴다. 내일 오르게 될 관음봉에 대한 기대가 점점 더 커지고 있다.

3. 내변산 관음봉

부안 산행 이틀째, 본격적인 부안 내변산 산행이 시작되는 날이다. 첫째 날은 장거리 운전으로 짧은 코스의 직소폭포를 다녀왔는데 날씨도 그렇게 나쁘지 않아서 시작부터 마음이 들떴다. 오늘은 내변산 주차장이 아닌 내소사 주차장으로 간다. 이곳은 시간으로 주차료를 내야 하기에 내변산 주차장의 정액 금액보다는 많이 내야 한다.

겨울 아침 시간이어서 주차할 곳은 넉넉하다. 주차하고 일주문으로 향한다. 사전 조사에 의하면 일주문을 통과하지 않고 오른쪽으로 돌아서 오르면 조금 산행이 길어지나 입장료를 내지 않고 세봉을 거쳐 관음봉으로 오를 수 있다고 한다. 일주문 간판에는 어려운 한자로 능가산(楞伽山) 내소사(來蘇寺)라고 되어 있다. 사실은 매표소를 담당하는 분에게 한자를 물었다. 능가산? "처음 들어보는데요."라고 물어보니 변산을 이렇게 다르게 부른다고 한다. 가지런하다는 '능' 글자라는데 한글 컴퓨터 버전에 나타나지 않았다. '가' 자는 절이라는 뜻이었다.

일주문 바로 앞에는 엄청난 크기의 느티나무가 있는데, 빨강, 노랑, 초록, 파랑 네 가지 색의 천을 엮은 다섯 겹의 새끼줄로 줄기를 둘러서 묶어 놓았다. 나무 앞 넓은 바위 위에는 동전들이 많이 올려져 있다. 절에 들어가서 알았는데, 이 나무가 할아버지 나무이고 절 안에 있는 나무는 할머니 나무라는데 천 년이 훨씬 넘은 나무들이다. 민간 신앙이지만 사찰에서 허락해 주어서 1년에 한 번

제를 올리기도 한다고 한다.

　내소사는 백제 무왕 34년에 처음 지어졌고 '소래사'라는 이름이었다가 임진왜란 이후에 내소사가 되었다. 경내의 건물로는 대웅보전과 설선당, 요사, 보종각, 1823년 화재로 소실된 것을 중건한 봉래루가 있다. 대웅보전의 꽃무늬(모란과 국화인 듯)를 새긴 문살이 멋지고 고려시대에 만들어진 동종과 영산회괘불탱(탱화), 삼층석탑도 유명하다. 이곳에 오면 새롭게 태어난다는 뜻을 담고 있는 내소사는 입구부터 전나무 숲으로 차분하고 엄숙한 분위기를 만든다. 오대산 월정사, 광릉 국립수목원과 함께 우리나라 3대 전나무 숲 중 하나이다. 일주문에서 피안교에 이르기까지 600여 미터의 숲길로 이어져 내소사로 안내한다.

　내소사 관람을 마치고 다시 전나무 숲길을 살짝 걸어 탐방로 입구로 향한다. 재백이고개 탐방로를 통과하여 산길로 접어든다. 약간 흐려있으나 바람이 없는 날씨, 경치를 찍기엔 아쉬움이 있지만 참 편하게 등산할 수 있는 날씨다. 조금 올라오니 오른쪽으로 내소사가 내려다보이고 왼쪽으로도 멋진 봉우리들이 조망된다. 군밤 장수 모자를 쓰고 바다가 보이는 왼쪽에서 셀카 인증샷을 찍어본다. 바위 능선 길로 올라서니 벌써 올라야 할 관음봉이 보인다. 오늘은 아침부터의 산행이라 너무 일찍 끝나면 안 되는데?

　멀리 안면도에서 오신 단체 등산객들이 인사를 건네 온다. 그리고 그중 한 분이 사진 부탁을 한다. 연세도 제법 있으신 듯한데 표정이 밝고 중후한 멋을 풍긴다. "모델이 멋있어서 좋은 사진이 됐을 겁니다." 했더니 "예전엔 제법 등산을 잘했는데 이젠 70이 되어서, 무릎이 좋지 않아요." 하신다. 셀카밖에 찍을 수 없는 나도 인증샷을 부탁했다. 산이 아닌 도시 마을에서는 잘 일어날 수 없

▶ '능가산 내소사'라고 적힌 일주문 뒤에 매표소가 있고 전나무 숲이 이어진다

▶ 절 안에도 할머니 나무라는 수령 천 년이 넘는 느티나무가 있다. 뒤에 관음봉이 있다

는 장면이라 기분이 좋다. 그리고 이 인생 선배님께서 건강하고 행복하게 사시길 바란다.

관음봉 삼거리에 도착한다. 직소폭포까지 2.1km, 관음봉까지는 0.6km이고 세봉까지는 1.3km이다. 조금 전 만났던 안면도에서 오신 일행 몇 분을 다시 만났다. 물을 마시며 쉬고 계셨다. 직소폭포 방향을 바라보니 건너편에 마당바위, 너럭바위처럼 보이는 곳이 있었다. 직소폭포는 어제 봤으니까, 저곳에 갔다가 다시 이곳으로 와야겠다는 생각이 들었다. 계곡으로 갔다가 다시 바위로 올라와 보니, 왼쪽으로 관음봉의 옆모습과 삼거리에서 직소폭포로 내려오는 길도 잘 보인다. 삼거리에서 봤던 것에 비해 마당바위는 훨씬 컸다. 사진을 찍으며

▶ 능선 길에서 바라본 관음봉, 둥근 원기둥 모양의 모습이 마음을 푸근하게 한다

즐기는 가운데 어르신 일행들이 좍 올라오신다. 거의 60대 후반이나 70대가 넘으신 분들이다. "야호!" 소리를 외치는 분도 있고, 앉아서 숨을 고르시는 분, 음식을 꺼내는 분들도 계신다. 할머니들도 계셔서 깜짝 놀랐다. 상황에 따른 사람의 느낌은 다른가 보다. 마을에서 이런 광경을 봤다면 다른 분들을 배려하지 않는 시끄러운 어르신이라고 눈살을 찌푸리지 않았을까? 그런데 지금은 얼굴에 주름이 많지만, 씩씩하게 산에 올라 대화와 음식을 나누는 모습이 오히려 귀여우시고 대단하시고 멋지게 보인다. 어디까지 가시느냐고 물어보고 싶은 마음을 누르고 다시 관음봉 삼거리로 발걸음을 옮긴다. 산길의 왼쪽으로 접어드는데, 어제 봤던 직소보가 눈에 들어왔다. 연한 파란색 물 색깔이 너무나 반갑다. 단지 어제 처음 봤을 뿐인데. 김춘수의 꽃이라는 시가 떠오른다. '내가 그의 이름을 불러주었을 때, 그는 나에게로 와서 꽃이 되었다.' 그렇다. 정보를 봤을 때의 직소보가 아니라, 직접 만나고 직소보라고 마음에 부르고 나니까 단지 하루밖에 되지 않았지만 내게 의미 있게 다가온 것이리라. 싱싱한 솔잎을 가진 앞쪽의 소나무도 직소보를 보고 가라고 손짓하는 것 같다. 야자 매트와 데크 계단을 이어서 걸으며 계속 직소보와 반대편 봉우리들을 바라보느라 몇 번이고 멈춰서기를 반복했다.

▶ 생각해 보면 대구에서 이곳까지 참 먼 길을 왔다. 군밤 장수 모자를 쓰고 사진을 찍었다

▶ 세봉으로 오는 길에서 보는 경치가 관음봉 정상에서 보는 경치보다 더 대단하다

드디어 관음봉에 도착했다. 정상석에 '변산반도 관음봉, 424m'라고 적혀 있다. 바위 능선도 걷고 제법 힘겹게 올랐는데 해발 높이가 생각보다 너무 낮게 되어 있어서 놀랐다. 정상에는 쉬어갈 수 있도록 벤치도 마련되어 있고 변산 8경 중 1경과 3경에 관한 설명 안내판도 있었다. 멋진 마루금과 함께하는 곰소만의 경치가 끝내준다. '이런 행복 때문에 거의 4시간이나 차를 몰고 부안으로 오는 게 아니겠어. 역시 오길 잘했어.' 용기를 낸 자신을 칭찬한다.

전망대 벤치에 앉아 고구마 찐빵과 쑥색의 절편으로 배고픔을 달랜다. 산 정상에서의 음식은 그것이 컵라면이든 참외 한 조각이든 너무나 맛있다. 따뜻한 커피나 막걸리 한 잔을 곁들인다면 그것은 최고의 상차림이 되지 않을까? 혼자만의 산정 카페는 산객만이 느낄 수 있는 큰 행복 가운데 하나다.

이런저런 생각을 하며 빵과 떡을 먹은 후 세봉으로 내려가는 길로 향한다. 중간 지점까지 갔다가 돌아올 예정이다. 바위 능선을 내려오며 보는 세봉의 모습은 관음봉의 모습보다 더 멋있다. 첫날 새벽에 출발했으면 시계 반대 방향인 세봉으로 올라 관음봉을 찍은 다음, 직소폭포를 거쳐서 내변산 주차장으로 완주했을 것이다.

가을에 다시 기회를 잡아야겠다. 세봉으로 내려가는 중간쯤 바위 능선에서 다시 왔던 길로 향한다. 관음봉 옆의 절벽과 마을의 집들, 그 앞의 넓은 바다, 바다 뒤로 보이는 여러 산의 상쾌한 모습이 탁 트인 장관을 이룬다. 관음봉 전망대에서 보는 모습을 능가한다. 원점 회귀의 산행이지만 직소폭포 쪽으로도 살짝 내려갔다가 왔고, 관음봉에서도 바로 돌아서지 않고 세봉 쪽으로도 갔다 와서, 아쉬움은 없다. 오히려 체력에 맞게 안전하게 즐길 수 있어서 좋았다.

▶ 가운데 바위 봉우리까지 올랐다가 다시 돌아왔다. 저 멀리 어제 간 직소보가 보인다

▶ 왼쪽에 내소사, 오른쪽에 갯벌과 염전, 곰소만의 서해가 보인다

4. 내장산

　정읍에 있는 내장산은 호남 5대 명산의 하나이자 우리나라를 대표하는 8경 중 하나로 손꼽히는 산으로 1971년 8번째 국립공원으로 지정되었다. 신선봉(763m)을 주봉으로 700m 내외의 봉우리들이 각각의 독특한 바위와 경관을 가지고 있어 '호남의 금강'으로 불린다.

　단풍도 끝났는데 눈을 보러 내장산에, 그것도 새벽에 차를 몰고 내려간다고 하니, 집사람이 의아한 눈길을 보낸다. 아무도 없을 거라고 예상했는데 케이블카 주차장을 지나 마지막에 있는 순환버스 주차장에는 두 대의 차가 주차되어 있다. 6시 30분, 아직 해가 뜨지 않아 캄캄하다. 바닥이 얼어 있어 천천히 차 머리를 돌려 주차했다.

　30분을 기다렸다가 일주문 바로 옆 벽련암(碧蓮庵)으로 등산을 시작한다. 암자까지는 경사가 있는 임도를 걷게 된다. 동이 터오는 무렵의 벽련암은 환상적이었다. 대웅전 뒤로는 올라야 할 서래봉이 암자를 지키듯 우뚝 서 있다. 마지막 화장실이 있는 옆으로 산길을 오른다. 지그재그의 힘든 등산길인데 눈이 쌓여서 마음은 괴롭지 않다.

　여러 번 쉬었다 걷다를 반복하다가 능선에 올랐다. 서래봉 도착을 조금 남겨둔 지점에 멋진 소나무들이 있는데 솔잎 위에 눈이 소복하게 쌓였다. 눈 쌓인 소나무를 바라보며 벽의 역할을 하는 바위에 기대어 삶은 고구마를 한입 물어본다. 새벽부터 운전하고 눈길을 걸은 보람을 느낀다.

　도착한 서래봉에는 정상석이 없다. 이렇게 전망이 좋은 곳인데? 논바닥을 갈아엎는 농기구인 써레를 닮아 써래봉으로 불리다가 서래봉(西來峰)이 되었다. 내장사 쪽을 바라보는 방향에서 오른쪽으로 시선을 옮기면 장군봉, 연자봉, 신선봉이 보인다.

　서래봉을 지나 불출봉(拂出峰)으로 처음 시작하는 길은 능선이 아니라 가파른 계단을 내려갔다가 다시 올라야 하는 힘든 길이다. 음지여서 눈이 녹지 않아 발이 눈에 푹푹 빠진다. 능선 길은 안쪽(왼쪽)에는 내장사, 바깥쪽(오른쪽)은 내장저수지를 보며 걷는다. 가장자리는 살짝 얼어붙어 있고 안쪽은 파란 물이 있는 내장저수지의 풍경은 최고다.

▶ 아이젠을 끼고서 힘겹게 오른 서래봉, 안내판에서 내장산의 봉우리를 확인한다

불출봉은 서래봉 서쪽에 있는 봉우리로, 정상에 올라서니 북쪽으로는 저수지와 정읍시가, 남쪽으로는 신선봉을 비롯한 7개의 봉우리가 한눈에 다 들어온다. 이곳에서의 조망이 대단해서 '불출운하'라고 부른단다.

이제는 하산길이다. 원적암(圓寂庵)을 찾아야 한다. 원적암은 내장사 불출봉 중턱에 있는 내장사의 암자이다. 황금빛으로 빛나는 불상 머리 위로 역시 햇살로 빛나는 불출봉이 보인다. 암자로 들어가는 길과 계곡으로 내려가는 길에는 비자림(榧子林)이 있는데 제주도에 있는 비자나무보다 훨씬 더 커서 놀랐다. 비자나무는 글자 비(榧)에 있는 왼쪽 3개, 오른쪽 3개의 획처럼 가지가 뻗어있다고 이렇게 이름 지어진 것 같다.

▶ 불출봉으로 가면서 내려다본 경치, 가장자리가 얼어있는 내장저수지가 있는 겨울 절경

▶ 불출봉에서 바라본 서래봉의 모습, 가까이 있지만 가파른 계단을 내려와 다시 올라야 한다

▶ 소나무 위에 있는 눈이 녹아내리다 얼어서 고드름이 생겼다. 계곡에 내장사가 있다

▶ 최고봉인 신선봉을 비롯한 7개의 봉우리와 내장저수지, 정읍시가 한눈에 조망되는 불출봉

▶ 겨울이 아니라면 계속 이어지는 봉우리를 타고 왼쪽으로 빙 돌아서 내려오는 것도 좋을 듯

▶ 원적암으로 가는 길에는 제주도에 있는 나무보다 더 큰 비자나무 군락지가 있다

원적 계곡을 따라 내장사로 걷는다. 원래는 본사인 영은사(靈隱寺)의 이름을 따서 영은산으로 불리다가 산 안에 감춰진 것이 무궁무진하다고 내장산(內藏山)으로 불리게 되었다. 계곡 길은 산길보다 눈이 더 깊게 쌓여있어 오히려 더 기분이 좋다. 이런 최고의 눈길을 혼자 만끽하고 있다니? 겨울 내장산 산행 선택을 잘했다는 생각이 든다. 지붕은 눈에 덮여있고 처마에 고드름이 녹아 바닥으로 물이 떨어지는 집을 발견했다. 계곡에 있는 식당인데 겨울철이라 장사하지 않고 있는 듯하다. 단풍철엔 막걸리와 두부 등을 먹는 손님들로 북적였을 것이다.

지난밤에 눈이 소복이 왔네. 지붕이랑 밭이랑 추워한다고, 덮어주는 이불인

▶ 원적암 지붕과 마당에도 눈이 쌓여있다. 뒤로 내장산이 바람을 막아주고 있다

가 봐. 그러기에 추운 겨울에만 나리지(윤동주의 눈). 한밤중에 눈이 내리네. 소리도 없이. (중략) 당신은 못 듣는가? 저 흐느낌 소리. (중략) 한 발짝 두 발짝 멀리도 왔네(송창식 밤눈). 시와 노래가 연달아 떠오르며 눈가가 붉어지고 눈물이 맺힌다. 63살 나이에 잠깐 깨끗한 마음으로 돌아왔다. 인간으로서의 본능적인 외로움에서 나온 것이요, 슬픔이 아닌 감동의 작은 눈물이다.

내장사 법당을 구경하고 매표소 주차장으로 내려와 산행을 마친다. 단풍이 들 때의 내장산이 최고의 인기겠지만, 계곡을 여러 개의 봉우리로 빙 둘러서 병풍을 치듯 자리한 모습은 다른 계절에 와도 감탄하기에 모자람이 없을 것 같다.

5. 지리산 노고단

구불구불한 오르막길을 한참 달려 성삼재 주차장에 도착한다. 꽤 큰 편의점, 식당, 카페, 화장실 등이 잘 갖춰져 있다. 역시 국립공원이라 할 만하다. 편의점 앞, 검은 곰 옆에 앉을 수 있는 전망대에서 구례 지역을 바라보는 경치가 장관이다. 노고단 탐방을 하려면 반드시 예약해야 하고 봄철과 겨울철에는 탐방 통제 기간도 있는 것 같다.

나무가 우거져 그늘진 등산로는 깨끗한 돌이 평평하게 깔려있고 중간중간에 쉴 수 있는 데크도 있다. 노고단으로 길을 걷다 보면 선택의 순간이 온다. 편안하지만 조금 더 긴 길, 험하지만 짧은 길. 빨리 가고 싶은 마음에 계속 험한 길을 고른다. 쉬운 길보다는 경사가 있고 좁으나 양옆으로 예쁜 들꽃들이 많아서 선택에 후회는 없다.

노고단 대피소가 나온다. 앉아서 물을 한 잔 마시고 깎아온 사과도 먹는다. 이곳은 요리할 수 있는 시설도 갖추고 있다. 알록달록한 등산복을 입은 중년의 아저씨와 아주머니들이 환한 웃음을 터뜨리며 둘러앉아 음식을 먹는 모습이 귀엽게 보인다. 아름다운 자연이 사람들의 굳은 마음을 자연스럽게 해제시켜서 나온 장면이다.

▶ 성삼재 휴게소에는 검은 곰과 '지리산 성삼재' 글자의 멋진 조형물이 있다

▶ 반야봉으로 가는 출입구가 왼쪽에 있고 오른쪽은 노고단으로 오르는 출입구이다

이제는 노고단 고개로 오른다. 돌을 차근차근 밟고 오르는데 길옆으로 주홍색의 동자꽃과 보랏빛의 '둥근이질풀'이 많이 있다. 특히 둥근이질풀은 꽃잎 안에 핏줄처럼 선이 뻗어있어서 더 예쁘다. 하늘이 확 트이면서 고개의 끝이 보인다. 오른쪽으로 꺾어 탐방로로 간다. 예약자 바코드를 찍고 노고단으로 가는 나무판이 깔린 길을 편하게 걷는다. 노란색 원추리가 날씬함을 뽐내고 있다. 예전 등산에 관한 잡지에서 노란색 원추리가 한가득 피어있는 사진을 보고 노고단에 가봐야겠다는 생각을 처음으로 했던 때가 떠올랐다. 조금씩 앞으로 나아가자, 멀리 노고단 정상에 있는 돌탑도 보이기 시작한다. 그러나 바로 정상으로 가지 않고 아래쪽으로 빙 둘러서 이어진 길을 따라간다. 오른쪽으로는 통신 중계탑이 우뚝 서 있다. 대피소와 고개가 보이는 전망대에 이른다. 내가 저 길을 다 걸어서 여기까지 왔구나. 뒤돌아보니 스스로가 대견스러워진다.

▶ 입구 문을 통과하고 올라와서 되돌아본 모습, 입구 문 뒤에 있는 원뿔 모양의 돌탑

▶ 입구에서 오르는 길에 원추리가 많이 있다고 들었는데 많이 줄어든 것 같다

원추리 등 작은 들꽃들이 자박자박 깔려있다. 저 들꽃들이 그냥 저렇게 예쁘게 피는 것은 아니었다. 산행 후에 검색해 보니 자원봉사자들과 관리공단 직원들이 해마다 외래식물 제거 작업을 한 결과라고 한다. 대표적인 식물이 '헤어리베치'라고 한다. 헤어리베치는 푸른 비료로 쓰이기는 하나 이곳에서는 긴 줄기로 토종 들꽃을 둘둘 말아 생장을 방해하기 때문이다.

20년간의 이런 노력으로 물봉선, 강아지풀을 닮은 산오이풀, 꿩의비름, 쑥부쟁이, 투구꽃 등 많은 들꽃이 자라고 있다고 한다. 산오이풀과 쑥부쟁이를 제외하고는 보자마자 이름을 바로 말할 수는 없다. 앞으로는 들꽃에 좀 더 관심을 가져야겠다. 구례와 하동 방향을 한꺼번에 바라보는 노고단 정상 아래의 전망대에 섰다. 겹겹이 쌓인 산줄기와 그 사이의 계곡들, 구름이 만들어내는 장관에 가슴이 확 트인다.

거대한 돌탑이 있는 노고단(1,507m)에 왔다. 나무 울타리 앞에는 많은 사람이 줄지어 앉아 하동과 구례 방향의 산 그리메를 보며 쉬고 있다. 다른 분에게 부탁해서 돌탑을 배경으로 인증샷을 찍었다. 언젠가는 지리산 반야봉이나 천왕봉을 올라야 하는데 아직은 선뜻 용기가 나지 않는다. 노고단 고개 문(바코드를 찍었던 바로 앞에 있는 문)을 통해 오를 수 있다는 사실을 알았으니 도전할 기회는 반드시 올 것이다.

▶ 좋아하는 산오이풀이 바위 틈새에 자라고 있고 거대한 돌탑이 있는 노고단 정상

▶ 우리나라 정상석 가운데 굳이 랭킹을 매긴다면 노고단 정상석이 최고가 아닐까

▶ 노고단 정상 아래에서 바라본 경치, 구름이 많이 끼어서 최고의 경치는 볼 수 없었다

▶ 노고단의 바위와 주변의 산들 위로 구름이 짙게 깔려있다

6. 초암산

　'황매산'만 철쭉 명소가 아니었다. 전라도에도 이름난 철쭉 명산이 대단히 많았다. 남원의 바래봉과 봉화산, 보성의 제암산과 일림산, 그리로 오늘 오를 초암산이 있었다. 바래봉에는 산악회를 통해서 가본 적이 있고 초암산과 일림산을 두고 망설이다가 초암산에 가기로 정한다. 일림산은 전국 최대 규모의 철쭉 군락지가 있는 산이라 사람들이 많이 몰릴 것 같아서다.

　대구에서 보성까지 가는 길은 상당히 멀지만, 고속도로가 있으니 일찍 출발해서 당일 산행으로 끝마치려고 한다. '겸백면 사무소'로 입력하고 운전한다. 최단 코스로 정했는데 등산로 입구를 잘 찾을지 걱정은 조금 된다. 내비에 입력된 장소에 도착해서 두리번거리며 이정표를 찾는다. 저기다! 10m쯤 앞에 '개인 택시 단독 주택'이라 적힌 건물 앞 전신주 옆에 이정표가 있다. 오른쪽으로 꺾어 올라가는데 경사가 제법 심하다. 위에서 차가 내려오지 않기를 바라며 오르막을 오른다. 마지막으로 고개를 올라야 하는 곳에서 우회전한 후 차를 멈췄다. 동네 할아버지가 계셔서 초암산으로 가는 길이 맞는지 물었더니 계속 오른쪽으로 가면 주차하는 곳이 나올 거라고 하셨다. 다행이다. 사실, 나는 등산의 어려움보다는 등산로 입구를 찾는 것이 더 두렵다. 입구를 못 찾으면 시간도 많이 허비하고 등산 자체가 불가능하게 될 수도 있기 때문이다.

　고개를 지나니까 등산 정보에서 읽었던 '석호'라는 이정표가 나온다. 하하! 잘 가고 있구나. 두 번째 갈림길에서 '산림 조합 공사 현장' 팻말을 보며 오른쪽으로 진행한다. 이제는 비포장 길이다. '초암산 임도 1' 이정표를 보고 계속 앞으로 나가자 '임도 차단기'가 나온다.

공터가 넓어 편하게 주차하고 차단기 너머로 길을 걷는다. 1.29km 걸어온 지점에 산악회 시그널이 걸린 나무 아래 길로 접어들어야 하는데, 그냥 등산로 표시가 있는 줄 알고 지나쳐 버렸다. 600m 정도 더 걸었던 지점에서야 '어! 주차하고도 이렇게 많이 걷는다는 것인가?' 하는 의문이 들었다. 다시 발걸음을 돌려 눈을 부릅뜨고 등산로 입구를 찾으며 걷다가 나무에 걸린 이 표식(시그널)을 찾게 된다.

햇볕이 가려진 숲속 길, 거칠지는 않으나 작은 바위가 많은 길, 물이 없는 작은 계곡 길 등 다채로운 길을 걷는다. 고갯마루가 가까워질수록 길 양옆으로 철쭉도 보이고 연둣빛의 나뭇잎과 초록의 잎들이 어울려 눈을 즐겁게 해준다. 과연 계절의 여왕 5월임을 실감한다. 숲속 길을 빠져나오니 고갯마루가 나오고, 이제는 직진에서 오른쪽으로 걸어야 한다. 나중에 알았는데 이 고개가 '밤골재'였고 초암산 최단 코스로 오르는 길이었다.

▶ 동글동글한 바위 사이로 길이 있고 길 양쪽으로 철쭉의 잔치가 벌어지고 있다

이제 걷는 능선 길은 계속 철쭉으로 뒤덮인 사이를 걷는 길이다. 룰루랄라! 콧노래가 저절로 나온다. 호빵 같은 둥근 바위도 듬성듬성 있고 깨끗한 소나무, 참나무와 어우러진 철쭉은 계속 사진을 찍게 만든다. 가고 멈추고를 계속 반복한다. 이 좋은 길에 한 사람도 만나지 않고 혼자 독차지하며 걷고 있다. 일림산에 안 가고 이곳에 왔지만, 철쭉이 절정인 때라 분명히 몇 사람은 만날 줄 알았는데. 확 트인 앞을 바라보니, 붉은 양탄자가 펼쳐진 듯한 정상 능선이 보이고 정상 부근의 바위들도 보인다.

▶ 정상에 다가갈수록 키가 큰 철쭉들이 나온다. 수고했다고 박수를 보내는 듯하다

▶ 사람이 별로 없어서 기다리지 않고 정상석을 찍을 수 있었다

고개를 넘어 전망대 데크로 왔다. 오른쪽으로는 무등산(제일 먼 곳인데 뾰족하게 보여서)과 모후산으로 추정되는 산들이 보인다. 다른 방향으로 보면 일림산과 제암산인 것 같다. 지금부터는 나무로 가려지는 곳이 없고, 계속해서 360도 파노라마 경치가 펼쳐진다. '수남 삼거리'라는 이정표를 보았다. 수남 주차장에서 올라오는 길과 만나는 곳인가 보다. 수남 마을에서 올라온 등산객들이 정상 바위 위에서 움직이는 모습이 보인다. 이곳부터는 철쭉이 어른 키보다 더 높다. 나무에 가려있지 않고 햇살이 잘 들어서인가 보다. 자동으로 철쭉 터널이 된다. '초암산 정상'이라고 쓰인 이정표를 보았다. '임도 1.0km' 앵! 그럼 내가 올라온, 밤골재를 거치지 않고도 이곳으로 올라올 수 있는 길이 있다는 것 아닌가? 그럼, 내려갈 때는 밤골재로 가지 않고 또 편한 이 길로 내려가야지. 하하! 오늘도 복권 당첨이다. 이정표를 지나 거대한 바위들을 넘어서니 초암산 정상(576m)이다. 정상석 뒤에 있는 바위도 멋지고 옆으로는 철쭉이 있으니, 오늘은 내가 들어간 인증샷을 찍어야 한다. 빨간 고어텍스 재킷을 입은 분에게 부탁해서 사진을 찍었다.

▶ 가운데에 제사를 지내는 제단이 있고 살짝 굽어 올라가는 길마저 예술이다

▶ 철쭉도 멋지고 초여름의 산에서 볼 수 있는 연두색의 나뭇잎도 아름답다

▶ 철쭉의 바다를 이루는 초암산 정상부, 제법 큰 바위 무리가 있어 경치가 더 빛난다

거대한 바위들이 있어서 철쭉이 더 돋보인다. 등산 과정을 생각한다면 분명히 전형적인 육산인데 정상에만 멋진 바위들이 있으니 신기하다. 대부분 가지에서 꽃이 피는데, 가끔 시커먼 벚꽃 줄기에 툭 튀어나와서 피는 벚꽃들이 있다. 그 장면처럼 바위틈 사이를 비집고 자라고 있는 철쭉들이 신기하다. 바위에 올라 발아래로 펼쳐진 철쭉 바다를 바라보기도 하고 사방을 둘러싸고 있는 산줄기들도 바라본다. 코앞에 초록의 관수산 너머로 남해 득량만이 보이고 그 너머에 파란색의 고흥 산줄기(팔영산, 운암산)가 잘 보인다. 내가 올라온 쪽으로 걸어오는 등산객이 없고 대부분 수남 마을에서 올라온다. 그런데, 앞쪽으로 야자 매트가 깨끗하게 깔린 오르막길이 보인다. 바위에서 내려와 그곳까지 발길을 늘여본다. 살짝 내려갔다가 오르는데, 오르기 직전에 제단이 설치되어 있다. 철쭉제 행사를 할 때 제사를 지내는 곳이다. 이곳은 움푹 들어간 화분 모양의

▶ 정상에서 내려오면서도 계속 발걸음을 멈추고 사진을 찍는다. 봐도 봐도 질리지 않는 경치

▶ 능선 위에 흰 구름이 걸려 더 멋진 경치가 되었다. 연두와 분홍, 흰 구름의 잔치

공터인데 바위도 없고, 바람도 피할 수 있고, 잔디도 있어서, 많은 사람이 앉을 수도 있고 행사를 치르기에 최적의 장소인 것 같다.

조금 장소를 바꿨을 뿐인데 경치는 새롭게 달라진다. 산줄기가 더 크고 분명하게 보여서 좋다. 바위들이 많은 정상 부근에는 몇 사람들이 바위에 올라가 사진을 찍으며 즐거워하는 모습도 보인다. 이렇게 멋진 산을 모르고 철쭉 시즌이 되면 '황매산'으로만 그렇게 향했다는 게 우습다. 차로만 유명한 보성이 아니었다. 이제는 '철쭉 명소 보성'이라고 부르고 안 가본 다른 산들도 꼭 가기로 한다.

임도로 내려가는 길에도 철쭉 터널을 통과하고 등산로가 부드럽고 예뻐서 몇 번이나 돌아보고 사진을 찍는다. 등산 시작할 때보다 하늘이 더 파랗게 변했고 정상 바위들 위로는 조금 전에는 없었던 뭉게구름마저 피어오른다. 햐! 내려가지 말고 구경을 더 하라는 뜻인가? 편한 내리막이라 금세 임도와 만났다.

7. 마이산

산행 여정: 주차장→탑사→천황문→암마이봉→봉두봉→비룡대(나봉암)→고당봉→주차장

마이산은 전북 진안에 있는 두 암봉(서봉/암마이산 685m, 동봉/수마이산 678m, 등산 불가)으로 이루어진 산으로 1979년 도립공원으로 지정되었다. 마이산은 산 전체가 거대한 바위로 경관이 특이하고, 용암이 분출한 후 퇴적된 역암의 바위 봉우리에 풍화된 구멍(풍화혈, Taffoni)이 많이 있다. 조선 시대 태종이 두 봉우리의 모양이 말의 귀와 비슷하다고 해서 이렇게 지었다고 한다.

중학교 시절 금강산의 4가지 이름을 외울 때 어려움을 겪은 기억이 있다. 금강산(金剛山, 봄), 봉래산(蓬萊山, 여름), 풍악산(楓岳山, 가을), 개골산(皆骨山, 겨울)이었는데, 단풍과 해골 뼈를 떠올려서 세 개까지는 알겠는데, '신록의 경치를 볼 수 있는 산'이라는 뜻을 몰라서 여름의 이름을 말하지 못한 것이다. 그런데 마이산도 4개의 이름이 있으니 또 외워야 한단다. 봄에는 안개를 뚫고 나온 봉우리가 쌍돛대를 가진 배를 닮았다고 돛대봉, 여름에는 나무들이 울창해지면서 그 속에 튀어나온 용의 뿔처럼 보인다고 용각봉, 가을에는 말의 귀 같다고 마이봉, 겨울에는 눈이 쌓이지 않아 먹물을 찍은 붓끝처럼 보여서 문필봉이라고 한단다.

남부 주차장에서 얼마 걷지 않아 금당사에 도착한다. 괘불 탱화(불교 그림), 목불 좌상 등의 문화재가 있다. 극락보전과 지장전을 슬쩍 훑어보고 계속 진행

한다. 정비가 잘 된 산책로를 따라 걷다 보니 탑영재에 이르게 된다. 산봉우리가 멋지게 비치는 못이다. 벚꽃이 필 때 이곳은 매우 아름다운 곳으로 소문이 자자한 곳이기도 하다. 탑사로 가는 길에는 돌탑 체험장도 보인다.

탑사로 왔다. 등산로에서 바라본 암마이봉은 크고 작은 '타포니'로 포탄에 맞은 듯하다. 은수사 뒤로 암마이봉보다 더 뾰족한 수마이봉이 보인다. 두 봉 사이의 계단 길을 올라 천왕문에 이른다.

이성계가 고려 말 남원에서 황산 대첩을 승리로 이끌고 돌아가는 길에 마이산에 오게 되는데 이곳을 '왕이 하늘로 올라간다.'라는 뜻으로 '천왕문'이라고 불렀단다. 그러나 문은 없다. 근처에 있는 화엄굴은 들르지 않고 그냥 간다.

또한 이곳은 금강과 섬진강으로 나누는 분수령에 해당한다고 한다. 본격적인 산행의 시작은 또다시 데크 계단이다. 위험 암반 구간 경사도는 70~80도 정도다. 작은 초소가 있는 삼거리가 나온다. 위험 암반 구간이어서 올라가는 길과 내려가는 길을 갈라놓았다. 안전 바가 설치된 길은 경사도 대단하지만 좁아서 한 명씩 통과한다. 바닥에 철제 발판을 박아놓은 곳도 있다. 더 뾰족한 수마이봉 등산을 금지하는 이유를 알 것 같다. 450m를 진행하니 암마이봉이다. 기상 악화가 있는 날이나 겨울에는 이 암마이봉도 전면 통제된다. 암마이봉 (687.4m) 정상석의 글씨가 멋지다. 마지막 '봉' 자를 앞의 세 글자보다 더 크게 쓰고 더 흘려 쓰고 있다. 암마이봉을 내려와 봉두봉으로 간다. 암마이봉 벼랑 아래를 돌아서 걷는 셈이다. 소소한 오르막과 내리막을 걷다가 전망이 트인 곳에서 암마이봉을 바라보니 어느새 암마이봉은 멀찌감치 떨어져 있다.

의자가 있는 봉두봉(545m, 제2쉼터)에 도착한다. 탑사만 알던 때도 있었는데 이런 멋진 산행을 할 수 있는 행복을 느끼며 잠시 휴식을 취한다. 만일 외국 지인이 온다면 꼭 소개하고 싶은 곳이 탑사와 이 등산 코스다.

나봉암으로 가는 길은 비교적 편한 길이다. 맨 마지막 높은 곳에 있는 정자를 두고 경사가 있는 암반 지대가 나타난다. 암마이봉과 왼쪽 옆으로 고개를 살짝 내민 듯한 수마이봉 그리고 그 뒤에 있는 산 그리메까지 지금까지의 경관 중 최고의 장관이 펼쳐진다. 비룡대 정자 안에서 똑같은 경치를 바라보면 정자 기둥 사이로 경치가 보여 창 넓은 카페에서 찍은 사진 이미지로 변한다. 비룡대가 있는 이곳은 나봉암이라는 봉우리이다. 반대편으로는 긴 도로를 따라 자리하고 있는 마을도 보인다.

정자를 내려와 비룡대를 쳐다보면 회색 철책에 빨간 데크 계단과 맨 위의 우뚝 선 정자가 당당한 모습을 드러내고 있다. 암마이봉과 수마이봉은 봉두봉에서 쉴 때보다 더 멀어져 있다.

노란빛을 뿜고 있는, 멀리서도 존재감이 대단하게 보이는 고금당이 있는 고당봉으로 간다. 막힌 곳이 거의 없고 편한 길이어서 휘파람이 절로 나온다. 걷는 데 불편함이 없다면 이 코스를 걸어보라고 적극 권하고 싶다.

▶ 타포니 현상으로 절벽에 구멍이 보이는 암마이봉, 앞에는 오를 수 없는 수마이봉

▶ 봉두봉을 지나서 바라본 경치, 오른쪽 언덕처럼 보이는 곳이 비룡대가 있는 나봉암

▶ 수마이봉은 암마이봉에 가려 보이지 않는다. 암마이봉을 당겨서 보면 상당히 웅장하다

▶ 비룡대를 내려와 고래 등처럼 생긴 능선을 걷는 재미가 좋다. 능선에서 바라본 암수 마이봉

고금당에 있는 '천상굴'은 파인 부분이 굴 안쪽보다는 확실하게 밝고 약간 푸른빛을 띠고 있어 '하늘나라'를 보는 느낌이 든다. 이름을 멋지게 붙였다고 생각한다. 처마에는 바람에 흔들리는 풍경이 달려 있고 태극기가 아래에서 흔들리고 있다. 풍경과 태극기 사이로 암마이봉(수마이봉 정상은 안 보임)이 서 있다. 왼쪽에는 비룡대(나봉암), 가운데에는 봉두봉과 암마이봉. 오른쪽으로 먼 곳의 다른 산들, 이 모두가 파노라마로 펼쳐진다.

커피를 마시며 오늘의 장관을 찍은 사진을 볼 생각에 가슴이 두근거린다. 사실은 지금 내려온 길로 시작하여 시계 방향으로 돌아서 등산하는 분이 더 많은데, 탐사를 몇 번 와본 적이 있다고 아무 생각 없이 진행하다가 시계 반대 방향으로 등산을 끝마치게 되었다. 고당봉 옆에 있는 광대봉도 그렇게 멋있다는데 공부를 더 해서 마이산의 매력을 더 느끼고 싶다.

▶ 짙푸른 녹색의 잔치 속에 고금당의 금빛 지붕이 살짝 보인다

▶ 비룡대 아래 언덕처럼 생긴 능선이 있는 나봉암, 능선 가운데에서 보는 경치가 절경이다

▶ 고금당에서 살짝 더 올라와서 마이산을 찍었다. 왼쪽에 나봉암, 가운데 암마이봉

▶ 초록의 여름 산에 고금당의 금빛 지붕이 환하게 빛나고 있다. 연등이 아직 달려 있다

8. 두륜산

두륜산(頭輪山)은 산 모양이 둥글게 사방으로 둘러서 솟은 '둥근 머리 산', 즉 날카로운 산정을 이루지 못하고 둥글넓적한 모습을 하고 있다는 데서 연유한 것이다. 두륜산은 중국 곤륜산의 '륜'과 백두산의 '두' 자를 딴 이름이라고도 한다. 처음에는 산에 있는 사찰 이름에 따라 대둔산, 대흥산으로 불리기도 했다. 주봉인 가련봉(迦蓮峰, 703m)을 비롯하여, 두륜봉(頭輪峰, 630m), 고계봉(高髻峰, 638m), 노승봉(능허대 685m), 도솔봉(兜率峰, 672m), 혈망봉(穴望峰, 379m), 향로봉(香爐峰, 469m), 연화봉(蓮花峰, 613m) 등 8개의 봉우리로 능선을 이루어 변화무쌍한 모습을 자랑하고 1979년 두륜산도립공원으로 지정된 곳이다. 고계봉은 케이블카를 타고 쉽게 갈 수 있다. 전라남도 해남의 달마산과 함께 전국의 유명 등산객들이 칭송하는 멋진 산이다.

산행 코스: 오소재 주차장→오심재→노승봉→가련봉→만일재→두륜봉→만일재→천년수→북미륵암→오심재→오소재 주차장

오소재 약수터 주차장에 주차하고 등산을 시작한다. 약수터도 있고 화장실도 있으며 주차 공간이 상당히 넓다. 덕룡산, 주작산으로도 갈 수 있는 오소재(해발 170m)는 멋진 등산 기점이다. 바로 옆에 있는 주작산의 큰 바위가 까마귀 집을 닮은 모습이라 하여 오소재(烏巢峙)로 이름 지어졌다. 이곳은 조선 시대까지만 해도 산적과 호랑이가 출몰했던 곳이다. 해가 질 무렵, 이곳을 통과하는 행인의 짐을 산적들이 빼앗아 감쪽같이 사라지기도 하고, 호랑이가 출몰하

는 곳이라 행인들이 50명씩 무리 지어 넘어야 했기에 그 당시 주민들은 오십치(伍十峙)라고도 했단다. 오십치는 소리에 따라 '오시미재', '어시밋재'로 불리게 된다. 정자 건너편으로 등산길이 나 있다. 호젓한 숲길을 걷는다. 가파른 곳도 별로 없고 나무로 둘러싸인 조용한 길이다. 돌탑 두 개를 지나니 고개가 나온다.

오심재라는 곳이다. 고계봉(두륜산 케이블카가 있는 곳)에서 노승봉 사이에 있는 고개로 오소재 약수터에서 대흥사로 넘어가기 위해 오래전부터 이용되었던 고개다. '쇄기재'라고도 불리는데, 대둔사지(대흥사의 유래를 알려주는 옛 기록물)에는 소아령(蘇兒領)이라고 되어 있고 강진로(康津路)로 이용되었다고

▶ 두륜산의 명물 중 하나인 흔들바위, 아무리 밀어 보아도 흔들리지 않았다

한다. 이 고개는 대흥사의 혜장 선사가 강진의 다산초당에 유배 와 있던 다산 정약용과 교류하기 위해 넘어 다니던 고개로 추정된다고 하니, 두륜산 봉우리 사이에 있는 고개들은 저마다 절절한 사연들을 품고 있어서 흥미롭다.

앞에는 가야 할 노승봉이 우뚝 서 있다. 노승봉으로 오르는 길부터 경사가 있는 길을 걷는다. 조망이 되는 작은 바위에 올라 보니 동쪽으로는 주작산과 강진만, 북서쪽으로는 고계봉(高髻峰)이, 남쪽으로는 노승봉의 웅장한 모습이 보인다.

두륜산의 첫 번째 명물 '흔들바위'에 왔다. 오심재와 노승봉 중간에 있는 이 바위(動石)는 약 400년 전에 편찬한 죽미기(竹迷記)라는 옛 기록에 나온다고 하는데 '동석대'로 적혀 있단다. 다성(茶聖)이라 불린 초의선사가 대흥사의 역사를 기록한 '대둔사지(大芚寺誌)'에도 이 바위가 나온다고 하니, 선인들도 이 바위의 매력에 흠뻑 빠졌던 모양이다. 널찍한 두 개의 바위에 놓여 있는데 "한 사람이 밀어도 움직이지만 천 사람이 굴려도 넘어가지 않는다."라고 안내하고 있다. 이곳에서는 대흥사가 아래로 내려다보인다.

노승봉으로 오르는 가파른 길옆으로 고드름이 커튼처럼 달려 있다. 단풍도 없고 눈도 없는 때이지만 고개를 오르내리는 것도 재미있고 다른 산에 비해 험하거나 위험한 곳도 별로 없고, 조망도 좋아 지루할 틈을 주지 않는다. 사람 키 정도의 진달래가 무리 지어 있어 4월에 온다면 분홍의 바다를 볼 수 있을 것이다. 그런데 이 구간에는 우리나라 대부분의 산에 있는 소나무가 보이지 않는다. 신기하다. 해안 근처의 바람이 강해서 살아가기에 적합하지 않은 모양이다. 지금까지의 등산길은 대부분 쉬웠는데 이제부터는 조금 역동적인 구간이 나온다.

낙석 위험 구간도 있고 암릉 구간도 있다. 노승봉 오름길 옆에 작은 통천문이 보이는데 두 개의 밧줄이 걸려있다. 계단이 만들어지기 전에는 상당히 힘들게 올라서 저 좁은 곳을 통과해야 오를 수 있었을 것이다. 산객들은 등산할 때, 데크 계단이 많다고 불평만 할 것이 아니라 위험하고 힘든 곳을 쉽고 안전하게 오를 수 있도록 해준 것에 감사해야 할 것이다.

노승봉은 오심재에서 바라보면 굉장히 뾰족하게 보이는데, 봉우리에 오르면 의외로 넓은 터로 되어 있어 놀라게 된다. 보통 사람들이 말하는 마당바위 형태로 되어 있다. 올라왔던 쪽으로 되돌아보면 고계봉에 있는 케이블카 상부 지점이 보이고 그 아래로는 '오심재'가 동그란 연못처럼 보인다. 시계 방향으로 시선을 더 옮기면 산행 시작 지점인 '오소재'가 보이고 중간에 바윗돌이 많은 곳, '너덜지대'가 확실하게 나타난다. 바로 앞에는 가야 할 가련봉이 있는데 병풍이 좍 펼쳐져 있는 모양이다. 가련봉 양옆으로는 남해의 바다가 열려있다. 가까운 거리여서 가련봉 정상에 몇 분이 움직이는 모습도 정확하게 보인다. 절벽 끝에는 검은 사각형에 새겨진, 높이가 30cm 정도로 작은 노승봉(685m) 정상석이 귀엽다. 조망을 가리지 않으려고 일부러 작게 만든 것으로 보이는데 그 점을 칭찬하고 싶다. 데크 계단, 밧줄, 야자 매트, 정상석 등, 산에 시설물을 만들 때 관계자들이 조금만 자연환경이나 등산객들의 입장을 모두 고려해서 설치했으면 좋겠다. 정상석 뒤로는 대흥사가 내려다보인다.

이제 가련봉으로 간다. 나무계단으로 내려갔다가 바윗길을 치고 올라야 한다. 하지만 노승봉에서도 잘 보였고(18m의 고도차, 가련봉까지의 거리 200m) 눈으로 등산길을 확인해서 두려움은 없다. 바위에 박힌 쇠 발판을 밟고 가는 구

▶ 두륜산에는 이름난 봉우리가 많아서 일부러 정상석을 넣어서 사진을 찍었다

▶ 노승봉에서 바라본 두륜산의 정상 가련봉, 오른쪽 계곡 위에 두륜봉이 있다

간도 있고 쇠고리를 잡고 오르는 구간도 있다. 무섭기보다는 멋진 봉우리를 보기 위한 수고라는 생각이 들어 오히려 맘이 벅차오른다.

두륜산의 정상은 두륜봉이 아니라 가련봉이다. '부처(迦)와 연꽃(蓮)을 나타내는 봉우리'란 뜻이다. 불교에서 연꽃을 부처의 손바닥으로 비유하는데 이제 부처의 손바닥 안에 들어온 셈이다. 노승봉에서의 조망도 좋았으나 사방이 광활하게 조망되는 이곳의 경치가 최고다. 노승봉에서 가련봉으로 건너오는, 방금 지나온 계단을 뒤돌아본다. 지그재그로 꺾인 계단에 웅장하게 버틴 바위들이 한데 모여 노승봉을 이룬 모습은 입이 벌어질 정도의 장관이다. 정상을 찍고 두륜봉 쪽으로 가는 능선 길도 이런 암릉이라 등산의 재미는 점점 높아만 간다. 크고 멋진 바위들이 더 많이 모여 있고, 또 하나의 고개가 보이고, 두륜봉의 높은 절벽이 이어져 있어서 우리나라의 명산 중에서는 절대로 빠질 수 없는 곳이라고 인정하게 만든다.

고개로 내려가는 데크 계단 바로 옆에 멋진 바위들이 많다. 비둘기가 앉아 있는 모양의 바위, 바람이 지나가는 동굴 바위(죠스의 입 모양과 비슷함), 공룡알을 닮은 바위도 있다. 북한산 백운대를 오를 때에는 오리를 봤는데, 이곳에서는 엄청난 크기의 비둘기를 만나게 되어서 너무 기쁘다. 바위를 찍다가 바위 너머의 바다 풍경을 바라보다가, 다시 두륜봉을 바라보고 사진을 찍어서 시간이 많이 지체되었다.

▶ 겨울 두륜산이 이렇게 예쁜데 단풍이 들었을 때 이 경치는 감탄을 금치 못하게 할 것이다

▶ 가련봉의 정상석도 앙증맞게 예쁘다. 노승봉에서 꺾어져 내려오는 계단이 잘 보인다

▶ 등산객이 올라서 있는 가련봉, 가련봉 바위 사이로 내려오는 계단이 예쁘다

▶ 가련봉에서 두륜봉으로 가는 길에서 만나는 비둘기 바위, 그 뒤로 가야 할 두륜봉이 있다

▶ 두륜봉에서 바라본 경치, 왼쪽으로 케이블카 정상역, 노승봉, 가련봉이 보인다

등산객들은 커다란 바위로 된 골산(骨山)을 엄격한 아버지에, 흙으로 덮인 육산(肉山)을 인자한 어머니에 빗대어 표현하는데(比喩), 두륜산은 그런 면에서 보자면, 아버지의 엄격함과 어머니의 인자함을 두루 갖춘 산이라 할 수 있다. 둘레길처럼 편한 흙길(오소재에서 오심재까지)도 있고 가파른 여러 개의 봉우리(노승봉에서 두륜봉까지)를 넘는 길도 있으니 이만큼 매력적인 산은 쉽게 찾을 수 없을 것이다.

억새로 유명한 '만일재'라는 고개가 나왔다. 벌써 고개가 세 번째다. 북일면 사람들이 대흥사로 가기 위해 넘던 길이다. 이름은 '만일암 터'에서 따왔을 것이다. 이곳에는 헬기장도 마련되어 있다. 많은 분이 바람을 피할 수 있는 봉우리 사이의 이곳에서 식사하고 있다. 햇살이 잘 들고 뒤에 조릿대가 있는 곳에 자리를 잡고 삼각김밥과 과일을 꺼내 먹는다. 높은 봉우리 사이의 움푹 들어간 곳이라 아늑하고 포근한 느낌이다. 그래서인지 누워서 휴식을 취하는 분들도 있다. 12월 초순이라 등산 시기로는 좋은 때가 아닌 데도 제법 많은 사람이 왔다. 그만큼 두륜산이 유명하다는 뜻이다.

식사로 힘을 얻어 더욱 힘차게 봉우리로 오른다. 이제 두륜봉만 오르면 힘든 구간은 거의 없게 된다. 명물 구름다리가 나타났다. ‘백운대’라고 설명이 되어 있다. 다리로 걸쳐있는 바위에 오르고 싶었는데 사진을 부탁할 사람이 오지 않아서 그냥 통과했다. 두륜봉에서 올라온 쪽을 바라보면 가련봉에서 만일재로 내려오는 꼬불꼬불한 길도 보이고 뾰족한 가련봉과 노승봉, 고계봉까지 모두가 조망된다. 완전히 방향을 바꿔 돌아보면 두륜봉에서 이어지는 능선도 보이는데, 역시 너무 멋지다. 다음에 공부를 더 해서 저 능선을 걸어봐야겠다.

만일재로 다시 와서 ‘등산 안내도’를 봤는데 머리가 번쩍하는 느낌이 든다. 봉우리를 넘지 않고 편하게 돌아서 오심재로 갈 수 있는 것이 아닌가? 거기다가 ‘북미륵암’이라는 암자를 거쳐서 가니까 볼거리가 늘어난다. 행사장에서 추첨에 당첨된 기분이다.

‘이렇게 행복의 연속인 산행을 한 적이 없는데 웬일이지?’ 가벼운 마음으로 걸어가니 커다란 나무가 나오고 암자 터가 나왔다. 천년수(千年樹)라는 보호수로 지정된 느티나무와 만일암이 있었던 곳이다. 이 나무와 두륜산에 대한 전설도 흥미로웠다.

천상에 천동과 천녀가 살고 있었다. 천동과 천녀는 하늘의 계율을 어겼고 옥황상제는 두륜산으로 내려가 하루 만에 부처님을 새기면 용서해 주겠다고 한다. 두륜산에 내려온 천동과 천녀는 손을 풀기 위해 흔들바위를 굴리면서 곰곰이 생각한다. 하루라는 시간이 너무 짧았기 때문이다. 지는 해를 만일암 터(挽日庵址)의 천년수에 묶고 시간을 벌기로 했다. 그 후 천동은 남미륵암의 바위에, 천녀는 북미륵암의 바위에 부처님을 새긴다. 꼼꼼한 천녀는 조각을 완성할 수 있었고 천동은 너무 크게 구상한 나머지 주어진 시간 안에 완성하지 못한다. 그 결과 천동은 두륜산의 산신이 되었다고 한다.

만일암 터에는 고려 석탑인 해남 대흥사 만일암지 오층석탑이 남아있다. 천년수에서 집채만 한 바위가 무더기로 널린 금강 너덜지대를 지나니까 북미륵암이 나온다. 두륜산 여러 봉우리에 마음을 너무 빼앗겨 북미륵암을 둘러보겠다는 의욕이 생기지 않는다. 다음 더 좋은 계절에 두륜산에 올 때 보기로 하고 계속 산행을 진행한다.

등산 초반에 만났던 '오심재'가 나왔다. 아하! 내가 올랐던 길은 왼쪽으로 직진하는 길이었고 이 길은 오른쪽으로 봉우리를 넘지 않고 만일재를 거쳐 두륜봉으로 가는 길이었다. 그렇다면 등산을 별로 안 해본 분도 쉽게 두륜봉으로 갈 수 있다는 것이다. 대웅전도 아니고 명부전도 아니고 용화전이라는 사찰 건물 이름은 처음 본 것 같아서 검색을 해본다. '부처님'이 아니고 '미륵불'을 모시는 법당이었다. 용화전에는 천녀가 새겼다는 마애여래좌상도 있다는 것이다. 다음에는 '북미륵암'도 꼼꼼하게 봐야겠다고 다짐한다.

코스도 다양하고 고개(재)와 봉우리도 많아 경치는 장관이요 전설과 역사도 풍부한 두륜산의 매력에 흠뻑 빠진 하루가 되었다. 이제 두륜산 최고의 팬이 탄생한 것이다.

9. 비금도 그림산, 선왕산

새벽 5시, 달빛고속도로(대구광주고속도로)를 3시간 정도 달리니 천사대교가 나온다. 신안 압해도와 암태도를 잇는 우리나라 해상대교 중 네 번째로 큰 다리다. 길이가 무려 1,750m에 달한다. 사장교(버팀기둥에서 비스듬히 드리운 쇠줄로 지탱하는 다리)와 현수교의 형태로 지어졌다. 제한 속도 60km를 지키며 열심히 달려 암태도 기동 삼거리에 도착했다.

동백 파마머리 벽화가 보인다. 담장 안쪽에 있는 동백나무를 사람의 머리로 생각하고 벽에는 얼굴을 주로 그리고, 머리 가장자리 부분을 동백나무로 연결한 재치가 멋지다. 이른 시간이라 사람들이 없어서 사진 찍기가 편하다.

'암태 남강 여객선 터미널'에 차를 세우고 비금도 가산 선착장으로 가는 표를 샀다. 배에서는 경치를 조망하는 것을 포기하고 휴게실로 들어왔다. 40분 걸린다는 것을 알기에 그냥 따뜻한 바닥에 누워버렸다. 장시간의 운전으로 피곤했는지 깜빡 잠이 들었나 보다. 사람들이 웅성거리는 소리에 일어나 후다닥 배에서 내렸다. 하마터면 다시 돌아갈 뻔했다. 목적지에 도착했다는 방송을 해주지 않는 것은 나쁘다고 생각한다. 가산 선착장에 있는 매가 날고 있는 조형물과 염전의 수차를 밟고 있는 조형물이 대단하다. 잔뜩 흐린 날씨지만 쉬는 날이 거의 없어서 등산을 감행하기로 한 것이다.

조형물을 찍으려고 했으나 파란색 버스가 대기하고 있어서 돌아올 때 찍기로 하고 버스를 탔다. 염전 가장자리에 있는 낮은 지붕이 예쁘다. 햇빛이 좋은

▶ 담장 안쪽의 동백나무를 사람의 머리로 연결하여 그린 동백 파마머리 벽화

날에는 하늘의 구름이 염전에 반영되어 환상적인 장면을 만들 것이다. 생각보다 염전과 집들이 많아서 큰 섬으로 느껴진다. 염전 근처에 자라는 빨간색의 염초가 모여 있는 곳은 붉은 양탄자를 떠올리게 한다. 10분 정도를 달렸을까, 버스는 등산로 입구인 상암 마을 주차장에 섰다. 사실은 그냥 배낭을 멘 두 분이 내리길래 따라서 내렸다.

큰 '선왕산 등산로 안내도'가 계단 위에 우뚝 서 있고 표지석도 예쁘게 서 있다. 대략적인 경로를 파악하고 산으로 오른다. 내륙 도시에 사는 산객에게 염전, 논, 섬이 어우러진 풍경은 색다르게 느껴진다. 1004개의 섬이 있다는 신안은 확실히 섬이 많다. 산을 조금 올랐을 뿐인데 바다에는 작은 섬들이 많이 보인다. 바위 근처에는 층층나무(층꽃풀)가 많다. 작은 보라색 화초인데 정식 이름이 나무라고 붙여진 게 이상하다. 척박한 곳, 특히 바위 근처에 많이 자라는 들꽃이다. 앗! 이게 뭐야. 사마귀가 층꽃풀에 앉아 있는데 머리가 세모 모양으로 독사 머리와 비슷하다. 순간 섬뜩한 기분이 들었다. 사진을 찍으려 가까이 다가가도 꿈쩍하지 않는다. 텔레비전에서 끔찍한 장면을 본 적이 있다. 암컷 사마귀는 짝짓기가 끝나면 수컷을 잡아먹어 버린다. 아무리 운명이고 본능이라고 해도 섬뜩했다. 수컷은 계속 짝짓기를 원해서 암컷은 스트레스가 쌓인다고 한다. 스트레스도 없애고 영양분을 섭취해야 하기에 수컷을 잡아먹는다는 것이다. 수컷은 짝짓기 후에 기력이 떨어져 저항하지 못하는 모양이다. "너, 혹시 네 신랑 잡아먹은 사마귀 아니야?" 내가 소리치자 머리만 살짝 돌릴 뿐 아무 반응이 없었다.

▶ 층꽃풀 위에 앉아 꼼짝하지 않던 사마귀, 신랑을 잡아먹고 알을 낳을 준비를 하는 듯하다

▶ 작은 며느리밥풀꽃을 살짝 당겨서 확대해서 찍으면 분홍색 꽃 안에 하얀 꽃술이 보인다

▶ 깨끗한 환경 상태를 알려주는 바위손이 능선 지대에 지천으로 깔려있다

▶ 누군가가 일부러 깎아서 놓아둔 것처럼 보이는 지도 바위, 바위 사이에 숨어 있다

여름에 비해 들꽃이 적어서 오히려 가을 들꽃이 눈에 잘 띈다. 노란 털머위, 보라색의 벌개미취, 며느리밥풀꽃이 많았다. 꽃은 아니지만 바위손을 좋아한다. 바위손은 공기가 깨끗한 곳이 아니면 잘 자라지 않는다. 바위에 붙어있는 측백나무잎처럼 생긴 바위손을 보면 이상하게 마음이 맑아진다.

그림산에 가까워질 때 쉬운 길, 어려운 길로 갈리는 곳이 나왔다. 당연히 어려운 길을 선택한다. 더 멋진 조망과 바다 경치를 볼 수 있기 때문이다. 산 정상에 가기 전에 지도 바위(한반도 바위)가 있다. 우뚝 서 있는 바위들 속에 누워 있다. 사람이 일부러 다듬어서 내려놓은 것처럼 보인다. 지도 바위 위에 있는 바위 무리 위에서 데크길로 이어진 투구봉을 바라본다. 그림산, 선왕산을 오르고 있지만 사실은 투구봉 모습을 텔레비전으로 보고 반해서 오게 된 것이다. '해산굴' 방향으로 갔는데 내려가는 길을 못 찾고 다시 돌아서 올라간다. 그림산의 정상석은 두께가 얇은 사각형 모양이라 앙증맞다. 비금도의 여러 마을은 지붕이 모두 파랗게 칠해져 있다. 병풍도는 붉은색, 퍼플섬은 보라색 이런 식으로 정한 모양이다. 멋진 생각이다.

등산길에서 처음으로 데크길을 걷는다. 딱 필요한 만큼만 데크를 설치한 비금도를 칭찬하고 싶다. 살짝 내려갔다가 하늘로 오르는 듯한 고동색의 데크는 원뿔 모양의 투구봉 봉우리와 함께 한 장의 그림이다. 멋진 경치가 있기에 산 이름을 '그림산'으로 지은 게 당연하다. 전체적으로 원뿔 모양이지만 윗부분은 뭉툭해서 쉴 수 있는 공간도 있고 대단한 전망대 역할을 한다. 막힘이 전혀 없는 파노라마 경치가 조망된다.

한산 마을 갈림길 방향으로 걷다가 엄청난 실수를 저지르고 말았다. 선왕산

▶ 투구봉으로 가면서 되돌아본 경치, 그림산 정상석이 막대기를 세워놓은 것처럼 보인다

▶ 투구봉으로 멋지게 굽어져 올라가는 데크길, 투구봉 위에는 제법 넓은 쉼터 공간이 있다

으로 가려면 직진해야 하는데 그냥 진하게 표시된 화살표 방향(한산 마을로 내려가는 방향)으로 내려오고 말았다. 등산 시작할 때 '죽치우실'을 지나 선왕산으로 가는 능선을 확인했는데도 말이다. 처음 들어보는 '우실'이 궁금해서 조사해 봤더니 '마을의 울타리'라는 뜻을 가진 이곳의 사투리였다. 바닷물, 바닷바람으로부터 마을과 농작물을 보호하고 마을 안과 밖의 경계를 나타내는 역할도 한다. 비금도에서 가장 유명한 것이 '내월우실'이고 등산로에 '죽치우실'이 있다. 마을로 내려와서 하트해변(하누님 해수욕장)으로 가는 길을 살펴보니 9km가 나온다. 어디로 가야 할지 모른다. 한산 마을을 기웃거렸는데 주민들도 보이지 않았다. 어처구니없는 실수를 저지른 부끄러움과 두려움이 밀려왔다. 택시를 부를 수도 없다.

한참 마을을 서성대다가 마실 나갔다가 집으로 오시는 할머니 네 분을 만났다. 선왕산으로 가는 숲길을 가르쳐주셨다. 안도의 한숨을 내쉬며 상수원 앞쪽으로 걸어 올라간다. 좁은 길이라 빗물에 젖은 풀과 나무가 온몸을 스친다. 등산화는 모두 젖고 바지도 흠뻑 젖어 불편하고 불쾌하다. 다행히 빨간 망개 열매와 여러 바위를 보는 재미는 있다. 금붕어 바위, 부처 바위, 물개 바위라고 나오는데 비가 살짝 내리고 있고 어느 방향으로 봐야 확인이 되는지 몰라서 그냥 원하는 방향으로 사진을 찍었다. 거의 1km의 오르막길을 오른 것이다. 선왕산 정상으로 가는 안내도가 목적지 앞 200m에 있어서 안심했다.

▶ 투구봉과 염전, 그리고 저 멀리 많은 섬이 떠 있는 신안 바다가 조망된다

▶ 한산 마을에서 다시 선왕산으로 오르며 본 풍경, 저수지, 투구봉, 그림산이 잘 보인다

정상석에 도착하니 처음 등산할 때 봤던 부부가 열심히 사진을 찍고 있었다. 한산 마을로 잘못 내려와서 고생하고 옷이 다 젖었다고 했더니 점심은 먹었느냐고 묻는다. 등산길을 몰라 마을에서 헤매다가 간단하게 먹은 점심이다. 정상에는 헬기장이 있고 그림산에서 죽치우실로, 선왕산으로 이어지는 능선이 멋지다.

한산 마을과 능선을 바라보고 쉬면서 젖은 옷을 말려본다. 불행 중 다행으로 마을에서 선왕산으로 올라 반대편 경치를 바라볼 수 있었다. 이제 보슬비는 내리지 않는다. 햇빛이 살짝 보이고 구름 사이로 파란빛도 조금 나타난다. 지금껏 봐왔던 상수원지보다 훨씬 큰 가산저수지가 있는 풍경도 절경이다. 해발 256m에 불과하지만, 주위에 높은 곳이 없어서 사방으로 파노라마 경치를 보게 되는 것이다.

하트 해변을 내려다보며 걷는 길은 콧노래가 절로 나온다. 날씨도 좋아졌고 활처럼 굽은 해변을 계속 보면서 걸을 수 있어서다. 하트 해변은 왼쪽에서 봐야 굽은 모양이 분명하게 보일 것 같다. 발자국 하나 없는 해변이 쓸쓸하다는 느낌보다 깔끔하다는 느낌으로 다가온다. 내려오면서부터 계속 하트 모양의 조형물이 어디 있는지 이리저리 살펴봤는데도 없었다. 다 내려와서 해변을 살펴봐도 없다. 철거하지는 않았을 터인데. 택시를 타고 가산 선착장으로 와서 아침에 찍지 못한 비금도와 염전 수차를 밟는 조형물을 찍었다.

▶ 한산 마을에서 선왕산으로 오르는 길에는 멋진 바위들이 많다, 오른쪽은 그림산과 투구봉

▶ 비금도의 자랑 중 하나인 하트 해변, 해수욕장의 모래가 깨끗하고 해안선이 예쁘다

10. 무등산

무등산(無等山), 즉 등급을 매길 수 없을 정도의 산, 비할 데 없이 높고 큰 산이란 뜻을 가진 산이다. 1972년 도립공원으로 지정되었다가 2013년 국립공원으로 지정된 곳이다. 유네스코가 인정한 세계지질공원이기도 하다. 서울에는 북한산, 부산에는 금정산, 대구에는 팔공산 등 우리나라의 도시들은 저마다 멋진 한두 개의 산을 가지고 있는데 광주에는 단연 무등산이 최고다. 광주 시내에서 전날 숙박을 하고 일찍 산행에 나선다. 화순 '수만리 탐방지원센터'로 차를 몰았다.

산기슭에 있는 마을에서 탐방지원센터로 가는 좁은 산길로 올라갈 때는 앞쪽에서 차가 올까 조마조마했다. 마지막에는 비포장도로도 있어서 속도를 완전히 줄이고 올라갔다. 평일이고 일찍 와서 탐방센터 제일 가까운 곳에 주차할 수 있었다. 주차장에서 마을과 밭을 바라보고 걸으면 곧바로 등산로 입구 팻말이 나온다. 장불재로 곧바로 오르는 최단 코스다. 헷갈리지 않는 명확한 등산로, 돌계단으로 반듯하게 정리된 등산길이 반갑다. 확실히 국립공원에 속한 산들은, 관리공단이 등산객들이 편하게 등산할 수 있도록 관리를 잘해서, 편리하게 되어 있다. 눈이 쌓인 키 작은 조릿대가 겨울의 황량함을 초록으로 채우고 있다. 아이젠을 차고 눈 쌓인 돌길을 걸으니까 "뽀드득, 뽀드득" 소리가 나는데 그것마저도 즐겁다.

의성에 살고 있는 고향 선배, 70대를 동반한 산행이다. 등산을 별로 해보지 않았다고 하는데, 갈 수 있다고 해서 같이 온 것이다. 되도록 천천히 속도를 맞추어 걷는다. 그런데 이 선배, 너무 낙천적이다. 아이젠을 꼭 준비하라고 했는데 안 가져왔다. 돌계단에 눈이 쌓인 곳도 있고 너덜지대와 비슷한 곳에는 얼음도 얼어 있는데 큰일이다. 일상생활 이야기를 주고받으며 걷다 보니 송신탑이 보인다. KBS에 속한 송신탑이다. 야자 매트가 깔끔하게 깔려있고 억새의 줄기가 노랗게 남아있는 곳에 우뚝 솟은 철탑이 있는 풍경도 나름 멋지다.

장불재(長佛峙) 정상석은 크고 존재감이 상당하다. 정상석 뒤로 등산길과 가야 할 주상절리대가 훤하게 보인다. 근처에 쉼터도 잘 지어져 있다. 화장실까지 깨끗한데, 바람이 많이 불 때는 요긴한 피난처가 될 것 같다. 물을 한 잔 마시고 조금 쉬다가 주상절리대로 간다. 올라오는 방향이 많은지 탐방지원센터에서 출발했을 때는 등산객이 별로 없었는데 장불재부터는 많아졌다. 눈 쌓인 장불재와 송신탑이 내려다보는 경치가 탁 트여 시원하다. 다른 방향에서 올라온 등산객들이 합세하여 제법 북적거린다. 겨울 등산에서는 북적거림이 더 좋다. 같이 오른다는 생각에 불안함이 사라지고 설경을 함께 본다는 동질감도 생겨서 그렇다.

▶ 장불재에서 올라야 할 주상절리대가 보인다

▶ 장불재 정상석에 도착하기 전 무등산 주상절리대 설명 안내판과 바위를 넣어 찍은 사진

▶ 입석대 도착하기 전 아래에서 입석대를 바라보고 찍은 경치

▶ 입석대는 50m 정도의 너비에 분포하고 있어 한 프레임에 전체를 담기가 어렵다

처음 만난 주상절리대는 '입석대(立石帶, 950m)'다. 10~15m의 돌기둥이 반달 모양으로 둘러서 있는데 너비가(50m 정도) 상당해서 한 프레임에 담기가 어려울 정도다. 돌기둥은 5~8면체의 각석(刻石)이어서 품위가 있다. 중생대 백악기(약 8,500만 년 전)에 형성된 무등산 주상절리는 강이나 바다 근처가 아닌 산꼭대기 부근에 있고 다른 산에 있는 것보다 더 검은 것이 특별하다. 돌기둥 하나의 크기가 제주도 바닷가에 있는 주상절리보다 더 커서 우리나라에서 제일 크고 높은 것으로 보고되고 있다.

입석대 아래에는 넓은 돌을 깔아놓은 곳(築壇, 축단)도 있는데 하늘에 제사를 지내던 곳으로 생각된다. 가뭄이나 질병이 심할 때, 지방관리들이 하늘의 도움을 구하려고 제사를 올리던 곳(祭天壇)이다. 전망대에서 내려와 서석대로 가는 길에 앙증맞은 입석대 정상석이 놓여 있다. 입석대 윗부분에는 위아래로 갈라져 서 있는 돌기둥이 아니라 옆으로 비스듬히 누워서 위로 살짝 솟아오른 돌기둥이 많다. 이 모양을 보고 이무기가 승천하는 모습을 연상하여 '승천암(昇天巖)'이라고 부른다.

▶ 입석대에서 장불재 방향을 바라본 경치, 방송국의 송신탑이 하늘을 찌르는 모습이다

▶ 나무계단을 오르며 바라본 서석대의 모습, 돌기둥이 병풍처럼 보인다

무등산 정상 부근에는 또 하나의 주상절리대 서석대(瑞石臺, 1,100m)가 있다. 장불재에서 약 900m쯤 올라간 곳에 있다. 1~1.5m의 돌기둥이 30m 높이로 촘촘하게 늘어서 있다. 입석대보다 전체 넓이는 넓지 않으나 더 높은 곳에 있어서 우뚝 솟아오른 모습이 장관이다. 입석대보다 침식이 덜 진행되어 넘어진 돌기둥은 얼마 되지 않는다. 동서로 늘어선 서석대에 노을이 비치면 수정처럼 반짝인다고 해서 '수정 병풍'이라고 불린다. 옛날에는 무등산을 '서석산(瑞石山)'으로 불렀다. 주상절리의 윗부분은 사각형, 오각형, 육각형 등 다각형으로 되어 있는데 거북의 등껍질을 떠올리게 한다. 서석대는 치밀한 수직절리도 있고 상단에는 수평절리도 발달한 아주 특별한 주상절리대이다.

무등산 전체를 살펴보면 분출된 화산 쇄설물이 지면에 쌓인 후 뜨거운 상태에서 입자들이 서로 달라붙어 이루어진 응결응회암이다. 물론 입석대와 서석대는 용암이 흐르다 식어서 된 곳이지만 말이다.

산행을 더 연장한다. 서석대 아래로 살짝 내려와 다시 앞에 있는 봉우리로 가보는 것이다. 무등산 정상 부근은 인왕봉, 지왕봉, 천왕봉(1,187m)의 세 개 봉우리로 이루어져 있다. 앞의 봉우리는 인왕봉이다. 세 봉우리 가운데 가장 낮은 봉우리이지만 맨 앞에 있으니 제일 높게 보인다. 옆으로는 군부대 시설도 살짝 보인다. 하지만 더 오를 수는 없다. 올라가는 길이 없다. 군부대가 있어 통제하는 것 같다.

서석대로 다시 와서 목교 방향으로 간다. 그늘진 곳에는 얼음이 얼어서 걷기가 힘들다. 아이젠 하나를 벗어서 주려고 해도 선배 발이 커서 들어가지 않는다. 난감하다. 등산 준비를 허투루 했다고 핀잔을 주고 있는데 뒤에 오던 분이

▶ 목교 쉼터 방향으로 걷다가 만난 주상절리대, 응달에 눈이 쌓여 더 멋지다

▶ 목교 쉼터에서 장불재로 가는 길에 만난 경치, 억새 사이로 난 임도와 송신탑이 보인다

아이젠 한쪽을 벗어 신어보라고 한다. 형님 발에 맞다. 거기다 등산 스틱도 한 개 건네주신다. 너무 감사했다. 광주에 사시는 분이라고 한다. 연세도 고향 형님과 비슷해서 둘이 서로 대화를 많이 하신다. 후훗! 난 이제 살짝 빠져도 되겠다.

목교 쉼터에서 장불재로 내려오는 길에서 보는 경치가 좋다. 억새가 많은 곳에 구불구불하게 장불재로 돌아가는 길이 있는 경치가 절경이다. 임도를 만나서 이제는 걱정이 완전히 사라졌다. 발을 꽉 조인 아이젠을 풀고 걸으니까 가볍고 편하다.

입석대에서 김밥과 빵으로 간단하게 점심을 해결해서 저녁은 좀 제대로 먹고 싶은 마음이 든다. 현지 광주 형님에게 맛집을 소개해달라고 부탁했다. 우리가 간 곳은 오리고기로 유명한 식당이었다. 양념 오리 불고기에 소주까지 마시니 두 형님은 기분이 한껏 올라갔다. 원래 소주를 못 마시고 운전도 해야 하기에 소주는 안 마셨지만, 덩달아 나도 기분이 좋아졌다. 광주 형님에게 여러 번 고맙다고 했다. 광주 쪽으로 놀러 오면 연락하라고 전화번호까지 주셨다. 졸지에 광주에 계신 형님 한 분을 알게 되었다. 기억에 오래 남을 등산이었다.

11. 관매도 하늘다리

새가 먹이를 물고 잠깐 쉬어간다는 뜻의 '볼매'라고 불리다가 1914년 한자식으로 이름을 고치면서 '관매도(매화를 보는 섬)'가 되었다. 아마 매화도 있겠지만 땅 모양이 매화를 닮은 듯해서 이렇게 이름이 지어진 모양이다.

하루 전 관매항에 도착해서 돈대봉을 등산하고 내려와서, 관매 보건소 근처에 있는 민박집에서 하룻밤을 보냈다. 거대한 후박나무와 담에 벽화도 있는 관매 마을은 참 예뻤다. 저녁 무렵에는 해송이 있는 숲과 부드러운 모래가 많이

▶ 벽화와 돌담이 예쁜 관호 마을, 멋진 봉우리로 올라가는 등산길을 만들어줬으면 한다

있는 긴 해변을 걸어보는 즐거움도 누렸다.

민박집에서 차린 생선구이가 있는 아침을 든든하게 먹고, 돈대봉을 왼쪽에 두고 오른쪽의 바다를 바라보면서, 관호 마을로 향한다. 관호 마을도 벽화가 있는데 특히 작은 돌로 촘촘히 쌓은 돌담이 예뻤다. 관호 마을을 내려다보는 바위 봉우리가 좋아서 하늘다리 가기 전에 가보려고 했지만, 분명한 길이 없다고 해서 포기했다. 관호 마을의 밭은 제주도처럼 돌담이 있고 검은 그물이 걸려 있다. 햇빛보다는 해풍을 막으려는 것 같다. 쑥을 정식으로 재배하고 있어서 깜짝 놀랐다. 내륙에서는 그냥 들판이나 산길에 있는 것을 채취하는데 이곳은 잡초를 뽑아주고 그물도 쳐서 기르는 것이다. 바다 내음을 맡고 자라고, 사람들이 관리하는 쑥이라 분명히 흔히 먹는 쑥과는 뭔가가 다를 것이다.

▶ 돈대산, 꽁돌로 가는 삼거리, 바닷바람을 막아주는 돌담이 있어 '우실'이라 불린다

▶ 하늘 장사의 손가락 자국이 선명한 관매도의 스타 꽁돌은 크기가 어마어마하다

하늘다리로 가는 길에는 보라색 무꽃이 많이 피어있다. 언덕을 오르면 돈대봉('샛배 2.8km'라는 이정표로 표시됨)과 하늘다리로 가는 삼거리 쉼터가 나온다. 돌담이 있는 '우실'인데 바닷바람을 막아주는 역할을 한다. 꽁돌과 꽁묘에 대한 이야기를 만화로 그려놓은 커다란 안내판도 있고 관매도 글자와 돛단배 조형물이 있어 사진 스팟이 된다.

데크로 내려가기 전에 진행 방향을 바라보면 하늘다리가 있는 봉우리가 거북이 등이 되고, 봉우리에 이어서 바다로 구불구불 이어진 낮은 바위들이 거북이 꼬리가 되는, '다리여'가 조망된다. 하늘에서 놀다가 떨어트린 옥황상제의 공깃돌, 꽁돌을 가까이에서 본다. 옥황상제가 아끼던 꽁돌을 두 아들이 가지고 놀다가 떨어트렸고 옥황상제는 하늘 장사를 시켜 다시 하늘로 가지고 오라고 명령을 내린다. 하늘 장사가 꽁돌을 왼손으로 들어 올리려는 순간 어디에서 거문고 소리가 들려왔고 그 소리에 홀린 하늘 장사는 하늘로 올라가기를 포기했다. 화가 난 옥황상제는 하늘 장사도 잡아 오고 꽁돌도 가져오라고 두 명의 사자(使者, 심부름 역할을 하는 자)를 보냈으나 이 두 명도 거문고 소리에 홀려 하늘로 올라가기를 포기한다. 더욱 진노한 옥황상제는 하늘 장사와 사자들이 있던 자리에 돌무덤(꽁묘)를 만들어 명령을 수행하지 못한 이들을 모두 묻어버렸다고 한다. 꽁돌에는 하늘 장사의 손가락 자국이 선명하게 나 있다. 꽁묘는 암반에서 살짝 둥글게 튀어나온 곳에 테두리가 있다.

▶ 오른쪽 절벽에 난 시커먼 구멍이 있는 곳이 '할미중 드랭이굴'이다

▶ 하늘다리로 가면서 되돌아본 경치, 넓은 암반에 거대한 꽁돌이 놓여있다

꽁돌에서 돈대봉 방향의 바다를 바라보면 절벽에 큰 구멍이 보인다. '할미중드랭이굴'이다. 그 옆에는 '코끼리 바위'가 있다. 하늘다리로 가는 길에도 후박나무가 많다. 꽃보다 꽃잎이 더 꽃 같은 재미있는 꽃나무이다. 정비를 거의 하지 않은 길이라 더 운치가 있다.

하늘다리에 도착했다. 방아를 찧던 선녀들이 날개옷을 벗고 쉬던 곳이다. 거친 파도에 밀려 바위산이 50m 절벽으로 갈라져 두 개가 된 곳이다. 섬과 섬 사이는 약 3m의 간격이고 간격의 틈을 연결한 다리가 놓였다. 배를 타고 바다에서 보는 하늘다리가 진정한 하늘다리의 모습이다. 관호 마을 쪽과 '다리여'를 잇는 셈이다. 바다에서 보면 간격 사이에 두 개의 바위가 상당한 간격을 두고 걸려있다고 한다. 관매도는 실제로는 한 개의 섬이 아니라 두 개의 섬인 것이다.

▶ 오르막길에서는 꽁돌이 눈 아래로 보이고 절벽과 해안선도 확실하게 보인다

돌아오는 길에 관호 마을의 쑥 막걸리를 제조 판매하는 작은 가게에 들렀다. 호기심에 한번 사서 마셔봤는데 쑥이 너무 진하다. 맑은 막걸리가 아니라 걸쭉한 느낌이다. 한 잔 마셨는데도 술에 약한 탓도 있겠지만 얼큰하게 취하는 것 같아서 마개를 닫고 배낭에 넣었다. 오랫동안 보고 싶었던 관매도 꽁돌과 하늘다리를 보아서 자동차로 먼 길을 달려오고 배를 타고 들어와 하루를 숙박하는 번거로움이 싹 날아가 버렸다. 관매도의 두 마을은 가난한 어촌 마을이 아니었다. 톳을 채취하고 미역 양식장도 있으며 논과 밭이 골고루 있는 경치도 좋고 잘사는 마을이어서 기분을 더 좋게 만들어 주었다.

▶ 하늘다리에서 반대편을 바라본 경치, 가파른 봉우리와 해안선이 절경을 만들고 있다

▶ 하늘다리를 건너서 본 경치, 작은 등대가 보인다. '다리여'는 왼쪽 봉우리 아래에 있다

12. 지리산 천왕봉

우리나라에서 두 번째로 높은 산이 지리산(智異山, 1,915m)이다. 높은 만큼 등산 시간이 많이 소요된다. 늘 마음에 숙제처럼 남아있었는데 한라산과 설악산 공룡능선을 끝내고 더 이상 미룰 수 없다는 생각이 들어서 등산을 감행한다. 10년이 넘는 등산으로 이제는 많이 게을러졌다. 최대한 짧은 코스로 진행하려고 한다. 중산리 주차장에서 버스를 타고 순두류(환경교육원)에서 내려 시작하는 방법을 찾았다. 지리산은 다름과 차이를 알고 그 다름과 차이를 인정한다는 좋은 뜻이 담긴 이름이다. 산이 너무 좋기에 어리석은 사람이 이 산에 머물면 지혜로운 사람이 된다는 의미도 있다.

두류동(탐방지원센터)에서 순두류까지 버스로 15분에서 20분가량 걸린다. '지리산 법계산 입구'라고 적힌 길쭉한 표지석, 위령비가 있는 곳으로 오른다. 시멘트 길과 흙길을 번갈아 오르면 생태탐방로 입구가 나온다. 본격적인 등산이 시작되는 곳이다. 초반에는 흙길과 울창한 숲길이다. 슬슬 지겨워져 올 무렵 초록색 그물이 양쪽에 걸린 출렁다리가 나왔다. 물이 흐르는 계곡을 가로지르는 다리다. 두 개의 출렁다리가 있었다. 계곡과 나무들 사이에 있는 초록색이 너무 잘 어울린다.

안전 쉼터가 있는 아리랑 고개로 왔다. 다시 가파르게 올라야 하는 시작점이다. 몇몇 분들이 쉬고 있어서 같이 쉬어가기로 한다. 아내가 김밥이나 빵으로 점심을 때우면 안 된다고 오곡밥에 좋아하는 부추김치와 파김치를 반찬으로 넣어주었다. 사각사각 씹히는 김치의 맛이 너무 좋다. 이른 아침에는 밥을 먹기가 싫어서 삶은 달걀과 고구마를 한 개씩 먹고 차를 몰았다. 아리랑 고개에서 일어서기가 힘겹다. 짧은 코스로 왔다고 해도 6시간은 걸릴 듯하다. 그렇다면 적어도 천왕봉까지 두 시간은 넘게 걸어야 한다는 말이다. 엉덩이의 먼지를 털고 다시 길을 나선다.

▶ 지리산 천왕봉으로 오르는 등산길에는 노루오줌꽃이 상당히 많다

'광덕사교'라는 나무다리를 지나니 고도가 더욱 높아진다. 사람들이 북적이는 '로터리대피소'에 왔다. 화장실도 있고 벤치가 많아서 많은 등산객이 점심을 먹고 쉬는 곳이다. 화장실에 다녀와서 물을 마시며 잠깐 쉰다. 로터리대피소에서 100m쯤 오르니 법계사(法界寺) 일주문이 나왔다. 정말 놀랍다. 사람이 달랑 배낭 하나 메고도 끙끙거리며 왔는데 이 높은 곳에 절이 있다니. 1,400m 높이에 있는 절이니 우리나라에서 제일 높은 곳에 있는 절이 될 것이다. 피곤한 나머지 올라가서 볼 엄두가 나지 않는다.

돌길이 시작되면서 숨이 가빠진다. 자주 발걸음을 멈춘다. 다행히 작은 바위 옆에 '노루오줌꽃'이 많아서 괴로움을 잠깐씩 잊게 된다. 분홍과 보라를 섞은 듯한 색깔인데 무릎 정도의 키를 가진 들꽃이라 눈에 잘 들어온다. 법계사를 지나 암릉 전망대에 오르면 '문창대'를 내려다볼 수 있다. 지리산에는 '심장안전쉼터' 표시가 자주 나왔다. 표시가 있는 곳에서는 1~2분간 짧게 빠짐없이 쉰 것 같다.

▶ 통천문이 아니라 개선문이다. 절벽과 개선문 사이로 등산길이 나 있다

▶ 존재감을 자랑하는 고사목이 있는 능선 길, 천왕샘으로 가는 길목에 있다

로터리대피소에서 출발한 지 1시간 정도가 지나서 개선문에 도착한다. 커다란 바위 사이로 등산길이 나 있는데 '개선문(1,700m)'으로 불리고 있었다. 높이 올라갈수록 천왕봉이 가까이 다가오고 지리산 능선이 잘 나타난다. 멈추고 되돌아보기를 여러 번 반복했다. 등산로 왼쪽에 홀로 서 있는 고사목이 있는 곳에서 지리산 주 능선에 있는 반야봉을 확인했다.

천왕봉을 400m 앞둔 곳에는 평상이 있는 '천왕샘 하단'이다. 배낭을 평상에 던지고 벤치에 다리를 걸친 다음 스트레칭을 해본다. 종아리가 무척 아프다. 먹다 남은 밥을 깨끗이 해치웠다. 그래도 이제는 고지가 보여서 마음은 차분해진다. 가장 높은 곳에 있는 천왕샘에 물이 고여있다. 빨간색 작은 바가지로 물을

▶ 사진을 찍기 위해 줄을 선 사람들의 모습, 아래쪽에서 점심을 먹고 있는 등산객들

떠서 마셔봤다. 뭐! 그런대로 괜찮다. 이제는 지그재그로 꺾어 올라가는 데크 계단 길이다. 사람들로 조금 지체가 된다. 계단 길옆에는 짙은 고동색의 오이풀이 많았다. 방울처럼 달린 모습이 예쁘다.

정상 부근은 많은 사람으로 대단히 붐볐다. 평일인데 이 정도의 사람이 오다니. 정상석을 넣은 경치 찍기를 포기하고 주위를 둘러본다. 큰 바위 무리가 이곳저곳에서 모여 있어서 눈이 휘둥그레진다. 캥거루 뜀뛰기가 시작된다. 이 바위 저 바위로 올라가 사진을 찍는다. 이 모습을 보고 동네 산악회 형들이 '날다람쥐'라고 부르는 모양이다. 노고단과 반야봉으로 이어지는 주 능선의 마루금(산마루와 산마루를 잇는 선)이 매끄럽다.

정상에서 아래로 내려간다. 제석봉으로 향하는 길인데 계곡 아랫부분까지만 갔다가 돌아올 것이다. 오래된 굵은 고사목들이 늘어선 곳은 절경이다. 올라오면서 본 고사목들과 급이 다르다. 사람들은 제석봉을 거쳐서 중산리로 가는 것 같은데 혼자 와서, 거기다 주차한 곳으로 가는 길을 모르기에 포기하고 원점 복귀하기로 했다. 고사목이 있는 곳에서 제석봉을 바라보면서 한참 쉬었다. 물안개가 끼어서 완전한 능선을 보기는 어렵지만 그래도 이만한 경관을 볼 수 있다는 것은 행운이다. '천황봉'과 '천왕봉'의 차이점은 뭘까? 갑자기 엉뚱한 생각이 들었다. 늘 숙제를 안 한 것처럼 찜찜했던 지리산 최고봉을 올라서 마음이 후련해졌다.

▶ 정상 부근에서 살짝 내려온 부근에도 기암괴석의 잔치가 벌어진다

▶ 지리산에는 존재감이 상당한 고사목이 많다. 쓰러져 있지만 위용이 대단한 고사목

▶ 정상에서 제석봉으로 내려가는 등산길, 계곡 살짝 건너 제석봉, 그 너머 노고단 능선

▶ 이 계곡을 건너서 넘어가면 제석봉이 나온다. 이곳에 있는 고사목도 대단하다

13. 달마산

집에서 달마산 등산이 시작되는 미황사 주차장까지는 4시간 5분이 걸린다. 휴게소에서 한 번 쉬면 빨리 간다고 해도 4시간 30분은 걸릴 것 같다. 할 수 없이 달마산 등산은 짧게 하고 하루 숙박한 다음 도솔봉 주차장에서 도솔암을 갔다 오는 것으로 계획했다.

미황사 제1주차장은 등산로에서 가장 가까운 주차장이다. 무사히 주차하고 일주문으로 향한다. '달마산 미황사(達磨山 美黃寺)' 현판 글씨가 대단하다. 약간 굵은 전서체로 쓰였는데 금세 마음에 들었다. 일주문을 통과하면 천왕문(天王門)이 나온다. 등산이 목적이라 절로 들어가지 않고 등산로 입구를 찾는다.

짧은 시간에 효율적인 등산을 위해 곧바로 정상인 달마봉(불썬봉)으로 가지 않고 달마고도 제1코스로 걷다가 중간에 산으로 올라갈 예정이다. 달마고도는 달마산 주 능선을 축으로 산 중턱을 가로질러 일주하는 길인데 티베트의 차마고도에서 이름을 따왔다. 총 17.7km이고 완주하는 데 6시간 30분 정도가 걸린다고 한다. 달마고도는 4개의 코스로 나뉜다.

달마산 이름을 알아야겠다. 인도의 승려이며 중국 선종의 비조(鼻祖, 先祖, 학문이나 기술을 처음 제창한 사람)인 달마대사와 관련된다. 불교의 경전을 '다르마'라고 부르는데 달마의 법신이 늘 머물고 있다는 뜻으로 달마산이라 지었다.

달마고도 제1코스(미황사~큰 바람재, 2.7km 구간)는 너무 편하고 조용한 길이다. 둘레길의 전형이라 할 만하다. 참나무와 소나무가 우거진 길, 들꽃이 핀 곳, 산에서 물이 졸졸 흘러내리는 곳, 무덤이 있는 곳 등 짧은 거리지만 다양한 경치를 접하게 된다. 제일 기억에 남는 것은 '너덜지대'였다. 굉장히 넓어서 달마고도 길이 너덜지대 중간 부분이나 아랫부분으로 통과한다. 두 번째 너덜지대에서 오르면 관음봉 삼거리가 나오는데 그렇게 하지 않고 세 번째 너덜지대에서 둘레길을 벗어나 산으로 오른다. 관음봉에 올라 달마산 공룡능선을 걸을 예정이어서 그렇다.

너덜지대에서 오르는 길은 분명히 있는데 산으로 들어서니 분명한 길이 없다. 그래도 괜찮다. 큰 풀이 우거진 곳이 아니어서 돌을 피해 요리조리 오르면 된다. 달마산은 바위 전시장이라고 해도 될 것 같다. 관음봉을 향하여 오르는 길에도 돌의 잔치가 열린다. 철쭉이 보인다. 살짝 흐린 날씨지만 그런대로 괜찮다. 황매산에서 보는 키가 큰 철쭉이 아니라 바위 옆에 자라는 키 작은 철쭉이라 더욱 예쁘고 앙증맞다.

▶ 너덜지대에서 달마산 반대 방향을 바라본 경치, 둘레길에는 너덜지대가 많다

▶ 관음봉으로 오르는 곳에서 본 경치, 바다 건너 백운봉과 상왕봉 능선이 희미하게 보인다

드디어 관음봉에 올랐다. 정상석은 없다. 제1코스와 산을 오를 때 혼자였는데 관음봉에는 다른 쪽에서 올라온 분들이 계셨다. 이젠 등산길에 대해 걱정할 필요가 없다. 분명한 길을 따라 진행하면 된다. 북쪽으로는 두륜산이 조망되고 남쪽으로는 달마산 공룡능선과 불썬봉이 보인다. 동쪽으로는 바다 건너 완도의 백운봉과 상왕봉 능선이 희미하게 보인다. 다도해의 경치가 절경이다. 달마산 공룡능선이 설악산 공룡능선이나 '주작 덕룡'의 능선에 뒤질지 몰라도 관음봉에서 내려다보는 능선은 참으로 예쁘다. 이곳 관음봉에서 도솔암이 있는 도솔봉에 이르는 약 7km 길이에 기암괴석의 행렬이 이어진다.

휴게소에서 구매한 호두과자와 빵을 꺼내 먹는다. 주변에 계신 분이 어디에서 오셨느냐고 묻기에 대구에서 혼자 왔다고 하니, 대단하다고 하셨다. 시간이 없어서 달마봉 오르는 입구까지만 가고 제1코스 길로 내려갈 거라고 했더니 대밭 삼거리로 가면 경치가 너무 좋은데, 다음에 한 번 더 오라고 하신다.

▶ 능선 길에는 키 작은 철쭉이 바위와 잘 어울린다. 관음봉 뒤 뾰족한 봉우리는 불썬봉

▶ 관음봉도 다가가 보면 상당히 높고 크다. 왼쪽 뒤 세모 모양 봉우리가 달마봉

한참을 쉬다가 관음봉에서 내리막길을 걷는다. 시야가 완전히 트인 곳이라 기분이 상쾌하다. 계속 능선과 불썬봉을 바라보다가, 다도해 방향을 바라보다가 하면서 앞으로 간다. 불썬봉 앞에도 바위가 가득 모인 봉우리가 있는데 이름이 없다. 모두 합쳐서 불썬봉으로 부르는지 알 길이 없다. 내리막길에는 철쭉이 더 많다. 키 작은 참나무의 연두색 잎이 꽃처럼 예쁘다. 산 아래에는 연두의 잔치가 벌어져 둥근 방석을 좍 펼쳐놓은 것 같다. 가을에는 울긋불긋한 방석으로 변할 곳이다.

봉우리를 다 내려와 되돌아보니 관음봉이 의젓하게 보인다. 이제는 능선 길을 편안하게 걷는다. 뾰족한 불썬봉 앞 봉우리는 바위들로 가득하고 상당히 높다. 달마봉의 다른 이름이 불썬봉이다. 처음에는 부처의 모습과 관련이 있는 줄 알았다. 정상에 봉수대가 있는데 '불을 켰던 봉우리'라는 뜻이다. '켰던'의 사투리가 '썼던'이다. 봉화대는 왜구의 침략을 알리는 역할을 했다. 해남 사람들은 조물주가 금강산 만물상을 연습 삼아 만들면서 실력을 닦은 후 한층 더 나은 기술로 달마산을 만들었다고 자랑한단다. 달마산은 '남해의 금강산'으로 불린다. 고개를 끄덕이며 인정할 수밖에 없다. 철쭉이 핀, 봄의 초록 나무가 바위와 어우러진 이곳의 경치는 너무나 예쁘다. 호남에 있는 산을 소개해 달라고 하면 주저 없이 '달마산과 두륜산'이라고 할 것 같다.

관음봉 삼거리로 다시 내려와 달마고도 제1코스로 내려간다. 너덜지대를 앞에 두고 달마산 건너편에 있는 논과 산들이 있는 경치도 좋았다. 내일은 도솔암이 있는 달마산 도솔봉으로 갈 것이다. 장시간의 운전과 가파른 산을 힘들게 올랐지만, 최고의 경치를 볼 수 있어서 보람을 느꼈다.

▶ 관음봉 삼거리로 오면서 되돌아본 경치, 가운데 봉우리가 관음봉이다

▶ 관음봉 삼거리로 내려가기 전에 보는 경치가 달마산 등산 중 최고의 절경이라고 생각한다

14. 월출산

　세 번 이상 찾은 산은 북한산, 설악산, 월출산이다. 월출산은 전남 영암군 영암읍, 강진군 성전면에 걸쳐있는 산으로 809m의 높이다. '달이 뜨는 산'이란 뜻을 지니고 있는데, 가수 하춘화의 '달 타령' 노래에도 나온다. 기암괴석이 많아 '남한의 금강산'으로 불린다. 1988년 국립공원으로 지정되었고 국보로 지정된 마애여래불상과 도갑사 해탈문이 산속에 있다. 경포대 지구, 천황사 지구, 도갑사 지구 등 여러 등산 코스가 있다. 경포대 탐방지원센터에서 곧장 천황봉으로 올라 원점 회귀하는 최단 코스도 약 6km 정도다.

　경포대 코스, 천황사 코스로 오른 적이 있고 구정봉 주위를 탐방하기 위해서 이번에는 산성대 코스로 올라 도갑사로 내려오는 종주 코스를 골랐다. 산성대 주차장을 못 찾아 조금 돌다가 '영암실내체육관' 방향으로 가라는 아주머니의 지시에 따라 돌다가 주차장을 찾았다.

　산 쪽으로 조금만 걸으면 '산성대 탐방로 입구' 표지가 나온다. 나무가 있는 숲길을 걷지만 금세 안전 펜스가 쳐진 암릉 구간을 걷는다. 암릉 구간이 겁이 나는 것이 아니라 오히려 기대된다. 국립공원관리공단에서 정비한 길이니 길을 잃을 위험도 없고, 암릉이라 시야가 트여 경치가 계속 좋을 것이니까 말이다. 깔딱 오름이 계속 이어진다. 하지만 영암 들판이 보여 기분이 좋다.

　안전 쉼터가 나오면 빠짐없이 1~2분간 쉬고 간다. '월출제일관'이 나왔다. '월출산을 바라보는 첫 번째 입구', '월출산에서 가장 중요한 위치'라는 두 가지 뜻이 있다. 산성대 봉화 시설을 통제하는 성문으로 쓰여서 '문바위'라고 불렸다는 설명이 있다. 짧지만 초록빛 산죽(조릿대)이 있는 길도 있다.

주차장에서 1.8km, 천황봉 2.1km 표지판이 있는 곳이 '산성대, 485m'였다. 특별한 시설은 없다. 영암 산성 봉화대가 있던 곳이어서, 산성대라 부른다. 앞으로는 목표 지점인 천황봉이 우람하게 조망되고 돌아보면 걸어온 능선이 시원하게 펼쳐진다.

▶ 월출산 정상에서 바라본 경치, 왼쪽으로 참나리와 빨간 구름다리가 보인다

철 난간이 있는 암릉을 계속 오른다. 커다란 바위 장벽 옆 계단을 오르면 '광암터 삼거리'다. 주차장 3.3km, 천황봉 0.6km 지점이다. 통천문 삼거리(천황봉 0.3km를 남겨둔 지점)를 지나 데크 계단 길을 걸어간다. 머리를 숙이고 통천문을 지나서 정상에 도착했다. 평일이어도 여전히 정상에는 많은 사람이 있다. 먼저 빨간 다리가 있는 쪽을 바라보고 오른쪽으로 빙 둘러본다. 차례를 기다려 정상석을 넣은 경치를 찍었다. 정상석 뒤에 나무로 가려져 있거나 멋진 경치가 아니면 아무리 정상석이 있어도 안 찍는 버릇이 생겼다. 천황봉(天皇峰, 908m)은 제일 높아서 정상석을 넣어 사진을 찍으면 멋지게 나온다. 오래 머물지 않고 구정봉으로 간다. 이번 산행의 제일 큰 목표가 구정봉 주위를 샅샅이 둘러보는 것이다. 세 번째 월출산에 오지만 제대로 보지 못했던 곳이다.

▶ 정상에서 진행해야 할 방향을 보고 찍은 경치, 저 멀리 가운데 구정봉이 조망된다

▶ 거대한 남근 바위 위에 있던 나무가 죽어서 작은 나무를 다시 심었다고 한다

▶ 누리장나무꽃이 피어 있고 붉은 봉우리를 넘어 천왕봉이 푸르게 조망된다

▶ 왼쪽 향로봉, 오른쪽은 장군바위와 구정봉, 올라가는 굽은 능선 길도 멋지다

전망대 겸 쉼터에서 구정봉과 장군바위(큰 바위 얼굴)를 바라본다. 남근 바위 위에는 작은 나무가 자라고 있다. 모양으로 봐서는 촛대바위라고 하는 게 맞다. 설악산 공룡능선에서 만나는 촛대바위와 너무 비슷하다. 또 한 번 쉼터가 나온다, 이곳에서는 구정봉과 장군바위로 굽어 오르는 길이 잘 보인다. 멋진 장면이다. 왼쪽 맨 위에는 향로봉이, 오른쪽에 구정봉이 있고 그 사이로 오르는 길이 있다. 구정봉을 오르기 직전 옆에서 보면 투구를 쓴 장군의 모습이 연상된다. 정면에서 보면 '큰 바위 얼굴'이라고 연상되는 곳이다.

이제는 이리저리 돌아다닌다. 베틀굴에도 들어가 보고 구정봉(九井峰, 734m, 월출산 제2봉우리) 위에도 올라간다. 베틀굴은 구정봉 아래에 있는 동굴인데 임진왜란 당시 부근에 사는 여인들이 전쟁을 피해 이곳에 숨어서 베를 짰다는 전설에서 이름이 유래되었다. 구정봉 위에는 바위에 구멍이 나 있는 곳이 많은데 이런 샘이 9개가 있다고 해서 붙여진 이름이다.

구정봉 주위에서 신나게 놀고 다시 석탑과 불상을 보러 나선다. 용암사지 3층 석탑과 마애여래좌상이 있다는 곳이다. 능선을 걷다가 골짜기로 내려가야 한다. 옛날에 용암사(龍巖寺)라는 절이 있었다는 이야기인데 탑 이외에는 아무것도 없다. 석탑도 주위에 흩어져 있던 조각들을 수습하여 1996년에 복원한 것이다. 그런데 마애여래좌상은 어디에 있는 거야. 탑 주위를 둘러봐도 없다. 분명히 있을 것인데. 고개를 들어 골짜기 위를 쳐다보자, 숲속 바위에 새겨진 불상이 보였다. 탑과는 100m 정도 떨어져 있다. 가까이 가서 자세히 보았다.

▶ 둥근 자연석 위에 세워진 용암사지 3층 석탑이 이채롭다

▶ 저 멀리 바위 무리 속에 새겨진 마애여래좌상이 보인다

▶ 월출산의 봉우리를 최대한 많이 담아본 사진, 오른쪽 원추리가 경치를 도와준다

▶ 미왕재 억새밭 경치, 벼랑 끝에 거대한 바위가 존재감을 나타낸다

사각형 얼굴, 반만 뜬 눈, 근엄한 표정, 귀가 어깨에 닿는다. 몸에 비해 얼굴과 손이 유난히 크게 표현되어 있다. 크기는 한데 비례가 맞지 않아 조형적으로는 멋이 좀 부족하다. 그러나 이 높은 산 절벽 바위에, 오랜 세월(고려시대 제작으로 추정됨)을 견뎌온 것으로는 귀한 것이다.

목표 달성을 무사히 끝내고 구정봉으로 돌아와 도갑사로 향한다. 미왕재 억새밭 전망대에 왔다. 나무가 없는 억새 군락지인데 초원 끝에 홀로 대단한 존재감을 보이는 바위가 있다. 엄지 바위, 거북이 머리 바위로 불러야겠다. 화재로 나무가 불타서 초원이 됐다는데, 지금은 나무가 없어서 대단한 경관을 보여주고 있다. 오기 전에 이곳에 대해서는 전혀 몰랐다. 가을에 억새가 피면 환상적

▶ 고려시대에 제작된 마애여래좌상, 산성대 코스에서 만나는 고인돌 바위

인 장면을 보여줄 것이다.

이제는 편안한 마음으로 천천히 걸어간다. 숲 터널 길이다. 상당히 먼 길인데 천황봉부터 내리막이고 경치가 너무 좋아서인지 전혀 피곤하지 않다. 계곡을 지나고 도선교를 지나니 도선사가 나왔다. 신라 4대 고승 중 한 사람인 도선국사가 창건한 절이다. 구미 금오산에 있는 해운사도 도선국사가 창건했다. 택시를 잡아 산성대 주차장으로 가야 하기에 절을 둘러보지 않았다.

구정봉에 오르고 불교 유적을 샅샅이 살펴볼 수 있어서 마음이 뿌듯해졌다. 월출산 산성대 코스는 처음부터 끝까지 멋진 경치를 보여주었다. 외국인에게 우리나라의 멋진 산을 소개한다고 하면 설악산, 북한산, 한라산보다 살짝 쉬우면서도 경치가 최고인 월출산을 제일 먼저 소개할 것이다.

15. 덕유산 향적봉, 중봉

등산해 본 산 중에서 제일 많이 갔던 산이 덕유산 향적봉이다. 세어보니 8번을 갔다. 중봉은 3번 올랐다. 이렇게 자주 간 이유는 설경을 보기 위해서였다. 대구에서 강원도까지는 멀고 분지인 대구에서는 눈이 잘 내리지 않아서 팔공산을 제외하고 설경을 보기는 어렵다. 2시간 10분 정도 걸리는 무주는 눈이 많이 내려서 스키장과 리조트가 있다. 거기에다 곤돌라를 타고 설천봉까지 금세 오를 수 있어서 겨울마다 가게 된다.

사실 덕유산은 지리산처럼 매우 크고 넓어서 북덕유산과 남덕유산으로 나뉜다. 향적봉은 북덕유산에 속하고 중봉은 남덕유산에 속한다. 경남 거창군과 전북 무주군 안성면, 설천면의 경계에 있는 향적봉(1,614m)이 덕유산의 주봉이다. 향적봉, 중봉, 덕유평전을 지나 무룡산 삿갓봉을 거쳐 남덕유산에 이르는 100리에 걸친 산은 '덕유산맥'이라고 불린다. 덕유산에는 8개의 큰 계곡이 있는데 무주와 무풍 사이를 흐르면서 금강의 지류인 남대천으로 흐르는 무주구천동(茂朱九千洞, 길이 30km)이 제일 유명하다. 무주군 설천면 심곡리 일대는 국립공원의 심장부로 무주리조트가 있다. 1989년 이 지역이 집단시설지구와 국민체육시설 지구로 용도가 변경되면서 대규모 리조트가 들어섰다. 덕유산은 10번째 국립공원으로 지정된 곳이다.

▶ 설천봉의 상제루, 하모니 리프트, 멜로디 리프트가 차례대로 보인다

▶ 눈이 많이 내리는 곳이라 상고대를 볼 수 있는 확률이 매우 높은 향적봉 등산로

하얗게 눈이 쌓인 경사면에 스키와 보드를 타는 사람이 제법 많다. 왕복 티켓을 샀기에 잘 보관해야 한다. 설천봉으로 오르는 곤돌라 창문으로 스키 코스와 설산이 멋지게 펼쳐진다. 하얀 솜이불을 덮어쓴 나무들이 눈을 번쩍 뜨이게 한다. 곤돌라에서 내리면 광장이 있는데 카페, 편의점, 식당이 있고 반대쪽으로 하모니 리프트와 멜로디 리프트가 있다. 식당 건물 위에는 설천봉의 명물, 검은색의 상제루가 눈을 맞으며 서 있다. 아침을 제대로 먹지 않아서 식당에 들어가서 돈까스, 어묵, 추러스, 커피를 시켰다. 오늘은 아내를 동반한 산행이다. 설경을 보려면 조금의 고생은 각오해야 한다고 단단히 일러주고 출발한 등산이다. 식사 후에는 아이젠을 발에 차고 장갑, 목도리로 꽁꽁 싸매도록 했다.

바람이 조금 불고 운무가 낀 별로 좋지 않은 날씨다. 설천봉은 스키장 부근과는 날씨가 무척 다르다. 오르기 전에는 제법 쾌청했는데 이곳은(1,520m) 곰탕이다. 하긴 벌써 실패를 3번 경험해서 화도 나지 않는다. 춥지만 사람은 많다. 아이젠을 착용하지 않은 관광객도 보인다. 좁은 등산길 양옆으로는 상고대가 대단하다. 고사목이 된 주목과 푸르고 큰 주목 앞에서 사진을 찍으려면 줄을 서야 한다. 전망대에도 사람이 많아서 그대로 통과한다. 향적봉으로 오르는 계단에서는 그나마 시야가 좀 트여서 설경을 즐길 여유가 생긴다. 향적봉 정상에 오르기 직전에 큰 바위가 모여 있는데 차가운 눈이 얼음처럼 붙어서 바위가 원숭이처럼 보인다. 가을에 왔을 때는 전혀 생각지 못한 모양이라 신기했다.

▶ 두 번째 전망대에서 바라본 향적봉, 지그재그로 오르는 계단이 잘 보인다

▶ 정상석, 돌탑, 봉우리의 사진과 이름이 있는 커다란 전망 안내도까지 있는 공간이 넓은 향적봉

▶ 향적봉에서 대피소로 내려가는 구간 오른쪽에는 아고산대 지역으로 보호받고 있다

▶ 왼쪽으로 중봉 전망대가 보이고 오른쪽으로는 고사목, 가운데 뾰족한 무룡산 삿갓봉

향적봉에는 돌이 깔린 광장처럼 제법 넓은 공간이 있다. 돌탑도 있고 사방으로 트여서 사람들이 많은 곳이다. 사진과 함께 여러 봉우리 이름이 적힌 아주 큰 조망 안내도가 있어서 주위의 봉우리들을 확인하는 재미가 있다. 관광객들은 대부분 이곳에서 설경을 즐기다가 다시 곤돌라 역으로 간다. 정상석 옆에 아내를 세우고 사진을 찍은 후에 향적봉 이곳저곳으로 옮겨 다니며 사진을 찍었다. 정상석 위에 있는 바위로 오르면 설천봉의 모습이 보인다. 사실, 사람이 많지 않으면 30분이면 충분히 도착하는 곳이다. 하지만 이곳이 덕유산에서 제일 높은 곳(1,614m), 즉 주봉(主峯)인 것을 알면 놀라게 된다. 문명의 혜택을 제대로 본 증거다.

▶ 중봉에 오르기 직전에 뒤돌아본 향적봉 방향, 산오이풀이 군락으로 자라고 있다

향적봉에서 중봉 구간에는 아고산대(亞高山帶)가 있다. 해발 1,500m에서 2,500m 지역은 바람이 세게 불고 기온이 낮아 키 작은 식물(철쭉, 조릿대, 원추리 등)이 주로 자라는데 이 구역을 보호구역으로 지정하여 출입을 금하고 있다. 광장에서 조금만 내려오면 향적봉 대피소가 보이고 앞으로 가야 할 중봉이 보인다. 대피소로 내려가는 길은 경사가 제법 급한데 눈이 쌓여서 더욱 조심해서 걸어야 한다. 대피소에는 잠깐 추위를 녹일 수도 있고 컵라면을 사서 먹을 수도 있다.

컵라면을 하나씩 먹고 중봉으로 가려고 하는데 아내는 여기서 기다리겠다고 한다. 중봉까지 그렇게 멀지 않다고 했는데도 눈이 많이 쌓여서 힘들단다. 할 수 없이 기다리라고 하고 중봉으로 향했다. 중봉으로 가는 길에는 향적봉으로 오는 길에서 만나는 고사목이나 주목보다 훨씬 멋진 나무가 많다. 주목은 1년에 굵기가 1cm 미만으로 무척 느리게 자란다. 늦게 자라는 만큼 줄기의 섬유질 밀도가 높아서 죽어서도 잘 썩지 않는 모습을 보여준다. 그래서 사람들은 주목을 보고 '살아서 천 년, 죽어서 천 년'이라고 말한다. 한라산보다는 덕유산의 주목이 상태가 나아서 보기가 좋다.

가을에 중봉으로 오르는 길은 구절초와 산오이풀이 장관을 이룬다. 야생화를 좋아한다면 겨울에 올 것이 아니라, 여름이나 가을에 이곳으로 와야 할 것이다. 중봉은 바람이 센 곳이다. 향적봉에 있을 때보다 바람이 더 세차다. 군밤 장수 모자를 꽉 눌러서 바람이 들어오지 못하도록 한다. 백운봉으로 동엽령으로 내려가는 능선 길은 언제 봐도 기가 찬다. '덕유평전(1,480m)'이라고 하는데 어디서부터 어디까지를 나타내는 것인지 검색해 봐도 나오지 않는다. '덕유평전'은 우리나라 3대 고원 중 하나인데, 다음에는 다른 탐방지원센터에서 동엽령을 지나 이곳 중봉까지 오르는 등산을 하고 싶다. 곤돌라를 타는 코스가 아니므로 정확하게 알고 와야 할 것이다. 이 추위에 백운봉을 거쳐 중봉으로 올라오는 분들이 있다. 대단하신 분들이다.

태백산맥이 태백산에서 백두대간 서남쪽으로 뻗으면서 소백산, 속리산을 지나 지리산으로 가는 도중에 만나는 산이 덕유산이다. 이곳 중봉에서 백암봉과 저 멀리 무룡산 삿갓봉, 남덕유산을 바라보면 산맥이 흘러가는 모습을 정확하게 확인할 수 있다. 중봉은 덕유산 등산의 삼거리 역할을 한다. 중봉에서 오수자굴로 내려가서 백련사를 경유한 다음 구천동 계곡으로 하산할 수도 있다. 물론 향적봉 대피소에서 백련사로 내려갈 수도 있지만 말이다.

기다리는 아내를 생각해서 얼른 사진을 찍고 대피소로 발걸음을 바꾼다. 다행히 바람이 조금 잦아들어서 속도를 낼 수 있었다. 중봉 코스에서 찍은 고사목과 푸른 주목이 눈에 쌓인 사진을 보여줬더니 아내가 고개를 끄덕였다. 내려올 때는 관광객이 조금 줄어들어서 포토 포인트에서 사진을 찍을 수 있었다.

생각은 개인마다 다를 수 있다. 국립공원이라고 해서 곤돌라나 케이블카를 설치하지 못한다는 절대적인 규칙은 없다. 오스트리아, 이탈리아, 일본, 중국만 하더라도 국립공원 안에 호텔이나 산장, 케이블카 역이 많이 있는 것을 봤다. 이곳 무주리조트만 보더라도 얼마나 많은 분이 혜택을 입고 있는 것인지. 계획이 부족한 무분별한 자연 파괴를 반대해야지 얼마간의 훼손까지 반대해서는 안 된다고 생각한다. 어쨌든 곤돌라 덕분에 몇 번이고 편하게 등산할 수 있는 이 코스를 너무도 사랑한다.

▶ 중봉에서 향적봉을 바라본 경치, 길 양옆으로 하얀 구절초와 산오이풀이 많이 있다

▶ 덕유평전과 산맥이 조망되는 중봉, 백암봉, 동엽령, 저 멀리 무룡산, 지리산도 보인다

5부

제주도

1. 한라산 윗세오름

윗세오름에 오르려 한다. 한라산 성판악, 관음사 코스는 힘들기도 하지만 예약이 필수이고 이 코스는 예약 없이 자유롭게 오를 수 있다. 나름 일찍 출발했는데 탐방로 입구 진입은커녕 첫 주차장에서도 한참 먼 곳에 주차해야만 했다.

설산 등산을 위해 많은 등산객이 몰린 것도 있고 영실 코스 첫 주차장에서 탐방로 입구 주차장까지 빙판길이 되어서 첫 번째 주차장만 주차가 되고 그 이후로는 어떤 차도 접근을 하지 못한단다. 어휴! 그럼 2km가 넘는 얼음길을 걸어야 겨우 등산로 입구에 도달하게 된다. 아내에게 설산을 보여준다고 데리고 왔는데 큰일이다. 올해 여름에는 첫 주차장에서 택시로 탐방로 입구 주차장까지 갈 수도 있었고 오늘과 같은 시간대에 출발해서도 탐방로 입구 주차장에 주차한 후, 바로 등산을 시작했는데. 등산에는 이렇게 많은 변수가 있다.

1km가 넘게 주차의 행렬이 이어진 갓길을 걷는다. 첫 번째 주차장에는 '만차'라는 표지판이 버티고 있고 등산객들은 아이젠을 차고 장갑을 끼고 모두 빙

판길을 걸을 준비를 하고 있다. 아이젠을 착용하고 빵모자를 눌러쓰고 장갑도 끼고 마음을 단단히 먹는다. 그래도 많은 사람이 같이 올라가니까 심심하지는 않다. 다 같이 고생한다는 동질감에서였을까? 아내는 힘들다고 불평하지 않았다.

영실 탐방로 입구에 왔다. 주변 건물 지붕에 눈이 볼록하게 쌓여있다. 이제부터 등산 시작인데 벌써 힘은 좀 빠져있다. 눈길과 조릿대, 붉은 소나무가 만들어내는 경치가 위로를 해준다. 영실 계곡에 오자 아내는 힘들다고 한다. 난감하다. 6시 40분에 시작해서 이곳까지 왔는데, 산행을 포기하고 내려가기엔 너무 아깝다. 아내는 혼자 갔다 오라고 한다. 자신은 체력에 맞게 올라가 보고 탐방로 입구 주차장 가게에서 기다리겠다고 한다. 미안했으나, 그렇게 하기로 하고 다시 발걸음을 옮긴다.

영실 계곡부터는 입이 쩍 벌어지는 경치가 계속된다. 병풍바위가 떡 버티고 있고 계곡 아래의 나무들은 눈옷을 입고 있다. 다만 오르막길에 눈이 녹은 부분은 질퍽해서 조금 애를 먹는다. "탐방로 입구로 내려가지 마. 계단을 올라 병풍바위까지는 봐야 해. 지금 최고의 경치가 펼쳐지고 있거든." 아내에게 전화했더니 천천히 올라가고 있으니까 걱정하지 말란다. 오르막에서 왼쪽을 보면 고사목들이 있는 경사면이 있고 눈 아래로 작은 오름들도 보인다. 오늘 날씨는 거의 만점이다. 여기서 더 날씨 욕심을 낸다면 신께서 노하실 것 같다.

▶ 병풍바위까지가 힘들고 그다음부터 조금 쉬운 길이다. 왼쪽 주름이 많은 바위가 병풍바위다

▶ 병풍바위 오른쪽으로 이어진 산들도 웅장하다. 골짜기로 이어진 능선도 눈길을 끈다

▶ 병풍바위로 오르는 길에서 내려다본 경치, 한라산의 작은 오름들이 많이 보인다

▶ 만세 동산을 걷는 등산객이 보이고, 가운데 한라산 백록담이 있는 봉우리가 우뚝 서 있다

▶ 유명한 약수터 노루샘, 한라산 노루들이 마신다고 이런 이름을 붙인 것 같다

▶ 노루샘 근처에서 한라산 남벽을 찍은 경치, 같은 장소에서 계절별로 사진을 찍는 재미

'노루샘'에 왔다. 등산길에서 보는 이런 특별한 장소들은 이정표의 역할, 쉼터의 역할도 하면서 등산객들에게 관계된 이야기도 들려주는 기쁨을 준다. 드디어 윗세오름 대피소의 지붕도 보인다. 가벼운 발걸음으로 윗세오름 대피소 광장에 오니 많은 등산객이 광장 계단에 앉아 음식을 먹고 쉬고 있고 정상석, 정상목과 함께 인증샷을 찍으려고 대기하고 있다. 정상석을 배경으로 하는 인물 사진을 잘 찍지는 않으나 오늘은 눈 쌓인 산행이라 기꺼이 인증샷을 위한 기다림을 즐겨본다. 북적대는 광장 계단에 앉아 점심을 먹는다. 곳곳에서 풍겨오는 라면 냄새가 대단하다. 아내의 동정이 궁금해서 다시 전화했는데 병풍바위를 보는 중간쯤의 위치라고 한다. 남벽 분기점까지 갔다 올 거라고 했더니 천천히 내려가서 기다리겠다고 한다.

▶ 힘들게 오른 후에 만나는 정상석은 산객들을 기쁘게 한다. 1차 목적지를 돌파했다

▶ 만세 동산에서 윗세오름 쪽으로 오르는 갈림길, 날씨가 좋아서 제주의 바다가 조망된다

▶ 산철쭉이라고 흔히 말하나 사실은 털진달래라고 해야 한다. 머리를 깎은 듯 높이가 똑같다

▶ 산철쭉이 땅에 납작 엎드려 피어있는 윗세오름의 남벽 분기점으로 가는 길

윗세오름 등산로 초입에는 커다란 솜뭉치를 뒤집어쓴 것 같은 나무들이 괴물(몬스터)의 모습도 보여준다. 완만한 오르막과 내리막을 반복하여 남벽 분기점으로 감아 도는 곳에 왔다. 올해 봄, 철쭉으로 뒤덮였던 이곳이 지금은 예쁜 설원으로 변해 있다. 드넓게 펼쳐지는 설원과 파란 하늘이 맞닿는 이곳, 이 안에 서 있는 나. 이곳이 지상 낙원이다. 아내가 이곳까지 같이 왔으면 기쁨은 두 배가 될 터인데.

남벽 분기점에 도착했다. 몇몇 분들이 눈을 쓸어낸 벤치에 앉아 쉬고 있다. 눈앞에는 백록담을 감싸는 분화구 벽이 높게 솟아있다. 저 안쪽에는 칼데라호, 백록담이 있다. 어휴! 저곳까지 길을 좀 만들어서 백록담도 좀 보게 해주시지. 사람의 욕심은 끝이 없다. 감탄사를 연발하는 나를 보고 옆에 계시던 분이 바람이 세게 불면 눈이 휘날려서 경치는 당연히 기대할 수도 없고 접근도 불가능하다고 한다. 자신을 포함한 오늘 오신 분들은 모두 행운아란다. 아내에게 멋진 사진을 많이 찍었으니 기대하라고 마지막으로 전화하고 내려간다.

2. 한라산 백록담

한라산 백록담을 보기 위한 세 번째의 도전이다. 첫 번째는 겨울에 올랐는데 눈이 너무 많이 쌓여서 진달래밭 대피소에서 정상으로 가는 길을 열어주지 않아서 실패로 돌아갔고 두 번째는 철쭉을 보는 계절이었는데 물안개가 많이 끼어서 백록담을 전혀 보지 못하고 내려왔었다. 첫 번째는 성판악 코스로 진행하였고 두 번째는 관음사 코스를 진행하였다. 오늘의 선택은 경사가 더 가파르지만 거리가 조금 더 짧고 다채로움이 있는 관음사 코스이다. 두 코스 모두 탐방 예약이 필요하다. QR코드를 찍고 관음사 탐방지원센터를 통과한다. 한라산 등산은 소요 시간이 길고 진달래밭 대피소나 삼각봉 대피소(12시 30분까지)에 지정 시간 안으로 도착해야 정상으로 갈 수 있기에 체력과 소요 시간을 살펴 계획을 잘 짜야 한다.

두 번의 경험이 있기에 각오는 되어 있고 익숙함이 주는 편안함으로 숲길을 걱정 없이 걷는다. 완만한 경사의 초입 부분을 지나 구린굴에 도착한다. 제주도에서 가장 높은 곳에 있는 동굴은 각종 동물과 박쥐의 집단 서식지가 되고 있다. 제주 대부분의 동굴이 해안가나 저지대에서 발견되는데, 이 굴은 해발 800m 부근에 있다. 한라산의 용암이 분출하여 비교적 경사가 급한 지형을 따라 흐르면서 만들어진 굴이다. 총길이는 442m 정도이고 진입로의 너비가 약 3m 정도다. 계곡으로 조금 내려가 동굴 안을 슬쩍 들여다보니 완전히 컴컴하다. 동물이 튀어나올 것 같은 분위기여서 쉽게 접근하지도 못하고 발걸음을 돌린다. 예전에 선인들은 굴을 얼음 창고로 이용했단다. 굴 근처에 집터와 숯 가마터의 흔적이 있어서 이 사실들을 증명한다.

숯 가마터와 탐라 계곡 화장실을 지나 탐라 계곡 목교에 도착한다. 한라산 등산 안내도에는 등산의 어려움을 색깔로 표시하는데 초록, 노랑, 빨강의 색깔 순으로 어려움을 나타내고 있다. 탐라 계곡까지가 초록색의 쉬운 구간이고 탐라 계곡 목교를 건너 '개미등'을 지나 삼각봉 대피소까지는 빨간색의 어려운 구간이다. 왜 개미등이라고 부르는지 아무리 조사해도 나오지 않는다. 탐라 계곡 끝 지점부터는 내려가는 길이고 계단은 한천으로 이어진다. 다리 위를 걸어 한천을 지나면 본격적인 오르막이 시작된다. 사실 계단 오르막을 오르는 것인데 눈이 쌓여있어 계단 길이란 느낌은 들지 않고, 아이젠을 끼고 조금 오르니, 엄청 키가 큰 붉은 소나무가 산객들을 반긴다. 해발 1,200m를 지난 곳인데 개미등으로 안내된 곳이다. 하얀 눈길 옆에 싱싱한 소나무의 모습은 고결한 선비의 모습처럼 기품이 있다.

목재로 만들어진 완만한 경사의 탐방로를 걸어가니 울창하던 소나무들이 사라지고 뾰족한 봉우리가 눈에 들어온다. 야호! 삼각봉이다. 삼각봉 대피소는 세 개의 큰 비행접시가 하늘에서 내려와 앉아 있는 것 같은 현대적인 느낌이라 멋지다. 대피소 건물을 돌아 화장실이 있는 건물 위로 올라간다. 눈 쌓인 한라산의 경치를 사방으로 볼 수 있는 관음사 코스의 첫 번째 조망 장소다. "요리 보고 저리 봐도 멋진 우리 한라산(만화 주제가 아기공룡 둘리 노래에 맞춰)" 또 노래 부르는 버릇(마음속으로만)이 나온다.

▶ 무리를 지어 피는 '파리노사앵초' 습기가 있는 지역에 잘 자란다. 청초한 느낌이 좋다

▶ 겨울의 사라오름은 별천지의 세상을 보여준다. 바닥의 붉은 돌과 둘레길이 보이는 사라오름

▶ 보리수 나뭇잎이 회색으로 반짝이고, 가운데 뾰족한 삼각봉이 서 있다

▶ 비행접시 모양의 삼각봉 대피소에서 바라본 삼각봉, 왼쪽으로 이어지는 능선마저 절경이다

▶ 삼각봉 대피소에서 바라본 왼쪽 왕관릉의 모습, 신발 끈을 졸라매고 마음을 다잡는다

▶ 계곡에 걸려있는 주황색 현수교가 멋지다. 현수교를 지나서부터는 계속 절경이 이어진다

▶ 왼쪽으로 만세 동산으로 추정되는 거대한 남벽 능선, 오른쪽은 병풍바위

▶ 쓰러진 고사목 사이에 산철쭉이 예쁘게 피어있다. 고사목, 주목, 철쭉이 잘 어울린다

▶ 살아서 천 년 죽어서 천 년을 보낸다는 주목이 한겨울에도 멋진 존재감을 보여준다

▶ 삼각봉과 용진각 현수교를 지날 때까지 좋았던 날씨가 백록담을 향할 때 곰탕으로 변했다

오른쪽으로 삼각봉을 끼고 좁은 눈길을 걸어 내려가니 관음사 코스의 명물 용진각 현수교가 나타난다. 약간 연한 주홍빛의 현수교 기둥이 하얀 눈을 배경으로 서 있는데 이 경치가 또한 절경이다. 삼각봉 대피소에서 계속 올려다보았던 왕관릉이 더 높게 위치하고, 작지만 병풍 모양의 한라산 북벽(이 너머에 백록담이 있다)이 보이고, 오른쪽으로는 거대한 병풍 모양의 벽(만세 동산으로 추정되는데)이 버티고 서있다. 현수교 위에서도 다리를 건너서도, 왕관봉 아래를 감아 돌아가면서도 아찔한 경치에 계속 걸음을 멈출 수밖에 없다.

눈이 쌓여 넓은 바닥 데크가 안 보이는 용진각 대피소 터에 왔다. 눈 위에서 많은 등산객들이 음식을 먹고 있기도 하고 쉬고 있다. 33년간이나 자리를 지켜온 용진각 대피소는 2007년 태풍 '나리'가 왔을 때 급류에 휩쓸려 사라졌다고 한다. 그 이후 조금 전에 만났던 삼각봉 대피소가 2009년에 만들어졌다고 한다.

점심을 먹고 조금 회복한 후에 왕관봉(왕관 모양을 닮아서) 허리로 오른다. 왕관릉 정상(헬기장 겸용)을 지나서 백록담으로 접근하는 것이다. 눈이 많이 쌓여있고 경사가 있어서 밧줄을 잡기도 하고 발끝을 세게 눌러 미끄러지지 않도록 용을 쓰며 오른다. 그런데 분위기가 이상하다. 북벽 근처에 구름안개가 밀려들고 있는 것이 아닌가. 삼각봉 대피소에서부터 입꼬리가 올라간 이후 내려올 줄 몰랐는데? '이번에도 백록담을 보지 못한단 말인가? 현수교에서, 용진각 쉼터에서, 시간을 너무 지체했구나.' 걱정과 불안한 마음이 밀려온다.

헬기장을 지나 해발 1,700m 부근부터는 고사한 구상나무가 많고 이젠 한라산 북벽이 눈높이까지 오게 된다. 정상 도착 10분 전, 나무 데크로 된 전망대에서 보니 백록담이 살짝 보였다. 운무가 걷히기를 바랄 뿐이다.

정상에 도착하자마자 백록담을 찍으려고 서두른다. 오른쪽은 열려있는데 왼쪽은 뿌옇게 가려있다. 석 장을 찍고 구름안개가 걷히기를 기다렸으나 오히려 오른쪽마저 덮어버린다. 할 수 없이 정상석과 정상목이 있는 곳으로 간다. 오늘도 인증샷을 찍기 위한 줄은 상당히 길다. 아! 완전한 백록담을 보기 위해 또다시 도전할 수 있을까?

지그재그로 된 하산길을 걷는다. 관음사 쪽이 아닌 성판악 쪽으로 하산하는 것이다. 내려오면서도 백록담에 미련이 남아 여러 번 고개를 돌려다 보았지만, 여전히 구름안개는 걷힐 줄을 모른다.

진달래밭 대피소에 왔는데 등산객들이 많이 있어도 근처에 있는 까마귀들은 도망갈 생각이 없다. 탐라 계곡 화장실 근처에서 몇 마리를 봤는데 이곳에 더 많이 있다. 등산객들이 떨어뜨린 음식을 노리는 것일까?

이제부터는 해발 고도를 자주 살피며 걷는다. 관음사 코스보다 거리가 더 멀기 때문이다. 한라산은 아마도 100m마다 바위에 표시를 해두는 모양이다. 완전한 백록담의 모습을 보지 못한 아쉬움을 '사라오름'으로 보상받으려고 산 비탈길을 오른다. '사라오름'은 이번이 처음이고 오르는 사람이 한 사람도 없어서 슬쩍 걱정되었으나 용기를 내본다. 계단에도 눈이 불룩하게 쌓여있으나 밧줄로 표시가 되어 있으니 길 찾는 어려움은 없다.

고개를 넘어왔다는 느낌이 들 때, 커다란 사라오름 안내판이 눈에 들어왔다. 상당히 넓은 분화구여서 놀랐다. 우리나라 화산 지대에 있는 가장 큰 분화구일 것 같다. 어떤 뜻이 담긴 이름인지는 모르겠으나 왠지 예쁜 여성의 이름이 떠오른다. '즐거운 사라'라는 책으로 외설 논란에 시달린 마광수 교수의 소설 이름

때문에 이렇게 느낀 것 같다. 분화구 안에는 물이 얕게 있는 부분도 있지만 화산 자갈이 드러난 부분이 더 많다. 지금도 대단하나 물이 가득 찼을 때 온다면 또 다른 절경을 볼 수 있을 것 같다. 제주의 유명 오름을 거의 다 올랐는데 맨 마지막으로 최고의 분화구를 가진 '사라오름'을 볼 수 있어서 행복하다. 백록담을 못 본 대신에 받은 충분한 보상이라고 느꼈다. 호수를 반 바퀴 빙 돌아서 사라오름 전망대에 올랐다. 걸어 내려온 백록담 쪽을 바라보니 산봉우리가 완전히 보이고 시야가 확 트인다. 이렇게 좋은 곳을 혼자서 독차지하고 있으니 감격하지 않을 수 없다. 사진을 몇 장 찍고 한라산 꼭대기를 바라보며 쉬고 있는데, 등산객 두 분이 올라오셨다. 연신 감탄을 내뱉으며 사진을 몇 장 찍더니 사진 부탁을 하신다. 전신이 나오도록 찍고 상반신만 넣어서 찍어드렸더니, 나를 찍어주신다고 한다. 셀카만 찍다가 덕분에 좋은 인증 사진을 얻을 수 있었다.

오름을 내려와서 속밭 대피소에 다다르기 전에 성판악 코스 두 번째 명물인 삼나무 숲을 만나게 된다. 관음사 코스에는 개미등의 명품 소나무가 있고 성판악 코스에는 명품 삼나무 숲이 있다. 특히 이곳은 삼나무 사이로 걷게 되니까 멋진 인물 사진을 많이 찍을 수 있어서 좋다. 뾰족한 잎 위에도 눈이 제법 많이 쌓여있어 환상적인 장면을 만들어 준다. "꺄르르" 웃는 소리도 들리고 사람들이 주변에 많아서 유명 관광지에 온 느낌이 난다.

속밭은 1970년대 이전까지는 넓은 초원이었다. 우마를 방목하고 털진달래, 꽝꽝나무, 정금나무 등이 많아서 '한라 정원'이라 일컬어지기도 했단다. 이제는 삼나무와 소나무가 우거져 삼림욕을 즐길 수 있는 곳이 되었으니 그야말로 '상전벽해'라는 말이 딱 어울리는 곳이다.

속밭 대피소를 지나서부터는 조금 지루할 수 있는 비슷한 분위기의 눈길이 계속된다. 그래도 '굴거리나무'가 슬쩍 따분해질 하산길을 달래준다. 상록 활엽수인 굴거리나무의 잎은 반질반질하고 초록색이어서 흰 눈이 있는 산에서 언제나 눈에 잘 띤다. 추위에 잎이 축 처진 상태로 매달려 있는데 흡사 박쥐가 거꾸로 매달려 있는 모양 같고 잎자루가 붉은 것들은 더 멋있다. 올 때마다 이름을 외웠는데도 잊어먹어서 이번에는 마음속으로 10번을 외쳤다.

예약도 해야 하고 날씨의 행운도 있어야 하는 한라산 등산인데 똑같은 코스로 왕복하지도 않고 처음으로 멋진 사라오름도 볼 수 있어서 만족감과 보람을 크게 느낀 산행이었다.

3. 추자도 봉골레산, 돈대산, 나바론 요새

한반도 남서부와 제주도의 중간 지점에 있는 추자도는 크게 상추자도와 하추자도로 구성되어 있다. 고려 원종 13년까지는 후풍도(候風島)라 불렸다. 전라남도에 속해있다가 1910년 제주시로 편입되었다. 횡간도, 추포도 등 사람이 살고 있는 4개의 섬과 38개의 무인도가 있다.

코로나 기간에 제주도를 9번 방문해서 어지간한 명소는 거의 다 돌아봤는데 추자도에 가지 못해서 이번에 찾게 된 것이다. 마지막 방문은 렌트카를 하지 않고 '혜초여행사'의 트레킹 프로그램으로 참가한다. 제주항에서 배를 타고 추자항으로 오는데 가이드의 안내로 모든 여행을 하니까 느긋하고 편안해진다.

여객선터미널에서 추자항이 있는 곳으로 오는 마을이 너무 예쁘다. 날씨까지 화창해서 날아갈 것 같은 마음이다. 추자면 사무소를 지나 추자초등학교로 오르는 골목으로 간다. 추자초등학교는 무지개 건물이다. 알록달록한 색으로 칠해진 학교인데 옛날 건물이어서인지 교실이 무척 많다. 운동장에 파란 잔디가 깔린 멋진 학교인데 학생 수는 얼마 되지 않을 것이다.

추자초등학교를 지나서 간세(제주 올레 고유의 마크, 조랑말을 형상화한 것)가 있는 길을 걸으니 최영 사당이 나왔다. 고려시대 장군이 민속 신앙으로 추앙받고 있다. 최영 장군이 주민들에게 그물로 고기 잡는 법을 알려주어서 나중에 주민들이 사당을 지은 것이다. 이 길은 제주 올레길 18-1코스 길이기도 하다. 올레길을 완주하기 위해 많이 온다고 한다. 추자항 최영 사당에서 오솔길을 따라 걷기 시작했다. 섬에 있는 길이라 확실히 호젓한 분위기다.

다시 도로를 따라 걷다가 바닷가 방향 오른쪽 언덕에 올라가니 주민들이 풍어와 안녕을 기원하는 제단이 있다. 다시 산길을 따라 걸어가니 봉골레산이 나왔다. 해발 85m에 있는 산이라 언덕이라고 부르는 게 나을 것 같았다. 상추자도 북쪽에 위치하고, 낮지만 주변에 봉골레산보다 높은 곳이 없어서, 섬이 잘 조망된다.

포장된 임도를 따라 이동하니 작은 섬이 하나 있다. 물이 빠지면 봉골레산과 연결되는 섬(마무래미)이다. 마무래미를 바라보는 곳에서는 봉골레산과 연결된 절벽과 어우러진 바다가 조망된다. 마무래미에서 다시 봉골레산 쪽으로 걷

▶ 오른쪽 등산길이 보이는 곳이 봉골레산, 그 앞에 연결된 것으로 보이는 마무래미

다가 마을로 내려간다. 오른쪽에 커다란 송신탑이 웅장하다.

점심을 마을에서 먹고 쉬다가 다시 등산을 시작한다고 한다. '시골밥상'이란 식당에서 점심을 먹었는데 반찬과 국, 모두 굉장히 맛이 좋았다. 트레킹 전문회사의 값을 톡톡히 보여주었다. 점심 후에는 대서리(大西里, 영흥리라고도 함, 서쪽에 있는 가장 큰 마을이라는 뜻) 마을 광장을 구경한다. 'CHUJADO' 글씨 조형물, 참굴비 모형이 멋있었다. 물이 뿜어져 나오지는 않았지만, 분수대도 있다. 햇살이 내리쬐는 광장에 앉아 얼죽아(얼어 죽어도 아이스 아메리카노)를 하는 행복을 누렸다.

돈대산 입구까지 식당에서 버스를 태워준단다. 12명의 손님은 박수로 감사를 표했다. 상, 하 추자도를 연결하는 추자대교를 지나 산길로 버스가 달린다. 나바론 요새로 가는 길이 험하기에 등산길을 단축해서 시작하는 것이다.

버스에서 내려 얼마 걷지 않아 돈대정과 또 하나의 정자(망원경이 있는 전망대)가 있는 돈대산(墩臺山, 164m)에 도착했다. 돈대산이 추자도에서 제일 높은 곳이고 하추자도의 2/3를 차지하는 산이다. 상추자도 등대 전망대가 있는 큰 산(142m)이 다음으로 높다. 전국에 돈대봉, 돈대산이 많다. 돈대(墩臺)는 옛날 봉수대가 설치된 곳이다. 아치형 길과 연결된 돈대정은 주민들의 휴식처이자 등산객들의 쉼터가 된다. 망원경이 설치된 정자는 최근에 새로 지은 정자다. 산불감시초소(경방초소), 묵리 고갯마루를 지나서 추자교로 내려왔다. 상, 하추자도를 연결하는 다리인데 보행자를 위한 통로가 있어 400m 거리를 안전하게 건넜다. '추자도 참굴비' 조형물은 철근과 구리로 만들어졌고 20m 정도의 대형 굴비 모형도 있었다. 추자교는 섬과 섬을 잇는 다리로, 우리나라에서 최초로 지어졌다고 한다.

한국전력 추자지소의 왼쪽으로 오른다. '바랑케'라고 불리는 곳인데 설명이 없다. '벼랑길'이나 '둘레길'의 사투리인 듯하다. 가파른 숲속 오름길인데 중간에 '바랑케 쉼터'라는 작은 정자가 있다.

추자도 탐방의 하이라이트인 나바론 요새로 가는 길(나바론 하늘길)이 점점 가까워진다. 그레고리 펙 주연의 '나바론 요새'에 나오는 에게해 캐로스섬의 절벽 해안처럼 높고 가파른 절벽이 있어 낚시꾼들에 의해 나바론 요새로 불렸다. 요새 앞 바다는 감성돔, 돌돔, 방어 등 고급 어류가 잡혀서 '전설의 바다 낚시터'라고 부른다. 하늘길에는 추자교에서 봤던 구리와 철로 만든 '참굴비' 글자 조형물이 있다. 능선에서 보는 글자 조형물이 훨씬 멋지다. '영광 굴비'로 알고 있는데, 이곳 추자도와 목포에서 잡은 굴비가 영광으로 운반되어 건조된 다음, 전국으로 판매된다는 것을 알게 되었다.

등대(125m) 가는 길은 잠시 숲속을 지난다. 등대에도 조형물이 많았다. '캐로스 등대 모형'이 눈길을 끈다. 고대 이집트 알렉산드리아 파로스 섬에 건설된 등대인데 등대 건축의 원형이라 모형을 세운 것이다. 제주 해협을 항해하는 선박들의 밤길을 안전하게 이끌고 있다. 등대 앞 파란 원통 조형물을 통과하여 나바론 하늘길로 향한다.

▶ 돈대산에서 묵리 고갯마루로 오면서 바라본 경치, 가장 멀리 한라산, 왼쪽은 사자바위

▶ 돈대산에서 바라본 상추자도, 왼쪽으로 바랑케, 등대 전망대, 송신탑, 상추자도 항구

▶ 삐죽이 튀어나온 용둠벙, 나바론 요새로 굽어져 올라가는 길과 나바론 요새 위의 정자

▶ 나바론 요새로 오르는 철제 계단, 정상에 있는 등산객들, 지붕이 살짝 보이는 정자

▶ 철제 송신탑이 보이는 경치, 하늘길은 철탑 아래로 우회한다

철탑(송신탑)으로 오르는 길은 어렵지 않다. 하늘길은 철탑 아래로 우회한다. 나바론 절벽 정상과 주변 바위가 가까이 다가온다. 우리나라 경치가 아닌 듯한 착각이 생긴다. 가파른 철제 계단을 끙끙거리며 올라가니 나바론 요새의 정상(전망정자가 있는 곳)이다. 상추자도와 추자항이 확실하고 멋지게 조망된다.

정상에서 내려오니 아스팔트 길에 '나바론 하늘길'이라는 표지판이 나왔다. 용둠벙에 들르고 가야 한단다. 용이 놀던 웅덩이라는 뜻인데 과장이 좀 심했다. 용이 놀 만큼의 큰 웅덩이가 아니었다. 지그재그 계단으로 연결된 용둠벙에는 정자도 있고 여러 섬이 잘 보여서 좋았다. 현무암이 많은 제주도와 달리 추자도는 응회암이 많다. 그래서 밝은 회색의 절벽으로 보인다. 코로나 시국을 빠져나온 시점에서 추자도를 마지막으로 제주 여행을 마무리하게 되어 뿌듯한 마음이다.

▶ 다 내려와서 찍어본 나바론 요새의 절벽, 사자바위는 이제 돌고래처럼 보인다

▶ 작아서 용이 들어가지 못할 것 같은 용둠벙, 용둠벙 위에 작은 정자가 있다

산으로 가자

초판인쇄 2025년 4월 18일
초판발행 2025년 4월 18일

지은이 임성득
펴낸이 채종준
펴낸곳 한국학술정보(주)
주   소 경기도 파주시 회동길 230(문발동)
전   화 031-908-3181(대표)
팩   스 031-908-3189
투고문의 ksibook1@kstudy.com
등   록 제일산-115호(2000. 6. 19)

ISBN 979-11-7318-342-3 13980